L'écume de la terre

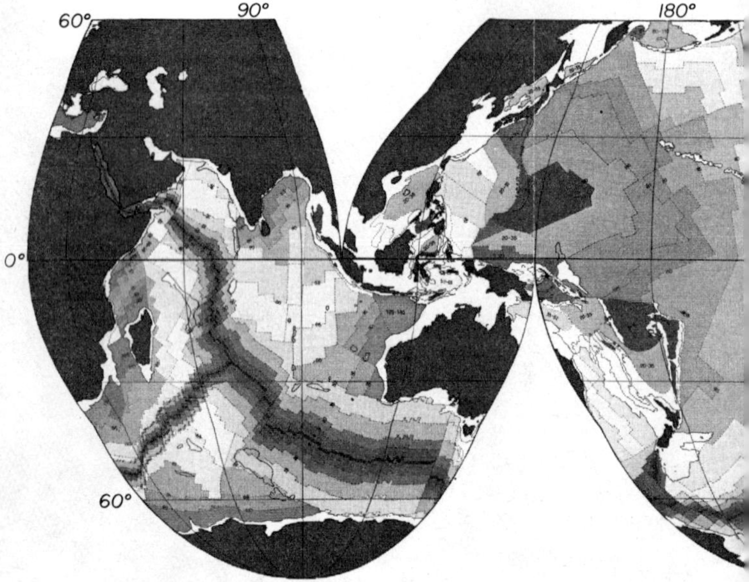

C'est la carte géologique du fond des océans, la plus moderne, chaque grisé correspond à un intervalle de temps. L'âge augmente en allant du foncé au clair puis au plus foncé. Elle a été établie par l'Ecossais John Sclater et le Français Claude Jaupart alors qu'ils travaillaient ensemble au M.I.T. On notera que pour les dorsales dites rapides, celles pour lesquelles la vitesse d'expansion est grande, le gris central qui traduit les périodes

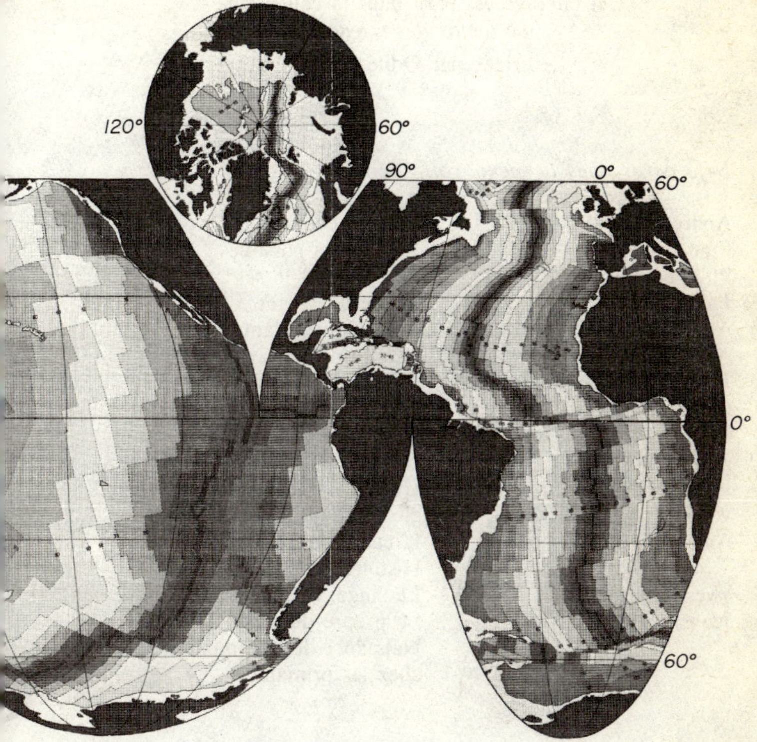

récentes est large (exemple, la dorsale à l'ouest du Pacifique). Pour les dorsales lentes, à vitesse d'expansion faible, le gris central est plus mince (exemple, la dorsale médiane de l'Atlantique). Le cas de l'océan Indien est particulièrement intéressant. On y voit une dorsale nord-sud (dite de Carlsberg) à vitesse faible, rencontrer en un point triple deux dorsales, l'une lente vers l'ouest, l'autre rapide vers l'est.

Cet ouvrage est paru dans la collection :
Le temps des sciences
dirigée par Odile Jacob

Déjà parus dans la même collection :

André Lwoff	Jeux et combats
François Jacob	Le jeu des possibles
Philippe Meyer	L'homme et le sel
Jacques Ruffié	Traité du vivant
André Leroi-Gourhan	Mécanique vivante
André Leroi-Gourhan	Le fil du temps
Jean-Pierre Changeux	L'Homme neuronal
Daniel Widlöcher	Les logiques de la dépression
Claude Olievenstein	Destin du toxicomane
Marc Jeannerod	Le cerveau-machine
Émile Hénocq	Une maladie étrange : l'allergie
Antoine Danchin	L'œuf et la poule Histoire du code génétique
Yves Coppens	Le singe, l'Afrique et l'homme
Jean-Jacques Petter	Le propre du singe Naissance de la communication chez les primates

Collection *Pluriel*
dirigée par Georges Liébert

CLAUDE J. ALLÈGRE

L'écume de la terre

FAYARD

Claude Allègre est directeur de l'Institut de Physique du globe de Paris, professeur à l'Université de Paris VII, professeur au Massachusetts Institute of Technology. Il est l'auteur d'une Introduction à la géochimie *(avec G. Michard), P.U.F., et de* Trace Elements in Igneous Petrology *(avec S.R. Hart), Elsevier.*

Sommaire

à Claude

Avant-propos

Il en va des théories scientifiques comme du talent individuel : lorsqu'elles sont reconnues, elles apparaissent comme des évidences solides qui ne doivent leur succès qu'à leur propre poids. Ce succès est perçu comme une illumination inévitable et sans ombre, et l'on oublie qu'il n'est le plus souvent que le résultat d'un cheminement lent et cahotique. Plus une idée est nouvelle, plus elle choque, plus elle dérange ceux dont la fortune s'est établie hors d'elle, comme ceux dont le confort intellectuel se trouve perturbé par son émergence. L'originalité est une vertu estimée pourvu qu'elle ne se révèle pas trop dérangeante. Une réaction marginalisante, voire sacrificielle, sanctionne toute audace novatrice au-delà d'un certain seuil. On reconnaîtra là une illustration des principes fondamentaux du comportement mimétique, cher à René Girard, qui conduit à constater que seules les originalités d'ordre différentiel (au sens mathématique du terme) sont tolérables. Dans l'histoire des mentalités, scientifiques et autres, le saut quantique dans l'évolution des idées est tabou, car il viole le principe de *mimesis*.

L'idée de dérive continentale n'est pas une idée nouvelle lorsque, en 1961, elle s'implante dans les sciences de la Terre. Autour d'elle va pourtant se déchaîner une bataille d'idées et d'arguments, violente et passionnelle, comparable par bien des points à celle qui avait accompagné l'émergence des idées évolutionnistes en biologie. Pourtant, de même que la théorie darwinienne occupe une position centrale dans toute la biologie moderne, la théorie de la mobilité continentale est le pivot de la révolution que les sciences de la Terre ont connue depuis vingt ans. Sans elle, aucune géologie moderne ne serait aujourd'hui concevable. Peu de disciplines ont subi pendant la même période une transformation aussi radicale dans leurs modes de pensée, leurs concepts, leurs méthodes d'approche des réalités naturelles. Le « mobilisme continental » entraîne l'idée de renouvellement des fonds océaniques, donc de la dynamique mantellique, donc du couplage entre l'intérieur et l'extérieur du globe. La terre apparaît comme une entité vivante, changeante, dont on ne peut comprendre la physiologie qu'en l'étudiant globalement.

La géologie traditionnelle, celle que nous avons apprise à l'école, dont l'image est faite pour beaucoup de la classification des roches, du tableau des ères géologiques, des dessins de coupes et des cartes, celle qui ne peut s'exprimer qu'avec le concours d'un vocabulaire aussi barbare qu'ésotérique fait place aujourd'hui à une géologie beaucoup plus vivante, beaucoup moins statique.

On a longtemps pensé que les mouvements de l'écorce terrestre étaient essentiellement verticaux, effondrant un fossé ici, faisant surgir un relief ailleurs. Les seuls déplacements latéraux qui étaient alors pris en compte étaient ceux de la mer. On sait, depuis l'orée de la science géologique, qu'à certaines époques la mer a recouvert de vastes surfaces de continents, y laissant déposer des strates sédimentaires peuplées de fossiles. Ainsi la mer a envahi les bassins de Paris et d'Aquitaine il y a 200 millions d'années (trias) et ne s'en est retirée que depuis quelques dizaines de millions d'années (fin du tertiaire). Pendant toute cette période d'immersion, la France était une immense étendue d'eau au milieu de laquelle émergeaient le Massif central, la Bretagne, les Vosges et une petite partie des Alpes, des Pyrénées et des Maures.

De façon identique, et sans doute encore plus grandiose, la mer a envahi tout le bouclier africain durant une période allant de – 500 millions à – 150 millions d'années. De cette immense étendue d'eau ne dépassaient que quelques archipels situés au Hoggar et dans le Sud marocain. Puis, sous l'influence de facteurs variés, encore aujourd'hui mal connus, la mer s'est retirée, laissant émerger les continents.

Ces avancées et ces retraits de la mer, ces transgressions et ces régressions marines ont été, dans l'histoire géologique, tantôt locaux, n'affectant alors qu'une petite fraction des continents, tantôt généraux, et la plus grande part des continents du globe se trouvait alors concernée.

Le séjour de la mer dans une région donnée se marque par le

dépôt de sédiments. Accumulés les uns au-dessus des autres, ces sédiments, en se desséchant, constituent les couches géologiques dont la composition permet de décrire leurs conditions de formation. La présence souvent abondante de restes d'animaux et de végétaux anciens permet de préciser l'âge d'une strate et l'environnement écologique qui régnait au moment de son dépôt. Le feuilletage sédimentaire constitue donc la mémoire, le livre dans lequel celui qui en connaît la langue pourra décrypter l'histoire géologique.

Pour chaque région, la sédimentation n'a été qu'épisodique, puisque la présence de la mer n'y fut pas permanente : les archives sédimentaires que l'on peut lire sur chaque continent sont donc extrêmement morcelées, partielles, éparses. La géologie traditionnelle s'efforce de rassembler ces archives, de les raccorder les unes aux autres et de lire le message qu'elles contiennent. Ces opérations difficiles, souvent fastidieuses, ont conduit les géologues à reconstituer les géographies successives du globe en se référant exclusivement à ces avancées et à ces retraits de la mer. Les massifs rocheux constitués de roches anciennes dures, comme le sont en France le Massif central, la Bretagne ou les Vosges, comme le sont le nord du Canada, une bonne partie de l'Afrique, le centre de l'Australie, la Scandinavie et l'Asie centrale, étaient supposés fixes. Autour d'eux, les mouvements de va-et-vient de la mer étendaient ou restreignaient l'espace continental. A cette vision générale se superposait l'existence d'épisodes particuliers au cours desquels les sédiments se trouvaient plissés et portés à des altitudes anormales. Ces épisodes de formation des chaînes de montagnes sont appelés orogenèses. Dans la conception classique, ils étaient supposés constituer des époques privilégiées dans l'histoire de la Terre, au cours desquelles des forces internes se manifestaient d'une manière continue pour créer des reliefs tels que ceux des Alpes, des Andes ou de l'Himalaya. Selon cette vision traditionnelle, les causes de ces mouvements étaient essentiellement verticales, les déplacements horizontaux étant restreints à quelques dizaines, voire à quelques centaines de kilomètres.

Manifestations encore plus spectaculaires que la surrection des montagnes, parce que leur constante de temps est à l'échelle de la vie humaine, les éruptions volcaniques et les tremblements de terre étaient considérés comme des chapitres autonomes des sciences de la Terre, n'ayant que peu de rapport avec les autres sujets d'étude. L'activité interne de la planète, dont séismes et volcans sont les manifestations les plus spectaculaires, était comme découplée de ce qui se passait à la surface. Chaque niveau, chaque profondeur étaient supposés autonomes, obéissant à une logique particulière. L'activité géologique de la surface terrestre, comme l'érosion, la sédimentation, les déplacements des lignes de rivage, devait avoir un déterminisme propre. L'activité interne du globe, qui concerne les niveaux profonds, le domaine que l'on appelle le « manteau », était supposée se dérouler suivant des règles très obscures où température et pression jouaient sans doute un rôle décisif et dont les effets de surface étaient finalement assez limités. En particulier, ils ne concernaient pas les phénomènes de transgression et de régression marines, et assez peu les phénomènes orogéniques.

Tout change avec la dérive des continents et la tectonique des plaques. Les boucliers anciens ne sont plus fixes les uns par rapport aux autres, les lignes de rivage se déplacent avec leurs continents, les géographies successives du globe ne changent pas seulement par suite d'avancées ou de retraits de la mer, mais aussi parce que le cadre même de ces mouvements se modifie constamment. Les séismes et les volcans, aussi bien que la formation des montagnes, sont directement liés à ce mobilisme permanent mais variable de la surface terrestre. La mobilité continentale n'est elle-même qu'une traduction en surface de mouvements profonds qui animent la planète Terre. Celle-ci n'est donc pas une planète morte, dont la seule activité géologique serait engendrée par la présence d'eau à sa surface, mais une planète vivante, active, en plein dynamisme, en pleine évolution, dont le visage de surface, la répartition des terres et des mers, des reliefs et des abysses, des archipels et des plates-formes, constamment changeante, n'est que la conséquence des mouvements d'ampleur grandiose qui l'animent tout entière.

La Terre est un *système*, au sens moderne de la logique des systèmes; sa dynamique est réglée par des causes multiples, interconnectées, interrégulées, et, finalement, sa physiologie est aussi complexe et globale que celle d'un être vivant. Mais cette vision nouvelle, apportée par la tectonique des plaques, n'a pas que des implications pour la logique des causes et des effets, elle fournit aussi des réponses concrètes à toute une série de questions que l'homme se pose depuis qu'il observe sa planète. Pourquoi y a-t-il des volcans actifs en Islande, au Japon ou en Indonésie, et pas en Yougoslavie ou en Sibérie? Pourquoi la

Californie, la Yougoslavie, le Japon, l'Indonésie sont-ils ravagés par des séismes alors que l'Afrique centrale ou du Sud en sont exemptes? Pourquoi y a-t-il du pétrole à la fois au Venezuela et dans le golfe de Guinée? Pourquoi la Cordillère des Andes est-elle située au bord d'un continent alors que l'Himalaya se dresse au centre même de l'Asie? Pourquoi existe-t-il dans l'Océan ces grandes fosses de plus de 10 kilomètres (Porto Rico ou Kouriles) dans lesquelles on plonge en bathyscaphe? Pourquoi les couches sédimentaires déposées au Brésil ressemblent-elles à s'y méprendre à celles déposées en Angola?

Nous pourrions ainsi aligner des pages et des pages de questions tout aussi fondamentales qui ont reçu une réponse claire depuis quinze ans, depuis l'avènement des théories dites de tectonique globale. Mais l'influence de ces nouvelles théories a également modifié l'attitude d'esprit des scientifiques qui s'occupent des sciences de la Terre et, par là même, l'organisation de ces sciences elles-mêmes.

Le terme de sciences de la Terre – le pluriel est important à souligner –, qualifiant l'ensemble des disciplines dont l'objet d'étude est notre Planète, traduit bien leur multiplicité et leur diversité, rémanence des coupures nettes qui existaient jusqu'à l'avènement des théories mobilistes. Jusqu'en 1970, chaque spécialiste en sciences de la Terre se consacrait soit à l'étude d'une région particulière du globe, soit à une méthode d'approche spécialisée : paléontologie ou géophysique, océanographie ou géochimie.

Le géophysicien étudiait avec les méthodes de la physique, à l'aide d'appareils et de mesures, l'intérieur de la Terre. Comme ces profondeurs n'offraient que des signes externes épisodiques et brefs (séismes, volcans) traduisant donc une sorte de quiescence entrecoupée de sursauts violents, le géophysicien avait tendance à étudier en priorité la structure des profondeurs plus que ses mouvements, leur anatomie plus que leur physiologie. Ainsi se sont développées des méthodes comme la sismologie ou la gravimétrie dont le but était essentiellement de déterminer la structure interne du globe. Persuadés que les structures de surface ne traduisaient en rien ces structures profondes, les géophysiciens restaient à l'écart de la géologie. Les laboratoires de recherche de géophysique appartenaient souvent aux unités de physique appliquée et non pas aux départements des sciences de la Terre. Symétriquement, le géologue étudiait les formations rocheuses, leur distribution, leur histoire, mais considérait sa démarche comme totalement isolée de celle du géophysicien. Spécialiste de la surface, il n'avait nul besoin de connaître les profondeurs. L'océanographe travaillant en mer sur un bateau, dans un domaine bien différent des continents, considérait que son objet d'étude était étranger à celui du géologue terrestre et pédestre. Se développaient ainsi en parallèle une géologie continentale et une géologie océanique, sans lien réel. A l'intérieur même de la géologie, les différentes spécialités tendaient à se singulariser. Le pétrographe, dont les objets d'étude sont les roches et leur mode de genèse, ne se sentait pas concerné par les problèmes liés aux transgressions et régressions marines et s'isolait donc de la géologie stratigraphique. Le paléontologue, dont le sujet d'étude est le développement et l'évolution de la vie sur Terre, considérait que sa démarche était assez indépendante des autres aspects de la géologie. Seul le tectonicien, préoccupé par le difficile problème des chaînes de montagnes, tendait à utiliser les résultats de diverses disciplines. Mais le développement des recherches créait de nouvelles spécialités qui, à leur tour, s'isolaient, et l'arbre de la science géologique avait de plus en plus tendance à se déployer en rameaux distincts.

La théorie mobiliste, parce qu'elle fournit un cadre à beaucoup de grandes questions que l'on se pose au sujet de la Terre et parce qu'elle utilise pour ses démonstrations des résultats empruntés à des disciplines variées et éloignées, va rapprocher instantanément toutes les disciplines des Sciences de la Terre. A une phase de dilution va succéder une phase d'unification et d'accrétion. Tous les spécialistes de la Terre qui croyaient, chacun pour sa part, étudier un problème particulier, réalisèrent soudain cette évidence énorme, qu'ils n'avaient pourtant pas encore perçue : à savoir qu'ils étudiaient un sujet commun, la Terre. De même que le sujet d'étude des biologistes n'est pas la limnée, l'éléphant ou la bactérie, mais *la Vie*, celui du géologue n'est pas le fossile, la chaîne des Alpes, le paléomagnétisme ou le granite, mais *la Terre*. Ainsi, une mosaïque de disciplines qui s'ignoraient les unes les autres a pu devenir une collectivité d'études ayant leurs originalités propres mais poursuivant un seul et même but : comprendre la Terre, son fonctionnement, son histoire.

Ceux qui ont refusé la spécialisation thématique pour mieux se consacrer à des études régionales sous tous leurs aspects devront s'apercevoir qu'ils se sont trompés d'échelle. La région n'est rien si elle ne trouve place dans un cadre plus général ou si les mécanismes et les structures qu'elle illustre ne sont pas signifiants pour le fonctionnement de la Terre entière. Du catalogue régional, on passe au concept de région type, de région exemple d'un phénomène. Évolution draconienne des esprits!

Ces esprits seront encore plus malmenés lorsqu'ils s'apercevront que la participation à l'œuvre commune requiert certes que chacun garde sa spécialité, mais aussi qu'il en sache assez sur celles des autres pour nouer dialogues, relations et coopérations. Fini le cloisonnement! Le magnéticien réalise qu'il existe des micropaléontologistes et qu'ils doivent s'entraider pour dater le fond des océans. Le pétrologue s'aperçoit que sans une certaine culture dans le domaine de la géothermie, et donc un dialogue avec le géophysicien, il ne peut déchiffrer les messages portés par les roches qu'il étudie. Le tectonicien, spécialiste des montagnes, comprend qu'il ne peut plus ignorer les choses de la mer ni les résultats des océanographes, et ainsi de suite... Ainsi va se bâtir une communauté scientifique nouvelle, pluridisciplinaire, diversifiée dans ses techniques mais de plus en plus homogène dans ses buts et ses approches.

Au milieu de cette fête intellectuelle, la géologie va accomplir en dix ans plus de progrès que durant les cent années précédentes : accélération incroyable de l'histoire d'une science, cristallisation soudaine d'idées mûries lentement, souvent encore informulées, restructuration en nouveaux chapitres, en nouvelles approches d'une séculaire et vénérable discipline!

Pour exprimer cette mutation qui, en quelques années, a apporté à la fois une moisson considérable de résultats scientifiques et obligé la communauté des sciences de la Terre à se métamorphoser, certains, comme Tuzo Wilson, ont parlé de révolution. Il s'agit bien de cela. Avec l'avènement de la tectonique globale, les sciences de la Terre se sont transformées aussi radicalement qu'ont pu le faire la chimie avec l'avènement de la théorie atomique, la physique avec le développement de la mécanique quantique, la biologie avec les théories évolutionnistes puis plus récemment, l'approche moléculaire. L'apparition des théories mobilistes est sans aucun doute un moment clé de l'évolution de la pensée scientifique. Cette grande enjambée sur le chemin de la connaissance s'est accomplie en quelques années décisives, mais se poursuit encore actuellement avec une vigueur qui n'a pas décru.

Ce livre cherche à retracer de manière simple l'évolution des idées liées au mobilisme continental. Son projet se confond donc avec celui, indissociable, d'exposer le contenu même de la géologie mobiliste et de ses concepts essentiels. Dans cet exposé volontairement simplifié pour garder à l'ouvrage un format raisonnable et ménager son accès aux non-spécialistes, nous avons tenté de replacer cette évolution dans les contextes sociologiques correspondants. Sans cette mise en situation nul ne peut comprendre le cheminement de la grande aventure de ce temps que constitue le développement des Sciences.

I

L'aventure wegenérienne (1910-1930)

Terre et mer, continents et océans : depuis les premières cosmologies summériennes jusqu'à l'exploration systématique des planètes à l'ère spatiale, ce contraste, que l'on sait aujourd'hui très spécifique de la surface terrestre, a été perçu comme une division fondamentale de notre monde. Ce n'est pourtant que récemment que l'on a compris toute l'importance géologique de cette dualité qui dépasse de beaucoup le cadre d'une simple topologie de surface mais cache, dans son aveuglante simplicité, une réalité profonde de la structure et, plus encore, de l'activité et de l'histoire de notre planète. En effet, le soubassement des océans, ce « plancher » qui porte une mince pellicule de sédiments et l'épaisse tranche d'eau, est de nature radicalement différente de celle des continents. Alors que ces derniers, par-delà l'apparente diversité des roches telles qu'on peut les observer par explorations géologiques ou par forages, sont essentiellement constitués d'un matériau clair riche en silice que l'on appelle granite, c'est le basalte, roche volcanique sombre, qui constitue le fond des océans.

Depuis les années 1970, on sait en outre que l'histoire – l'histoire au sens géologique du terme, celle qui s'étend sur des millions, voire des milliards d'années – de ces deux unités structurales du globe, est fondamentalement différente. Le plancher océanique se forme continuellement le long des grandes fissures sous-marines qui parcourent les océans du globe et que l'on nomme dorsales océaniques. Ces fissures situées au centre de *vastes bombements,* sous plus de mille mètres d'eau, sont source de matière chaude émanant des profondeurs de la Terre et qui vient en permanence s'épancher au fond de l'océan, fabriquant ainsi de nouvelles portions de plancher océanique. Une fois formé, ce plancher s'écarte de part et d'autre des dorsales, s'éloigne d'elles et donne l'impression de s'étaler, d'où l'appellation de *sea floor spreading* que l'on a donnée à ce phénomène.

Le mécanisme de formation du plancher océanique peut parfois s'observer à l'air libre lorsque, comme c'est le cas en Islande, les dorsales affleurent à la surface du globe. On peut y voir fissures et séquelles spectaculaires du volcanisme basaltique et l'on peut, à partir de là, observer et concevoir d'autant mieux ce mécanisme. En général, pourtant, le phénomène a lieu sous la mer, par des milliers de mètres de fond, et présente un caractère beaucoup plus discret que les éruptions islandaises. Tout au long du réseau de 60 000 kilomètres que constituent les dorsales océaniques, se produit une activité intense qui, géologiquement parlant, est pratiquement ininterrompue.

La création continue de plancher océanique correspond à un accroissement de la surface terrestre. Cette augmentation au niveau des dorsales se trouve en fait compensée par un phénomène appelé *subduction,* qui détruit continuellement une quantité égale de plancher océanique. Ce dernier replonge dans le manteau au niveau des fosses océaniques qui bordent les grands océans du globe, comme le Pacifique. Les fosses qui s'étendent des Kouriles aux Mariannes, en passant par le Japon, ou celles qui vont des côtes du Mexique à celles de la Terre de Feu, témoignent de cet engloutissement du plancher océanique dans les entrailles de la terre. Ainsi, ce vaste et double mouvement de création au niveau des dorsales, d'extinction au niveau des fosses, assure-t-il une éternelle jeunesse au plancher océanique, constamment détruit, constamment renouvelé. Le taux de renouvellement est de 2 à 10 centimètres par an et l'on peut donc en conclure que les plus vieux planchers océaniques sont âgés au maximum de 200 millions d'années. Issu du manteau, le plancher des océans y retourne inexorablement suivant un cycle immuable qui se poursuit depuis des milliards d'années.

Les continents sont l'aboutissement d'une histoire très différente. Constitués de matériaux légers, ils ne peuvent être engloutis dans le manteau et demeurent donc à la surface de la Terre. Sans doute extraits des profondeurs terrestres par des mécanismes plus complexes que ceux qui président à la formation de la croûte océanique, les morceaux de continents constituent des radeaux qui « flottent » à la surface de la Terre. Comme les planchers des océans sont animés de mouvements constants, les continents subissent ces mouvements et se déplacent ainsi en permanence à la surface du globe. C'est ce que l'on appelle la dérive des continents. Ainsi, l'Afrique et l'Amérique du Sud, qui étaient soudées il y a 250 millions d'années, se sont depuis lors éloignées, laissant entre elles l'immense océan de l'Atlantique Sud, avec sa dorsale océanique centrale.

Ballottés, transportés, cassés, les continents semblent d'indestructibles radeaux flottant à la surface de la Terre. De fait, certains d'entre eux – ou plus exactement certaines parties d'entre eux – se sont formés il y a plus de 3 milliards d'années et ont survécu. A la jeunesse constamment renouvelée des fonds océaniques, les continents opposent une ancienneté vénérable. Cette pérennité leur permet d'être les archives de l'Histoire de la Terre. Leurs roches, leurs structures portent en elles les témoignages des événements successifs qui s'y sont déroulés. Les océans n'ont pas de mémoire antérieure à 200 millions d'années. Les continents, à l'inverse, emmagasinent la mémoire de la Terre depuis près de 4 milliards d'années.

Cette opposition océan-continent, jeunesse-pérennité, cette mobilité des continents liée à l'expansion des fonds océaniques, cette dynamique de la surface terrestre constituent le cadre obligé de toute la géologie. Pourtant, cette logique n'a été comprise que depuis vingt ans et les diverses théories qui lui sont associées ne se sont imposées qu'à partir de joutes, de disputes, de débats extrêmement difficiles, rugueux et parfois violents. Elles ont toutes subi des vicissitudes qui, petit à petit, ont infléchi, remodelé, élagué les idées initiales pour en faire l'ensemble que nous connaissons aujourd'hui et qui se modifie et s'enrichit chaque jour.

L'idée de découper les continents en suivant les côtes, de chercher à les assembler et à reconstituer ainsi un puzzle continental unique, est une opération qu'ont sans doute tentée, avec des succès divers, des milliers d'enfants ou d'amateurs curieux. Sans doute un grand nombre ont-ils ainsi constaté combien le raccord des côtes de l'Afrique et de l'Amérique du Sud était facile à réaliser, faisant disparaître du même coup l'Atlantique Sud. Pourtant cette idée élémentaire, triviale, diraient les mathématiciens, a mis plus de cinquante ans pour s'imposer dans la communauté géologique! Pourquoi a-t-elle rencontré une telle résistance, un tel scepticisme? Il y a là une illustration de ce qui, dans la démarche scientifique, mesure la distance entre intuition et faisceau de preuves rigoureuses, conjecture et démonstration. C'est ce cheminement que nous allons chercher à décrire.

La théorie de la mobilité continentale fit en effet une apparition remarquée avec Wegener en 1912 (*Die Enstehung der Kontinente,* Petermans Mitteilungen, 1912). Alfred Wegener était un météorologiste allemand. Frappé par la similitude des formes des côtes de l'Afrique et de l'Amérique du Sud, il proposa la théorie de la dérive des continents : l'Afrique et l'Amérique n'étaient autrefois qu'un seul et même bloc qui se serait fragmenté en son milieu, les deux parties s'éloignant l'une de l'autre et laissant entre elles un hiatus comblé par les eaux. Par la dérive des deux continents se serait ainsi créé l'océan Atlantique.

Cette idée n'est, semble-t-il, pas de Wegener lui-même. Elle semble avoir été énoncée dès 1868 par Antonio Snider-Pellegrini, dans un mémoire intitulé *La création du monde et ses mystères dévoilés.* Ultérieurement, divers auteurs, dont Élisée Reclus, mais surtout l'Américain Taylor, ont repris et développé quelque peu cette idée, mais sans grande résonance dans le monde des « savants ». Le mérite de Wegener est d'avoir étoffé cette hypothèse par des arguments scientifiques propres à ébranler le scepticisme qui accueille toute idée nouvelle. Il a transformé une hypothèse de travail en un corps de doctrine compact, cohérent et synthétique, embrassant dans une vision globale des aspects extrêmement divers de l'histoire de la Terre. Il a défendu sa théorie avec fermeté, mais sans pugnacité excessive, jusqu'à son dernier jour. Aussi doit-il être considéré comme le père de cette théorie de la dérive des continents. Comme l'exprime clairement Georges Duby [1], il faut, en matière de référence et d'antériorité, se fixer une règle simple : c'est celle qui distingue clairement entre une opinion émise parmi d'autres, de manière plus ou moins furtive, et une œuvre construite, argumentée, développée autour d'une idée. « La référence à l'une est anecdotique, à l'autre elle est centrale et obligatoire. » Nous suivrons cette ligne de conduite.

1. *Les Trois ordres ou l'imaginaire du féodalisme,* Gallimard, 1978.

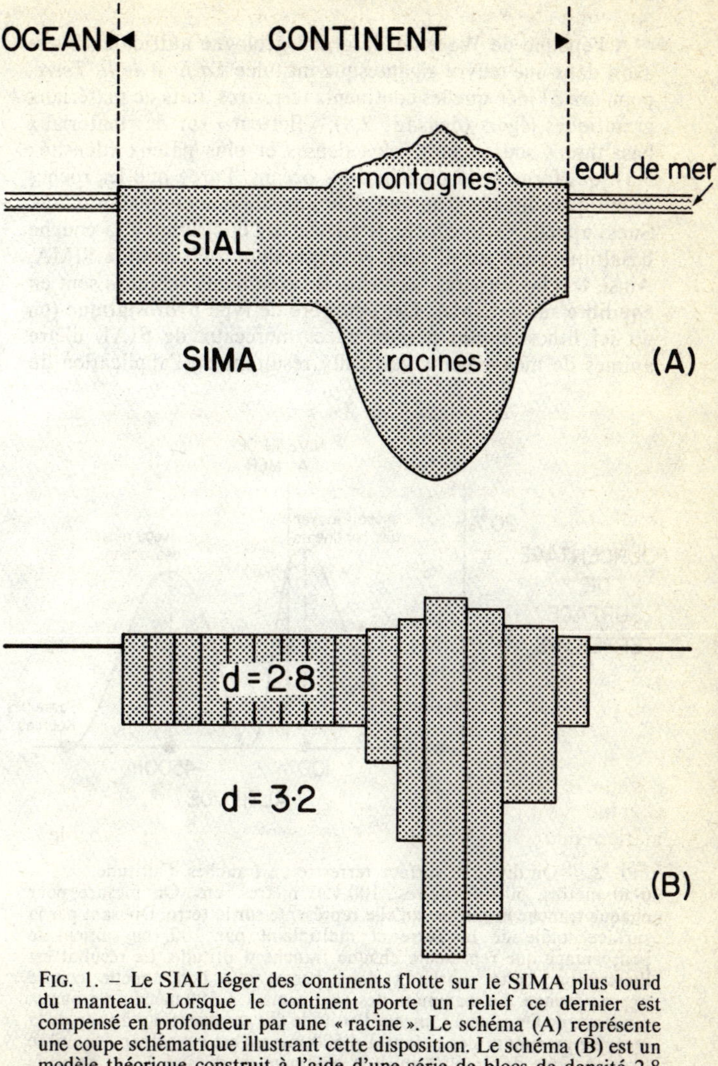

FIG. 1. – Le SIAL léger des continents flotte sur le SIMA plus lourd du manteau. Lorsque le continent porte un relief ce dernier est compensé en profondeur par une « racine ». Le schéma (A) représente une coupe schématique illustrant cette disposition. Le schéma (B) est un modèle théorique construit à l'aide d'une série de blocs de densité 2,8 flottant sur un liquide de densité 3,2.

L'isostasie

A l'époque de Wegener, le grand géologue autrichien Suess avait dans une œuvre gigantesque intitulée *La face de la Terre,* popularisé l'idée que les continents terrestres, faits de matériaux granitiques légers (densité : 2,8), « flottent » sur des matériaux basaltiques sous-jacents, plus denses et plus pâteux (densité : 3,3), qui forment le plancher des océans. Parce que les roches granitiques dites acides, sont riches en silicium et en aluminium, Suess appelle cette couche le SIAL, par opposition à la couche basaltique riche en silicium et magnésium qu'il nomme SIMA. Ainsi, tels les icebergs sur l'eau, les continents sialiques sont en équilibre sur le SIMA. Cet équilibre de type hydrostatique (on dit ici lithostatique) permet à ces morceaux de SIAL d'être animés de mouvements verticaux résultant de l'application du

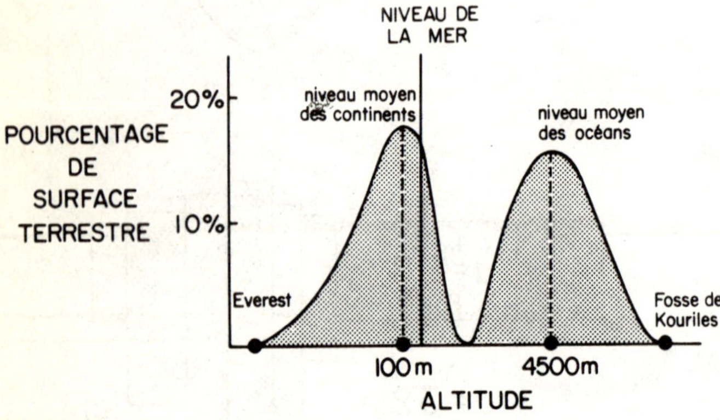

FIG. 2. – On divise la surface terrestre en tranches d'altitude. 0-50 mètres, 50-100 mètres, 100-150 mètres, etc. On mesure pour chaque tranche la surface qu'elle représente sur la terre. Divisant par la surface totale de la Terre et multipliant par 100, on obtient le pourcentage que représente chaque tranche d'altitude. Le résultat est illustré par cette courbe à deux bosses que l'on appelle courbe hypsométrique. Le maximum des continents à + 100 mètres marque la tendance de l'érosion à ramener l'altitude des continents au niveau de la mer. Le maximum des océans à 4 500 mètres est causé par l'équilibre hydrostatique différentiel entre le continent de densité 2,7 et l'eau de densité 1 reposant l'un et l'autre sur le SIMA de densité 3,3.

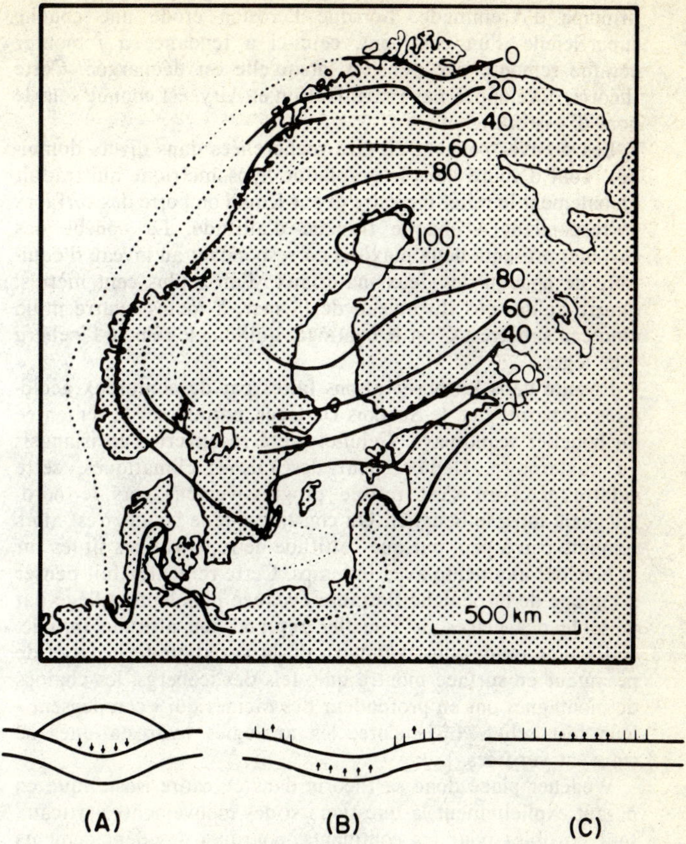

FIG. 3. – Courbe de vitesse de remontée du bouclier scandinave depuis la dernière glaciation. Les courbes sont calibrées en centimètres par cent ans. On constatera que le centre du bouclier qui portait la majorité de la masse de glace remonte plus vite que les bords d'après le mécanisme expliqué ci-dessous.
Supposons une couche élastique sur laquelle on pose un poids (calotte polaire), figure A. Le poids disparaît en (B), la couche élastique privée de sa surcharge retrouve sa forme initiale (C). Chaque point de la surface a subi entre (B) et (C) un mouvement de remontée dont on peut mesurer la vitesse.

principe d'Archimède. Lorsque l'érosion érode une couche superficielle d'un continent, celui-ci a tendance à remonter comme remonte une péniche lorsqu'elle est déchargée. Cette théorie, développée par Pratt, Dutton et Airy, est connue sous le nom d' « isostasie ».

Les preuves peuvent en être recherchées dans divers domaines. Tout d'abord dans le graphique hypsométrique qui traduit globalement le relief terrestre et sur lequel on porte des surfaces correspondant à chaque tranche d'altitude. La courbe des surfaces présente deux maxima correspondant au niveau d'équilibre de chacun des deux matériaux : l'un à plus cent mètres, l'autre au-dessous du niveau de la mer, à moins quatre mille cinq cents mètres. C'est le continent qui joue le rôle de l'iceberg plus léger.

Ensuite dans les observations faites par de nombreux géologues et, parmi eux, le Suédois De Geer, portant sur la remontée du bouclier scandinave. Celui-ci a été recouvert d'un islandsis au quaternaire. Depuis, pour des raisons climatiques, cette calotte glaciaire s'est retirée progressivement vers le nord, allégeant ainsi le bouclier. On constate que le bouclier est alors remonté peu à peu, puisque l'altitude de repères fixes situés sur le bouclier augmente avec le temps. Cette remontée fait penser à l'image de la péniche flottante évoquée plus haut. Allégé par la fonte des glaces, le bouclier reprend son altitude initiale. Enfin, une étude plus complexe de la variation de la force de pesanteur en surface montre que, tels des icebergs, les chaînes de montagnes ont en profondeur des racines qui « compensent » leur fort relief. Là encore, les analogies hydrostatiques se trouvent vérifiées.

Wegener place donc sa théorie dans ce cadre isostatique en posant explicitement la question : si des mouvements verticaux sont possibles pour les continents, pourquoi des déplacements horizontaux ne le seraient-ils pas? Pourquoi l'Amérique du Sud et l'Afrique ne se seraient-elles pas éloignées progressivement l'une de l'autre? Les icebergs sur l'eau ne sont pas fixes les uns par rapport aux autres! Pourquoi restreindre la dérive continentale à la zone de l'Atlantique Sud? Wegener propose alors d'appliquer le concept de dérive continentale à la terre entière.

Les circonstances de la dérive

A la fin du carbonifère [1] (c'est-à-dire il y a 270 millions d'années [2], date qu'ignorait Wegener mais que nous connaissons aujourd'hui), il existait un continent unique, le continent PANGÉE. Ce continent s'est fragmenté et ses morceaux se sont éloignés les uns des autres, si bien qu'à l'éocène (il y a 50 millions d'années), on pouvait distinguer clairement un continent eurasiatique qui communiquait, via la Scandinavie et le Groenland, avec l'Amérique du Nord, individualisant un supercontinent nord : la LAURASIA, et au sud, une série de blocs séparés comprenant l'Amérique du Sud, l'Antarctique, l'Australie et l'Afrique qui, bien qu'encore liée à l'Asie, s'en sépare par la mer Méditerranée. Wegener proposa pour cet ensemble continental le terme de GONDWANA.

Plus récemment, l'Eurasie se serait nettement éloignée de l'Afrique. Les océans Atlantique, Indien et Arctique sont le résultat de ces dérives continentales.

Mais, pour Wegener, ces mouvements continentaux ne sont pas simplement la destruction d'une structure géométrique, ils constituent les moteurs fondamentaux des grands phénomènes géologiques. Cette dérive de radeaux continentaux se manifeste géologiquement par ce qu'il appelle des « jeux de poupe et des jeux de proue ». A l'avant du continent dérivant se forment de gigantesques rides : ce sont les chaînes de montagnes. Ainsi, le contact de l'Amérique dérivant vers l'ouest avec le SIMA Pacifique donne naissance à la Cordillère des Andes et aux montagnes Rocheuses. Ainsi l'Australie, dérivant vers l'est, induit la formation de ses chaînes côtières orientales. Mais ces plissements de proue ont aussi d'importantes répercussions internes, d'où les activités volcaniques et magmatiques intenses de ces régions.

A la poupe, les phénomènes ne sont pas moins spectaculaires. Les continents dérivants laissent dans leur sillage quelques fragments de leurs bordures, donnant naissance aux guirlandes d'îles. L'Amérique, dans sa dérive vers l'ouest, abandonne derrière elle la guirlande d'îles des Antilles; plus spectaculaire

1. Voir p. 61 une échelle détaillée des temps géologiques.
2. Nous noterons désormais les milliers d'années MA et pour bien situer les événements géologiques dans le passé nous ferons précéder les dates des signes moins.

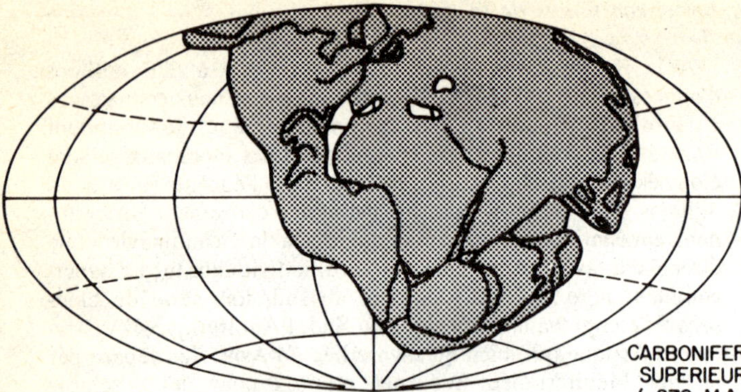

CARBONIFERE
SUPERIEUR
(-270 M.A.)

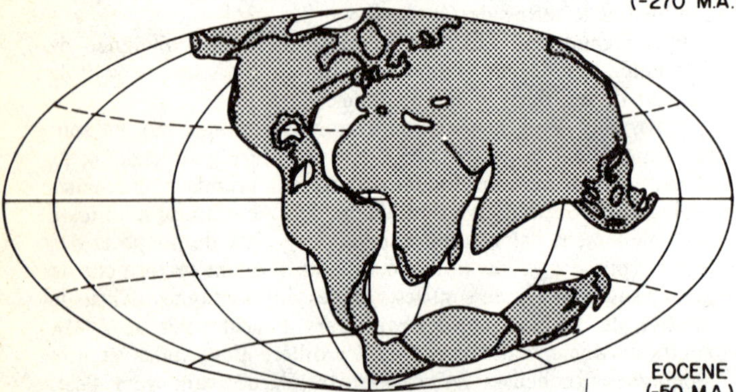

EOCENE
(-50 M.A.)

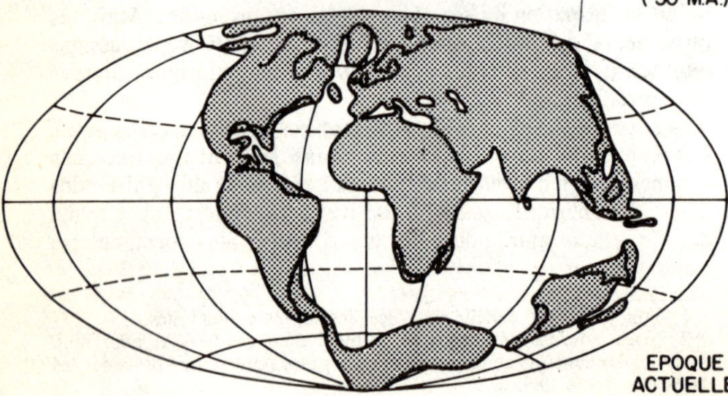

EPOQUE
ACTUELLE

encore est la dérive de l'Asie vers le nord-ouest et la guirlande des îles de la Sonde, du Japon et des Kouriles, etc. Là encore, la proue crée des remous dans le SIMA, suscitant volcanisme et montée de magma.

Telle est, brièvement exposée, la thèse de Wegener. Nous allons l'examiner en utilisant les arguments qu'au cours de sa vie, lui-même et ses disciples ont accumulés et qu'il a rassemblés dans son dernier mémoire de 1928. Nous ne respecterons pas pour autant l'ordre et la hiérarchie qu'il leur a donnés, car le temps a conféré du relief à certains pour en estomper d'autres.

L'argumentaire de Wegener n'est pas de type syllogistique, avec une logique déductive puissante et systématique. Comme c'est toujours le cas en Sciences naturelles, il s'agit là d'un modèle, d'un paradigme qui propose une explication unitaire à de nombreux faits d'observation accumulés au cours des ans. Ces faits sont de nature très diverse, d'importance variable.

La paléontologie et les ponts intercontinentaux

En 1912, la paléontologie était depuis longtemps déjà aux prises avec le problème des contacts intercontinentaux. Certaines espèces vivantes sont apparues sur terre à une époque définie et on en trouve les reliques en des points séparés aujourd'hui par des océans entiers. Ou bien il faut admettre que l'apparition des nouvelles espèces se fait simultanément en divers endroits (c'est la théorie de l'hologenèse de Naegli), ou bien il faut estimer que l'espèce est apparue en un point du globe, puis a migré rapidement jusqu'à couvrir l'ensemble de

FIG. 4. – Voici le schéma que propose Wegener pour expliquer la disposition actuelle des continents. La disposition actuelle résulte d'une évolution temporelle dessinée à trois époques différentes. Lorsque nous passons du présent à l'éocène et au carbonifère, nous remontons le temps. Les époques géologiques se succèdent dans l'ordre : Cambrien-Silurien-Dévonien-Carbonifère-Permien (ces cinq étages constituent l'ère primaire), Trias-Jurassique-Crétacé (il s'agit de l'ère secondaire), Éocène-Oligocène-Miocène-Pliocène (ère tertiaire), enfin le quaternaire. Le continent africain a été maintenu arbitrairement fixe mais ce n'est qu'une commodité de représentation (figure d'après A. Wegener). Pour le tableau des époques géologiques, voir p. 61.

son aire de répartition géographique. Les paléontologistes se sont rapidement ralliés à la seconde hypothèse. Mais alors, comment expliquer que les stégocéphales, reptiles amphibiens du carbonifère (– 280 MA) et du permien (– 210 MA), animaux peu mobiles vivant aux bords des rivières, se soient trouvés simultanément en Europe, en Amérique (Texas), aux Indes et en Afrique du Sud? De tels exemples peuvent être développés en citant nombre d'espèces terrestres comme les escargots de jardin, les vers de terre ou les insectes qui, apparus à une époque en un point du globe, ont rapidement envahi l'ensemble des continents. Ils ont conduit à l'idée de liaisons entre continents, nécessaires pour permettre les migrations de faunes et de flores.

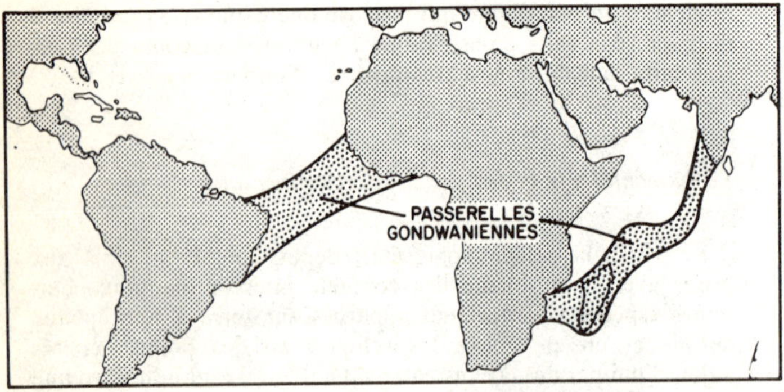

FIG. 5. – Les ponts continentaux ont été pendant longtemps la solution que les paléontologistes ont donnée au problème de la dispersion des espèces vivantes. Voici une version de ponts continentaux tels que les paléontologistes du temps de Wegener les avaient imaginés (d'après Valentine).

Mais, loin de proposer l'idée de dérive continentale, les paléontologistes ont d'abord émis celle des *ponts intercontinentaux*, langues de terres émergées reliant les continents, *s'effondrant* ici à telle époque, *renaissant* ailleurs à telle autre, dressant ainsi un vaste réseau de communications intercontinentales à l'échelle de la Terre entière.

Wegener s'attaque à cette théorie des ponts intercontinentaux. En géophysicien, il note que cet engloutissement de SIAL dans le SIMA est physiquement impossible. Le SIAL est plus léger, il flotte, et aucun principe physique ne peut le faire s'enfoncer spontanément. Plus encore, si cet enfoncement avait lieu, il laisserait des traces dans le champ de pesanteur. Or, les gravimétriciens ne détectent rien de tel lors de leurs mesures en mer.

La dérive continentale apparaît alors pour Wegener comme la synthèse entre l'idée de liaison intercontinentale défendue par les biologistes et celle de la permanence des surfaces respectives continents-océans, défendue par de nombreux géologues et par les tenants de la théorie de l'isostasie.

Admettant alors l'hypothèse de la dérive continentale, la paléontologie va devenir un outil puissant pour la reconstitution des modalités de celle-ci. On sait en effet que les espèces végétales et animales évoluent et changent au fil du temps. Les paléontologues ont déterminé pour chacune d'elles une « durée de vie géologique ». Les successions des faunes et des flores permettent de définir l'échelle des ères et époques géologiques. La cartographie de l'aire d'influence d'une espèce donnée et sa superposition à la carte de la dérive va donc permettre de déterminer un âge géologique pour telle ou telle étape des mouvements de continents. Ces cartes paléo-biogéographiques constituent en outre un outil autorisant l'étude des zones où la reconstitution de Wegener n'est pas précise. Ainsi la plante que l'on appelle *Glossopteris* est caractéristique du continent de Gondwana au trias. Elle est par contre inconnue en Laurasia. Sa découverte sur un fragment continental identifie ce dernier comme ayant été relié au Gondwana au trias. Ainsi le reptile fossile *Mesosaurus* est-il limité à deux zones restreintes situées en Amérique et en Afrique du Sud, permettant d'inférer une liaison entre ces deux zones à l'ère secondaire.

Par cette méthode de paléontologie stratigraphique, qui avait été élaborée par les géologues du XIXe siècle au prix d'un long et fastidieux effort, Wegener établit la chronologie de la rupture puis de la dérive des continents issus de la Pangée, et vérifie la cohérence de ses reconstitutions.

La cartographie des deux côtes de l'Atlantique

La géologie régionale, fondée sur la cartographie des formations géologiques, conduit à tracer des frontières entre les formations géologiques. Ainsi, lorsque de grandes étendues de terrains sédimentaires recouvrent un *socle* formé de terrains plissés et indurés, on cartographie soigneusement la limite de ces deux formations, appelée limite socle-couverture. Une telle cartographie, faite en Afrique de l'Ouest, pose un problème lorsqu'on atteint la côte atlantique. Certaines de ces limites sont

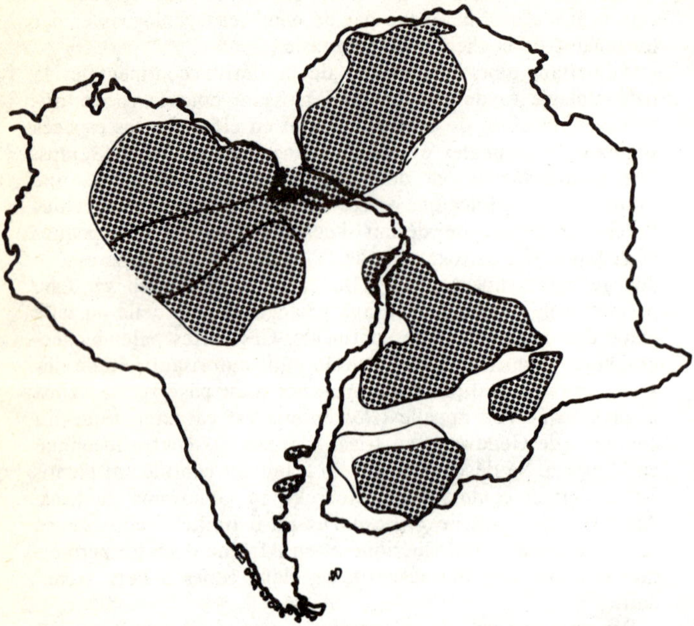

FIG. 6. – Les formations géologiques qui affleurent à la surface de la Terre peuvent être subdivisées en deux catégories : les terrains sédimentaires fossilifères jeunes (d'âge inférieur à 500 MA) et les terrains anciens précambriens souvent métamorphisés, plissés et intrudés de granites et que l'on appelle socles cristallins. Les limites entre ces deux types de terrains sont nettes et faciles à repérer, donc à cartographier.
Dans ce schéma on a dessiné (suivant une démarche due originellement à Wegener, mais actualisée par Hurley) les zones où affleurent les terrains cristallins en Afrique de l'Ouest et en Amérique du Sud. Après avoir refermé l'Atlantique, on constate que les limites socles-terrains sédimentaires se raccordent en traversant parfois les côtes perpendiculairement.

en effet quasi perpendiculaires à l'Océan. Comment se continuent-elles en mer? Comment les arrêter brutalement?

Or, lorsqu'on reconstitue le puzzle de l'Atlantique Sud à l'aide des formes côtières, on constate que les limites socle-couverture se raccordent sans difficulté. Mais ces raccords sont encore plus précis qu'il y paraît. Comme nous venons de le dire, les couches géologiques sédimentaires se présentent en séquences successives, et ces strates peuvent être datées grâce aux restes fossiles qu'elles contiennent. Utilisant les descriptions faites de part et d'autre de l'Atlantique Sud, on peut remarquer que les couches plus anciennes que le trias (c'est-à-dire antérieures à 200 millions d'années) sont identiques étage par étage. Cette identité est si parfaite que, quelques années plus tard, en 1927, le géologue suf-africain Du Toit, qui a fait le voyage en Amérique du Sud pour comparer les formations géologiques brésiliennes avec celles qu'il connaît en Afrique, écrit : « Il existe souvent plus de différence entre les faciès d'une même série observés en deux points situés sur le même continent qu'entre deux points homologues situés sur la côte de part et d'autre de l'Atlantique. Par contre, après le trias, la nature lithologique des étages se diversifie dans chaque continent [1]. »

Cette comparaison des raccords géologiques entre les diverses formations géologiques existant de part et d'autre de l'Atlantique est conduite avec un soin extrême par Du Toit. Il étend cette reconstitution minutieuse à l'ensemble du continent de Gondwana. Le tectonicien Émile Argand, plus porté à s'intéresser aux chaînes de montagnes plissées, examine la répartition de ces dernières à l'échelle du globe. Il conclut que le modèle de Wegener donne l'image la plus cohérente de cette répartition et que, en tout cas, rien dans les observations tectoniques et cartographiques ne s'y oppose.

Les climats anciens

Il était normal que Wegener, météorologue de profession, portât une attention particulière aux climats anciens. Il existe, en effet, dans les formations géologiques, un certain nombre

1. *A geological Comparison of South America with South Africa*, Carnegie Institution of Washington, Pub. nº 381, Washington, 1927.

d'indices qui permettent leur reconstitution. Ainsi, l'existence de coraux fossiles implique des eaux chaudes et bien aérées, l'existence de flores fossiles abondantes, à feuilles géantes, des conditions tropicales. Aussi spécifiques sont les galets striés très abondants dont l'accumulation, appelée tillite, atteste la présence de glaciers. Étudiant ainsi la répartition des indices glaciaires, Wegener remarque que, au carbonifère, l'Amérique du Sud, l'Afrique septentrionale, l'Inde, l'Australie étaient couvertes d'une calotte glaciaire. Comment expliquer une telle extension pour un islandsis? Le climat général du globe était-il plus froid? Mais cela est contredit par la présence de faune et de flore tropicales dans les régions de l'actuelle Méditerranée. La solution consistant à réunifier les continents et à admettre un déplacement du pôle – il se serait trouvé dans l'océan Indien à cette époque – permettait de répondre à la question. Dans le cadre de cette hypothèse, une observation isolée permet à elle seule de conclure : au large de l'Australie existe l'île de Timor; or, au carbonifère, alors qu'une calotte glaciaire recouvrait l'Australie, Timor voyait des coraux se développer. La seule interprétation permettant d'expliquer l'existence simultanée de deux climats anciens et antinomiques est à l'évidence que ces deux morceaux de continents se trouvaient très éloignés l'un de l'autre au carbonifère et que, depuis lors, ils se sont beaucoup rapprochés. Poussant son analyse beaucoup plus loin, et constatant le déplacement des zones climatiques, il propose d'admettre

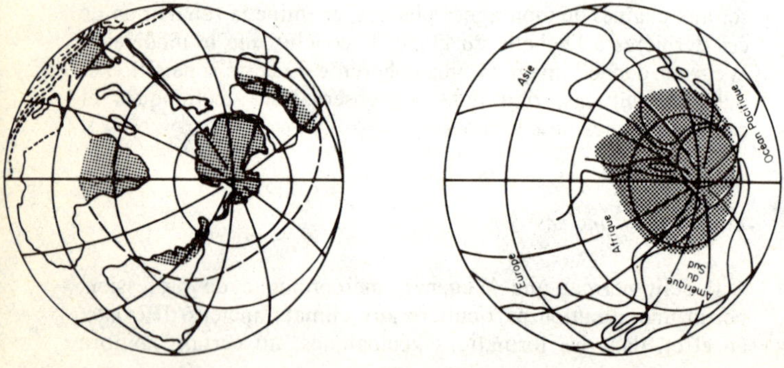

FIG. 7. – Carte de la répartition des restes glaciaires (zones grisées) au permo-carbonifère (a). Si l'on reforme le continent de Gondwana, on reconstitue une calotte glaciaire dont les dimensions sont acceptables (b) (d'après A. Wegener).

la migration des pôles au cours des temps géologiques. Cette idée réapparaîtra plus tard dans la littérature géologique.

Les chaînes de montagnes

Le XIXe siècle avait été pour la géologie le siècle de la stratigraphie avec les joutes fameuses de Lyell, de Cuvier, de Sedgwick et de Brongniart. Le XXe siècle est celui de la tectonique. La stratigraphie, science des strates successives, s'attachait à déchiffrer l'histoire des bassins sédimentaires où les couches géologiques sont déposées dans un ordre logique, les plus vieilles en bas, et où le temps est enregistré par une séquence de messages simples indiquant les conditions de dépôt des roches. La tectonique cherche à comprendre le message contenu dans les chaînes de montagnes plissées. Pourquoi ces plissements? Comment, à partir de sédiments déposés sous la mer, des montagnes aussi imposantes que les Alpes ou l'Himalaya se sont-elles édifiées?

L'étude de ces montagnes implique une attitude d'esprit très différente de l'approche stratigraphique traditionnelle. D'une part, il faut la volonté de s'attaquer à des structures dont on pourrait *a priori* penser que la complexité même va défier tout déchiffrement. D'autre part, l'examen des structures tectoniques nécessite une vision à trois dimensions, imposée par les reliefs considérables que nous offrent les montagnes. Plus encore, le déchiffrement des structures complexes, formées de plis, de failles, de leurs combinaisons variant à l'infini, conduit immédiatement à une interprétation dynamique. Les structures des chaînes de montagnes n'ont de sens, pour les tectoniciens, que lorsqu'elles permettent de faire revivre les mouvements qui leur ont donné naissance. Et c'est dans ce contexte qu'il convient de replacer la théorie de Wegener.

Pour expliquer la formation des montagnes, la théorie à la mode au début du siècle est celle du refroidissement du globe, plus familièrement connue sous le nom de « théorie de la pomme cuite », et due au Français Élie de Beaumont. Lorsqu'on fait cuire une pomme, elle perd de l'eau et se rétrécit; il en résulte une surface craquelée, ridée, plissée. Un œil attentif et quelque peu imaginatif peut y distinguer l'équivalent des chaînes de montagnes, des vallées et des mers. On imagine que, d'une manière analogue, le globe chaud des premiers jours s'est rétréci au cours du temps. Cette théorie, adoptée par Suess, aura des adeptes jusque dans les années 1960! Pourtant, au début des années 1870, les géologues alpins Bertrand, Schart, Lugeon et surtout K. Staub et F. Kossmat, remettent en cause cette théorie de la formation des chaînes montagneuses par contraction du globe en notant l'existence de raccourcissements considérables. Par exemple, si l'on « déplie » les Alpes, on augmente leur surface de quatre à cinq fois. Ces raccourcissements indispensables impliquent un mobilisme latéral, car on ne conçoit pas par quel mécanisme physique une contraction interne pourrait produire de tels effets. Kossmat écrit : « La formation des montagnes doit être expliquée par de grands mouvements tangentiels de la croûte, et cela ne peut s'incorporer dans la théorie de la contraction [1]... »

C'est le Suisse Émile Argand qui va faire le lien entre cette « pensée tangentielle » des tectoniciens et la théorie de la dérive des continents de Wegener. Argand réalise d'abord une œuvre cartographique considérable, à savoir la carte tectonique de l'Eurasie. Il présente cette œuvre au Congrès géologique de Liège en 1924. Comme de coutume, le commentaire de cette carte est l'occasion pour lui de développer sa vision interprétative. Dans un langage bien typique de l'époque et étonnamment imagé, il expose l'idée que les chaînes alpines, depuis l'Himalaya jusqu'à nos Alpes franco-suisses, sont le résultat de mouvements latéraux considérables. Ces mouvements ont conduit à des chevauchements de la croûte (ou redoublements de SIAL) qui ont formé les reliefs importants qui caractérisent ces chaînes. Il introduit en fait à l'intérieur même des blocs sialiques de Wegener une certaine plasticité localisée en des zones de faiblesse. Cette plasticité relative leur permet de se plisser et de donner naissance à des chevauchements importants. Ainsi, l'Afrique dérivant vers l'Europe a donné naissance aux Alpes. L'Inde, bien que solidaire de la Laurasia [2], a continué sa dérive vers le nord. Le « choc » de ce bouclier indien et du bouclier asiatique a donné naissance à la chaîne himalayenne. Ainsi, dans la Laurasia, il distingue des blocs rigides indéfor-

1. « Erörterungen », in A. Wegener, *Théorie der Continental Verschiebungen*, Zeitschrift der Gesellschaft für Erdkunde, Berlin, 1921.

2. Ce n'est que beaucoup plus tard que l'indépendance de l'Inde par rapport à la Laurasia sera démontrée par les paléomagnéticiens.

mables et des zones où des raccourcissements sont possibles. En fait, ce que développe Argand, c'est la notion de chaînes de collision qu'il conçoit comme des chaînes intracontinentales. Il compare ces chaînes aux chaînes péripacifiques qui, comme la Cordillère des Andes ou les chaînes japonaises, sont situées à la frontière océan-continent, et constate que celles-ci montrent des raccourcissements beaucoup moins importants, et donc qu'elles sont de nature différente. Cette distinction restera un des fondements de la tectonique moderne et sera reprise dans le cadre de la géologie des plaques.

L'embryogénie de la tectonique globale

Wegener comprend rapidement le parti qu'il peut tirer du mémoire d'Argand; il l'adopte mais va plus loin et étend les conséquences tectoniques du mobilisme à ce que l'on peut appeler aujourd'hui les prémisses d'une tectonique globale. Il établit d'abord la liaison entre le mouvement global et le style tectonique régional, et remarque que dans le cadre d'une tectonique mobiliste, s'il existe une compression en un endroit du globe, il doit exister une zone en extension ailleurs. Partant de là, il analyse correctement les trois types de zones tectoniques :

– les zones où il existe une compression et qui sont caractérisées par des plis et des failles chevauchantes, dites inverses en langage géologique. Dans ces zones, la surface terrestre diminue. Ce sont les chaînes de montagnes déjà évoquées;

– les zones caractérisées par un étirement, dans lesquelles dominent les failles dites normales, et où de la surface est créée. Dans ce cadre, il étudie longuement la zone des grands lacs africains qui, du lac Tanganyka à la région des Afars, près de Djibouti, parcourt l'Afrique orientale du sud au nord. Il suggère que cette zone représente soit le stade précoce de la fracturation d'un continent (dans ce cas, l'Afrique de l'Est sera détachée du continent africain dans quelques millions d'années), soit, à l'inverse, un stade avorté. Les phénomènes qui s'y produisent doivent être considérés comme reflétant ce qui a dû se produire dans la vallée centrale au moment de la séparation entre Amérique du Sud et Afrique;

– enfin, une troisième catégorie de zones tectoniques est celle où les mouvements des continents sont parallèles aux failles et où, par conséquent, des déplacements latéraux relatifs sont considérables. Wegener perçoit là le rôle essentiel des grands décrochements, comme, par exemple, celui de la faille San Andreas, en Californie, source des grands tremblements de terre et notamment du célèbre séisme du 18 avril 1906 à San Francisco. Comme on le comprendra bientôt, la liaison entre ces grands déplacements et la sismicité est développée selon une vision très futuriste.

Ainsi Wegener avait-il conçu le rôle des grandes failles et leur répartition dans les diverses conditions de la dynamique du globe, ainsi avait-il compris la liaison existant entre ces libérations brutales d'énergie que sont les séismes et les déplacements latéraux affectant la surface terrestre. Les îles océaniques, avaient retenu toute son attention, d'abord comme témoins de la dérive : il avait correctement noté que les îles Seychelles, au milieu de l'océan Indien, étaient de nature granitique, donc d'origine continentale, et qu'il fallait expliquer cette présence d'un morceau de continent au milieu de l'océan Indien. Mais il avait généralisé un peu vite et conclu que les îles de l'Atlantique, comme les Açores et les Canaries, étaient aussi des esquilles de continents. On ne le pense plus aujourd'hui. La forme des guirlandes d'îles, telles celles qu'on rencontre entre la Terre de Feu et l'Antarctique, qui constituent les îles Sandwich, ou celles qui se déploient autour de la Nouvelle-Guinée et de la Nouvelle-Irlande, à Bougainville, suggérait à Wegener des volutes comme en dessine un fluide lorsqu'il rencontre un obstacle. Plus prophétique était l'attention qu'il porta à la naissance des archipels « laissés » par l'Asie au cours de la dérive et pour lesquels il proposa ainsi un mécanisme de genèse. Il expliquait du même coup la naissance des mers que l'on appellera plus tard marginales, comme celles du Japon, d'Okhtotsk ou de Béring. La répartition spatiale du volcanisme actif semblait aussi, pour Wegener, traduire la réalité de la dérive. La poupe et la proue des radeaux dérivants (Andes ou Indonésie) et les zones où les continents se fracturent (grands lacs africains) apparaissent marquées par un volcanisme intense, indices d'une activité interne importante.

Ainsi peut-on dire que Wegener avait compris que la Terre recelait une logique globale unifiée, et que cette logique devait gouverner des disciplines très variées, souvent éloignées les unes des autres : volcanologie, paléontologie, tectonique, paléoclimatologie, géophysique. Il est à cet égard troublant de constater que le dernier chapitre de l'ultime manuscrit de Wegcner est consacré à l'océanographie, discipline qui, de son temps, était encore dans la prime enfance. Il y discute la topographie et la répartition des dorsales océaniques, commente les premiers dragages océaniques qui rapportent à la surface du basalte, mais aussi les premières mesures de géophysique en mer. Avait-il pressenti que de ces études viendrait, trente ans plus tard, la confirmation éclatante de ses vues?

La relecture, aujourd'hui, des dernières pages de Wegener montre la lucidité prophétique de ce météorologue de Marburg qui sut être un si grand *géologue*. Comment résister à l'envie de lui conférer ce titre que tous ses contemporains lui avaient refusé?

Les causes de la dérive

Ayant proposé son modèle, Wegener fut mis en demeure d'expliquer comment la machine pouvait fonctionner. Quelles forces étaient en jeu dans ces mouvements grandioses? Le dossier du naturaliste était excellent. Celui du physicien était, pour l'époque, beaucoup moins convaincant. La notion même d'*isostasie,* pièce maîtresse de l'explication wegenérienne, était suspecte aux yeux des physiciens orthodoxes de l'époque. Le manteau est un milieu rocheux rigide, soumis à de très hautes pressions. Comment peut-on le comparer à un fluide et parler, pour le SIAL et le SIMA, d'icebergs flottant sur de l'eau? Pour beaucoup, une telle image est physiquement absurde. Wegener, après Suess, évoque alors les facteurs *temps* et *température,* et rappelle que la cire à cacheter est cassante sous l'action de sollicitations brutales, mais qu'elle se déforme plastiquement si on lui applique une force pendant une durée plus longue. Pas plus que Suess, il ne convainc les physiciens de l'époque, plus rigoristes que rigoureux.

Wegener s'attaque alors au problème des forces susceptibles de provoquer les déplacements latéraux des masses continentales. Ces forces doivent être nécessairement considérables : quelles en sont les causes? En météorologue, il s'intéresse beaucoup à la rotation de la Terre, à la force de Coriolis qui lui est liée, aux forces des marées, ou à des accélérations de cette rotation. Malheureusement, quelles qu'aient été les tentatives pour étayer ces propositions par des arguments quantitatifs, elles se révéleront toutes fausses. Aucune des forces évoquées par Wegener ne peut expliquer les mouvements des continents. Pourtant, vers la fin de sa vie, il entrevoit ce qui sera la solution admise par tout le monde trente ans plus tard : la convection mantellique...

La radioactivité a été découverte par Becquerel en 1896. En 1920, elle est encore une idée neuve pour les sciences de la Terre (elle le sera en fait jusqu'en 1950!). L'Irlandais Joly met en parallèle le fait que le phénomène de radioactivité dissipe de la chaleur, et la présence de substances radioactives (U, Th, K) dans les roches terrestres, pour affirmer qu'une importante production de chaleur a lieu à l'intérieur du globe. Cette chaleur est répartie de manière non uniforme, et cette hétérogénéité des phénomènes convectifs, c'est-à-dire des déplacements de masse à l'intérieur du globe, analogues aux courants que l'on observe dans une casserole d'eau mise à chauffer. Ces courants de convection peuvent entraîner les continents flottants sur leur milieu pâteux, et donc être cause de la dérive.

Cette idée de convection terrestre, dont aujourd'hui personne ne nie plus l'existence, devait être combattue par les géophysiciens de l'époque avec la dernière énergie. Comment un milieu quasi solide pourrait-il se comporter comme un fluide? Non-sens physique! Et cette radioactivité, comment peut-on en évaluer quantitativement les effets alors que l'on ne connaît même pas les teneurs ni la nature des matériaux profonds! Cette physique du globe, si différente de la bonne physique de laboratoire, paraissait décidément bien étrange aux physiciens traditionnels.

Le débat

Après avoir instruit le dossier, avec sa surabondance de faits d'observations solides, mais aussi sa minceur sur le plan des interprétations théoriques, il nous faut examiner comment cette théorie fut reçue par la communauté scientifique.

La première présentation publique en fut faite par Wegener à Marburg en 1910. Le premier mémoire parut à la fin de la même année. Les réactions initiales des géophysiciens allemands furent très favorables; celles des géologues furent en revanche extrêmement réservées, voire hostiles. Ce n'est que dix ans plus tard, après la guerre, que la théorie de la dérive se répand hors d'Allemagne, en particulier dans le monde anglo-saxon. Elle suscite aussitôt des prises de position extrêmement tranchées de la part des hautes personnalités des sciences de la Terre. Les opinions hostiles à la théorie de la dérive vont croître et s'affirmer au cours du temps. Lorsque, en 1929, Wegener meurt au cours d'une des explorations du Groenland qui le passionnaient tant, il existe encore bon nombre d'avocats de cette théorie. Quelques années plus tard, ils ne seront plus qu'une poignée. Les géophysiciens, un moment séduits, ont finalement suivi Harold Jeffreys dans sa condamnation sans appel de la dérive continentale et ce, au nom de la rigueur et des mathématiques!

Si l'on veut résumer le débat contradictoire qui se déroula pendant dix ans autour de la théorie de Wegener, on peut se référer au symposium organisé à New York en 1928 par l'Association américaine des Géologues pétroliers autour de ce thème de la dérive des continents. A ce colloque, sur quatorze présentations orales, sept s'opposèrent violemment à Wegener, et sept lui furent favorables (peut-être d'ailleurs le symposium avait-il été construit à cet effet!). Nous connaissons les arguments de Wegener. Quels sont ceux de ses détracteurs? Tentons de schématiser les plus importants :

– La géométrie des reconstitutions paléogéophysiques de Wegener est approximative. Si, pour l'Atlantique Sud, les côtes, en tenant compte de l'existence d'un plateau continental, semblent s'ajuster convenablement, il n'en va pas de même pour l'Atlantique Nord. Quel est le vis-à-vis de Terre-Neuve en Europe?

– Comment les structures de part et d'autre de l'Atlantique pourraient-elles se raccorder si bien alors que les continents ont subi un si long voyage qui, normalement, aurait dû désorganiser ces structures? L'existence de bons raccords démontre bien l'immobilisme des structures! C'est là un argument qui sera repris, sous une forme mathématique plus « rigoureuse », par Jeffreys, et qui s'avérera l'un des plus meurtriers pour la théorie de la dérive.

– Pourquoi la fragmentation continentale n'a-t-elle débuté qu'au permien? Pourquoi la Pangée a-t-elle survécu durant la majeure partie de l'histoire de la Terre? Ce mobilisme récent semble contraster avec l'idée générale admettant une Terre ancienne beaucoup plus « active » que celle d'aujourd'hui. Cette discussion réapparaîtra bien plus tard.

– Les deux dernières objections ont déjà été évoquées. L'une concerne l'absence de « forces convaincantes » susceptibles de faire dériver les continents, l'autre a pour cible cette bizarre physique de l'intérieur. Aux critiques déjà adressées à cette physique s'ajoutent celles visant l'idée de chaînes de montagnes plissées. Alors que la partie plastique du globe est essentiellement constituée par le manteau, comment se fait-il que lors de certains mouvements ce soit la partie superficielle continentale qui se plisse pour donner naissance aux chaînes montagneuses ?

Le président du symposium, le Hollandais Van Watershoot Van der Gracht, tire dans ses remarques finales une conclusion fort clairvoyante. Il souligne que la théorie de la dérive explique beaucoup de faits paléontologiques, stratigraphiques, climatologiques, mais qu'aucune théorie physique n'explique de manière satisfaisante le phénomène.

La lecture des communications faites à ce symposium surprend encore aujourd'hui par la rudesse des termes employés pour attaquer Wegener. On parle de pseudo-science, d'approche superficielle ou de manipulations de faits objectifs ! Pourtant, l'examen des arguments avancés par les opposants fait apparaître leur extraordinaire minceur. A l'exception de ceux qui visent l'inadéquation des explications causales fournies par Wegener, aucun n'ose s'attaquer aux fondements de l'argumentaire fondé sur les observations géologiques, paléontologiques ou tectoniques. Aucun critique ne propose de solution de remplacement, d'hypothèses alternatives. On détruit une synthèse pour ne laisser à sa place que le chaos !

Il n'est pas sans intérêt de se demander pourquoi une théorie dont la présentation synthétique tranchait violemment avec les données éparses et disparates des sciences de la Terre de l'époque, qui ne se voyait opposer aucune théorie concurrente et qui, nous le savons aujourd'hui, était essentiellement exacte, ne s'est pas imposée au monde scientifique. La réponse est difficile et relève de ce que l'on pourrait appeler l'histoire des mentalités scientifiques. Une analyse d'épistémologie historique pourrait prétendre que si Wegener avait alors présenté sa théorie en Chine, elle y aurait reçu bien meilleur accueil qu'en Occident. La pensée scientifique chinoise, imprégnée de taoïsme, beaucoup plus préoccupée de hiérarchiser la nature selon une classification synthétique fondée sur l'observation objective, collant de beaucoup plus près à la réalité, n'aurait sans doute que peu prêté attention à la faiblesse des arguments physiques. La pensée occidentale, au contraire, dominée par la pensée grecque et notamment par le principe des relations de cause à effet, a toujours beaucoup de mal à appréhender un problème naturel dont elle ne perçoit pas les causes. Elle admet aisément une mauvaise connaissance de ces causes, mais non leur absence. D'où le culte occidental voué au théoricien qui explique, par opposition à l'observateur qui décrit. Peut-être un tel état d'esprit est-il à l'origine profonde d'un tel rejet.

Mais on peut aussi en rechercher d'autres dans le domaine de la psychosociologie scientifique. Dans une science anecdotique et encyclopédique comme la géologie traditionnelle, connaissances et compétence puisent peu dans l'intelligence déductive, et beaucoup dans la mémoire et l'expérience. Ainsi, seul un scientifique d'expérience peut-il accéder petit à petit au statut de « savant », terme qui, consciemment ou non, se confond dans les esprits avec un certaine maturité et une longue pratique. Comment un néophyte non géologue pourrait-il en si peu de temps obtenir la clé de problèmes que des savants chevronnés étudient depuis si longtemps? La théorie de la dérive continentale semblait par trop facile en ces temps où l'on célébrait le labeur et l'effort! Peut-être aussi l'idée que tout morceau de terre dérivait d'un seul continent primitif, avait une seule racine, et qu'à partir de là s'étaient diversifiés des domaines géographiques distincts, évoquait-elle une idée d'uniformitarisme; par transposition au niveau des races humaines, on pouvait y voir comme une résurgence de l'idée d'évolution darwinienne, alors violemment combattue. Ce n'est là, bien sûr, qu'une hypothèse.

La personnalité et la position de Wegener ont sans doute joué leur rôle. Wegener était un météorologue passionné par l'exploration du Groenland. Il exposait et défendait sa théorie géologique, mais sans excès, sans acharnement. Pas de correspondance tapageuse, pas de joutes du type de celle qui opposa Pasteur à Pouchet, pas d'éclats spectaculaires. Wegener n'appartenait pas à l'« establishment » géologique de l'époque, il n'enseignait pas la géologie, il ne la pratiquait pas au sens ordinaire du terme, il n'avait pas été formé pour cela. C'était un solitaire, extérieur à la discipline, qui apparaissait donc comme un amateur astucieux mais peu crédible.

Sans doute tous les paramètres évoqués ont-ils joué un rôle, mais, en définitive, Wegener n'a-t-il pas plus simplement été vaincu par la peur du changement, la force de l'habitude, la corrosion du scepticisme, celle qui faisait dire à un participant au symposium de New York : « Si Wegener avait raison, Messieurs, nous n'aurions plus qu'à retourner sur les bancs de l'école... »

Il a fallu attendre quarante ans pour que toute la communauté géologique et géophysique consente à y retourner !

II

L'orchestre éclaté (1930-1960)

Pendant les années qui suivirent la mort de Wegener, et malgré les efforts méritoires de quelques-uns – comme Du Toit en Afrique du Sud, Holmes en Angleterre ou B. Choubert en France –, les idées de dérive continentale et de géodynamique globale disparurent des préoccupations des chercheurs en sciences de la Terre. Chacun s'en revint à sa propre discipline. Wegener avait rassemblé l'orchestre, l'orchestre se dispersa : les paléontologues retournèrent à leurs fossiles, les géophysiciens à leurs calculs, les géologues à leur région favorite. Après cette victoire de l'ombre sur la lumière, de l'esprit parcellaire sur celui de synthèse, on pourrait croire que l'époque qui suivit fut particulièrement sombre pour les sciences de la Terre. Il n'en a rien été. Certes, quelques-uns avaient rejeté les idées de Wegener par une réaction de défiance propre aux esprits étroits et timorés, fussent-ils scientifiques, mais d'autres les avaient méprisées au nom d'une rigueur scientifique sans faille. Ces derniers, ou plutôt leurs héritiers spirituels, vont alors s'attacher à construire une géologie « sérieuse », appuyée sur des observations, sur des mesures quantitatives et des calculs.

Pour avoir été patientes, moins spectaculaires, très spécialisées, ces mises au point de méthodes n'en ont pas moins constitué une aventure d'une fécondité scientifique extraordinaire. Introduisant dans les sciences de la Terre les conquêtes les plus récentes de la physique, de la chimie ou de la technologie, quelques scientifiques ont conçu une série d'outils extrêmement puissants. Nous allons dégager les grands traits de ces développements en nous limitant aux plus importants. Parce qu'ils ont eu lieu sans hiérarchie de méthodes ou de temps, indépendamment les uns des autres, ces efforts seront présentés comme tels. Ils ont été à la base des développements explosifs des sciences modernes de la Terre à partir des années 1960, et du renouveau des théories mobilistes.

La carte géologique

La recherche des matières minérales utiles, et en premier lieu du pétrole, amène les géologues à cartographier systématiquement les principales régions du globe. La liaison existant entre certains terrains géologiques et certaines substances utiles (bassins et pétroles, granites et minerais, etc.) transforme ce qui aurait pu n'être qu'une curiosité scientifique en nécessité économique.

Les géologues, indifféremment chercheurs ou praticiens, ont ainsi fait du relevé cartographique une « ardente obligation ». Peu à peu s'élabore ainsi la cartographie géologique du monde, tâche qui va bénéficier d'une aide considérable dès que les besoins militaires généralisent l'élaboration puis la diffusion des photographies aériennes. Il devient alors possible à un géologue exercé de compléter une cartographie sur des surfaces considérables avec une densité d'observations directes au sol beaucoup plus réduite. Il est également possible de présenter une vision générale du globe dans laquelle on distingue les vieux boucliers anciens, les grands bassins sédimentaires, les chaînes de montagnes, les anciennes lignes de rivage. De surcroît, cette vision est de plus une vision historique. Chaque terrain peut être daté en âge relatif grâce aux fossiles qu'il contient. Ainsi peut-on, par une série de cartes, représenter la succession de paysages qui occupaient la surface de la terre. Cette étude des géographies anciennes s'appelle la paléogéographie. Pourtant, aucun concept réellement nouveau ne sortira de ces études minutieuses.

Cet effort a absorbé près des neuf dixièmes du potentiel des géologues du monde entier. Étape indispensable, étape fondamentale, elle aurait dû n'être que cela. Certains lui ont cependant voué un culte qu'ils pratiquent encore ardemment sans trop bien savoir pourquoi. Chaque étude régionale devenant de plus en plus fouillée, la région cartographiée se révèle de plus en plus étroite. « L'esprit de cartographie », qui était à l'origine une voie vers la synthèse extensive, est bien souvent devenu une manie analytique de plus en plus diversifiée, tournant le dos à toute vision globale.

Un moyen est devenu un but en soi et des générations de géologues se sont usées prématurément à sa poursuite, recherches à tout jamais perdues pour l'œuvre synthétique. Il faut dire aussi que cette tâche analytique ingrate permettait un développement efficace des « suzerainetés géologiques ». Chaque élève était parqué dans sa région, seul le maître avait théoriquement accès à la vision d'ensemble, laissant le besogneux le nez collé sur son ouvrage. Ainsi, à l'âge où l'imagination fleurit, les jeunes géologues n'avaient-ils pas accès à la synthèse; à l'âge mûr, certains d'entre eux accédaient enfin à une telle possibilité, mais bien souvent ils s'étaient taris. Car le détail appelle le détail, la perfection cartographique le perfectionnisme, peu à peu s'estompent les rêves et les visions de jeunesse!

Bien sûr, certains résistèrent à cette tendance et tentèrent de proposer de larges théories : Argand d'abord, lors de son étude tectonique sur l'Asie, mais aussi Carey en Australie, L. Glangeaud en France, ou A. Engel aux États-Unis. Malheureusement, à défaut d'être assez détaillés, leurs écrits passèrent souvent pour peu sérieux. Nous reviendrons sur cette tendance, née d'une tâche qui a d'abord constitué une étape indispensable, mais que des déviations ou des effets pervers ont conduit à de fâcheuses conséquences.

La cartographie des chaînes plissées aurait pourtant dû ressusciter les notions de mobilisme, car ce travail minutieux confirme pleinement l'interprétation des pionniers de l'étude des Alpes, à savoir l'existence de déplacements latéraux des masses rocheuses. Le caractère tridimensionnel des cartes géologiques se traduit de façon particulièrement claire lorsqu'on réalise des coupes géologiques sous forme de sections d'un point à un autre. Les coupes dessinées à travers les Alpes font apparaître de vastes plis couchés, largement déversés. Ces déversements évoquent un serrage, donc des déplacements latéraux qui suggèrent à leur tour l'existence de forces latérales de compression, donc un certain mobilisme. Paradoxalement, les tectoniciens de l'ancien monde ont pendant trente ans raisonné en admettant un mobilisme latéral sans toutefois vouloir en faire une doctrine générale ni souscrire aux idées de Wegener.

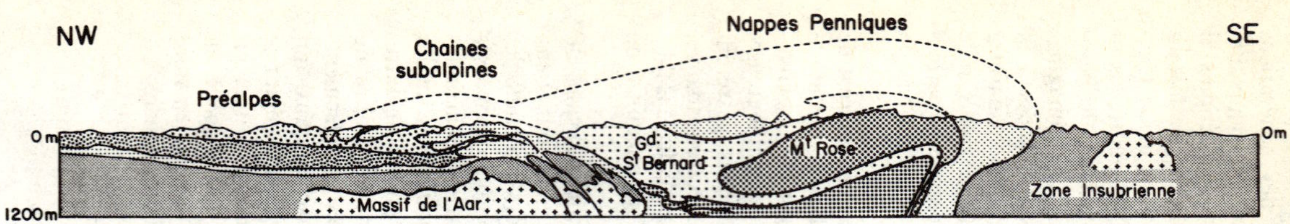

FIG. 8. – Une coupe géologique est un graphisme qui représente sur un certain trajet cartographique la section de terrain allant de la surface à une dizaine de kilomètres de profondeur. Une telle coupe a pour ambition d'être une représentation en profondeur, de la structure de la partie superficielle de l'écorce terrestre, comme si on avait découpé une tranche de terrain. La réalisation d'une coupe géologique est une opération difficile au cours de laquelle le géologue met à profit aussi bien les dénivelés morphologiques (vallées et sommets) que le plongement des couches géologiques ou leur extension cartographique pour *extrapoler* en profondeur les structures dont il a pu observer directement quelques éléments en surface. Bien que cette opération obéisse à des règles géométriques (donc précises), elle reste soumise à des incertitudes, donc à des interprétations empreintes d'une certaine subjectivité. La coupe géologique que nous avons fait figurer ici est une coupe très célèbre. C'est la coupe des Alpes dessinée par *Émile Argand* et qui va de Lausanne à la plaine du Pô. Sur cette coupe on peut constater l'importance des grands plis couchés que l'on appelle nappe de charriage et dont le déversement est dirigé vers l'ouest. Ces plissements importants, source des reliefs alpins, résultent du serrage de dépôts sédimentaires entre deux socles granitiques qui sont représentés par le massif de l'Aar et la zone insubrienne. Afin d' « apprécier » totalement une coupe géologique il faut connaître deux conventions techniques :

1. L'échelle des hauteurs est très exagérée par rapport à celle des longueurs (un facteur 10 à 20).
2. Les structures qui sont dessinées en pointillés ne sont pas directement observables. Elles correspondent à une extrapolation en surface, les terrains correspondants ayant été enlevés par l'érosion. On pourra voir que contrairement à une idée « naïve » souvent répandue, l'érosion coupe la surface géologique d'une manière très vigoureuse et avec une grande « indépendance » par rapport aux structures géologiques (d'après H. et G. Termier).

La séismologie et la structure interne du globe

La séismologie étudie la propagation des ondes acoustiques émises par les tremblements de terre. Les ondes traversent l'intérieur du globe terrestre et les caractéristiques de cette propagation permettent de connaître les propriétés physiques des milieux traversés. De même que la propagation des rayons X permet d'ausculter l'intérieur du corps humain ou des cristaux, les ondes sismiques permettent d'ausculter l'intérieur du globe.

En séismologie, l'émetteur est le tremblement de terre, ou plus rarement une explosion artificielle. Le récepteur est un appareil appelé sismographe, qui enregistre les vibrations du sol. Cet appareil traduit les vibrations sous la forme d'un sismogramme. Sur un tel enregistrement, les sismologues distinguent divers types d'ondes d'après leur forme. Le sismographe est pourvu d'une horloge. A partir d'une série d'enregistrements effectués dans des observatoires répartis un peu partout sur la surface du globe, il est possible de repérer sur chacun d'eux l'heure d'arrivée de tel ou tel type d'ondes émises par un tremblement de terre donné. A partir de là, on peut déterminer à la fois le trajet que ces ondes ont suivi à l'intérieur de la Terre et la vitesse à laquelle elles sont allées d'un point à un autre. Or cette vitesse de propagation des ondes sismiques caractérise le milieu traversé. On peut donc faire une coupe de vitesses sismiques à travers les diverses unités du globe.

Le début du siècle, et surtout les années 1930 à 1950, ont vu les progrès de la séismologie que nous appellerons sphérique. Cette séismologie est dominée par l'idée que la structure interne de la Terre est à symétrie sphérique. Certes, sa surface montre une géographie complexe, mais son intérieur est formé de couches sphériques qui s'emboîtent les unes dans les autres. Les propriétés du manteau, disons à 600 kilomètres sous Paris, sous Adélaïde, sous Hawaii ou sous les îles Kerguelen, sont identiques. Il suffit donc de décrire une Terre moyenne pour décrire la Terre réelle. En première approximation, on distingue trois couches : la croûte superficielle, le manteau moyen, le noyau central. La densité des matériaux qui constituent ces couches augmente avec la profondeur. Les limites entre ces diverses unités structurales sont marquées par de brutales discontinuités dans la vitesse de propagation des ondes sismiques.

Cette époque de la « séismologie sphérique » a été dominée par deux figures aussi exceptionnelles que dissemblables :

Harold Jeffreys, l'homme qui avait « démontré » l'impossibilité de la dérive des continents, brillant théoricien anglais, spécialiste du calcul de la propagation des ondes sismiques, et Beno Gutenberg, allemand, directeur et fondateur du laboratoire de séismologie du California Institute of Technology (Caltech), qui était à l'opposé un physicien d'observatoire, n'utilisant que le minimum d'outils mathématiques (ce qui ne signifie pas que son œuvre n'ait pas été à maints égards théorique) et qui possédait au plus haut degré l'art de chiffrer et d'interpréter les séismo-

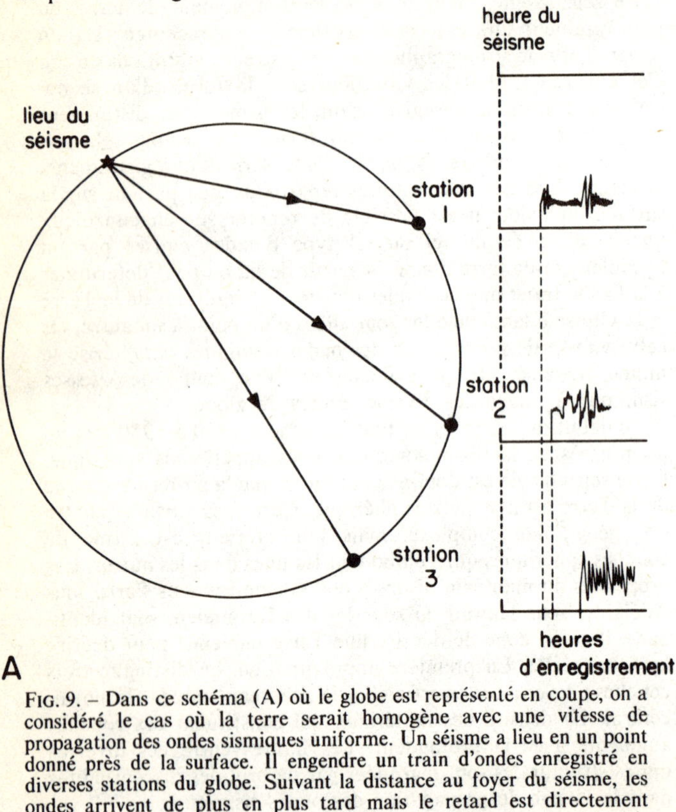

FIG. 9. – Dans ce schéma (A) où le globe est représenté en coupe, on a considéré le cas où la terre serait homogène avec une vitesse de propagation des ondes sismiques uniforme. Un séisme a lieu en un point donné près de la surface. Il engendre un train d'ondes enregistré en diverses stations du globe. Suivant la distance au foyer du séisme, les ondes arrivent de plus en plus tard mais le retard est directement proportionnel au trajet parcouru. Nous avons fait figurer ici trois stations d'enregistrement à titre d'exemple. Pour chaque station nous avons dessiné le sismogramme correspondant au séisme considéré.

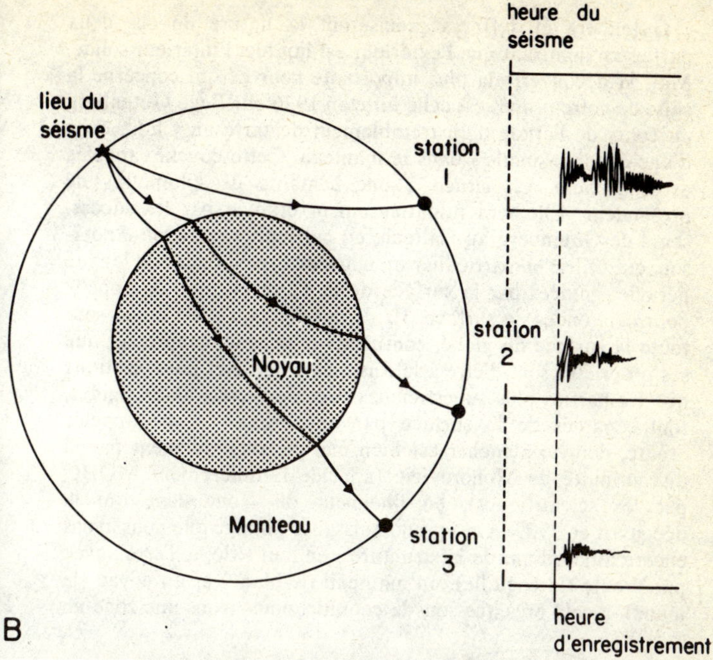

Ce second schéma (B) se rapproche de la réalité.
La vitesse de propagation des ondes augmente avec la profondeur, de ce fait, leur trajet est courbe. De plus, le centre du globe est occupé par le noyau constitué de fer natif dans lequel la propagation des ondes est très rapide. On constate donc que cette fois l'heure d'arrivée des ondes n'est pas directement proportionnelle à la distance au foyer des séismes mais dépend étroitement du trajet. Ainsi, en comparant avec la figure précédente, on pourra constater que, pour une Terre réelle, l'heure d'arrivée est à peu près la même pour les trois stations 1-2-3.

grammes. Ces deux chefs d'école, aussi différents que complémentaires, ont construit un modèle de « Terre moyenne » dont on peut dire que, dans l'ensemble, il reste pratiquement inaltéré aujourd'hui. En 1914, Beno Gutenberg, en Allemagne, découvre l'existence du noyau. Sa position au centre du globe, à 2 900 kilomètres de la surface, sera déterminée avec précision dès cette époque. En 1936, Inge Lehman, au Danemark, montre que le noyau comprend deux parties : la graine centrale et la couronne externe.

Gutenberg et Jeffreys préciseront la nature de ces deux parties en montrant que l'extérieur est liquide, l'intérieur solide. Mais la découverte la plus importante pour ce qui concerne la suite de notre propos est celle faite en 1926 par Beno Gutenberg au cours de l'étude d'un tremblement de terre au Chili : celle d'une couche « molle » dans le manteau. Cette couche, appelée asthénosphère, est située à une centaine de kilomètres de profondeur. Elle sera minutieusement étudiée par les successeurs de Gutenberg au Caltech, en particulier par Don Anderson, qui utilise en particulier un nouveau type d'ondes de longue période, guidées par la surface de la Terre et que l'on appelle pour cela ondes de surface. Ils démontrent qu'elle s'étend sous toute la surface du globe, continents et océans compris, et que ses propriétés sont d'être à la fois moins dense et plus plastique que les parties plus superficielles. Ces dernières, assez rigides, sont séparées de la surface par une mince couche appelée croûte, dont le plancher est bien marqué sismiquement par la discontinuité de Mohorovicic (appelée familièrement MOHO par les scientifiques), en l'honneur du Yougoslave qui la découvrit en 1909. Ainsi prend naissance l'image que nous avons encore aujourd'hui de la structure « en œuf » de la Terre : avec une croûte (la coquille), un manteau (le blanc) et un noyau (le jaune), à cela près que sous la coquille, nous avons une zone un

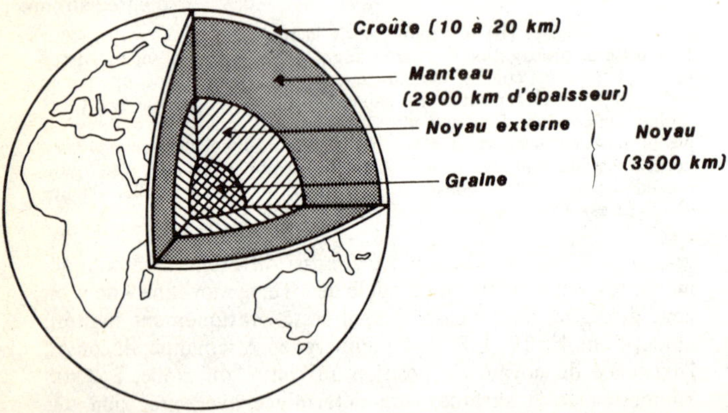

FIG. 10. – Structure du globe déterminée par la sismologie.
On a supposé que l'on avait enlevé un quartier complet pour montrer la structure de l'intérieur. L'épaisseur de chaque structure est indiquée en kilomètres.

peu molle, l'asthénosphère, et que le noyau est curieusement liquide à l'extérieur, solide à l'intérieur.

Les épaisseurs de ces diverses couches – quelques dizaines de kilomètres pour la croûte, 2 900 kilomètres pour le manteau, 3 500 kilomètres pour le noyau – sont bien connues dès cette époque.

La séismologie d'après la guerre va être dominée par une idée au fond évidente, mais qui n'émerge des faits que petit à petit : à savoir que la structure interne du globe possède elle aussi une géographie. Ainsi s'ouvre le chapitre de la géophysique structurale profonde. Il est à la base de toute compréhension de la dynamique du globe, et n'est toujours pas terminé aujourd'hui.

Ce chapitre est en fait inauguré par le Japonais Wadati lorsque celui-ci remarque que les tremblements de terre profonds n'existent que dans certaines régions du globe. Ses études conduisent à montrer que les foyers de séismes se placent le long de plans inclinés localisés en des endroits bien déterminés (Japon, Chili, Indonésie, etc.). Cette régularité sera redécouverte par Hugo Benioff quinze ans plus tard, et ce plan des séismes profonds sera alors assez injustement appelé « plan de Benioff ». Nous l'appellerons plan de Benioff-Wadati (BW [1]).

Une seconde découverte importante est celle de Frank Press et de ses élèves du Caltech, qui montrent que la structure de la croûte continentale, en particulier l'allure de la discontinuité de Mohorovicic, recèle une géographie. La profondeur n'y est pas constante, mais varie d'un point à un autre. Ces travaux s'ajoutent à ceux de Maurice Ewing et de son équipe du Lamont qui révèlent que l'épaisseur de la croûte est différente sous les océans et sous les continents. A la géologie variable de surface correspondent des structures géophysiques variables en profondeur.

Il serait fastidieux d'évoquer tous les travaux accomplis dans cet esprit, mais il est important de souligner que cette idée que la Terre n'a pas en profondeur une symétrie sphérique a fait lentement son chemin. Lentement, parce que l'abandon d'un tel principe entraîne une complication considérable et dans l'interprétation des mesures et dans les calculs. Si l'on veut leur

1. Le hasard d'une lecture biographique de Wegener nous a appris que cette idée avait été admise en 1920 par Schmilling, collègue de Wegener à Gratz.

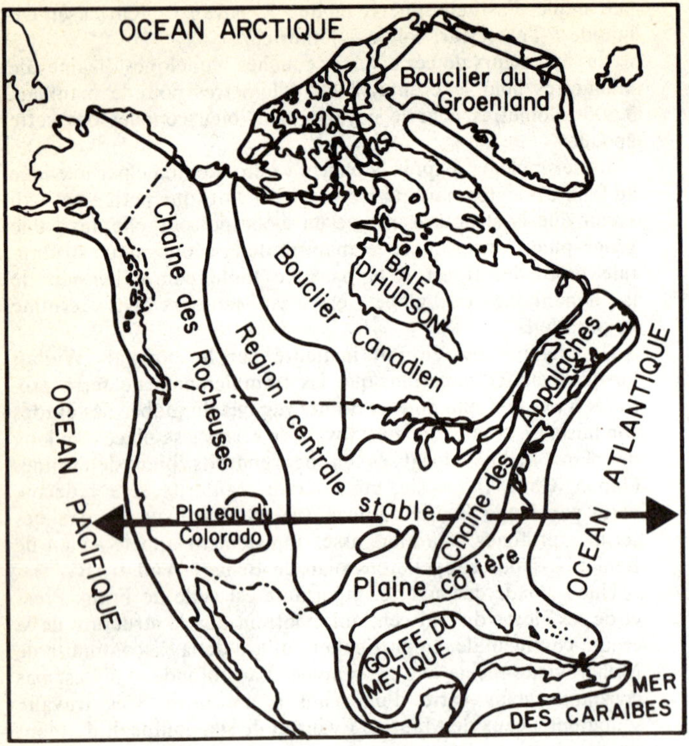
OCEAN ARCTIQUE
Bouclier du Groenland
BAIE D'HUDSON
Bouclier Canadien
Chaine des Rocheuses
Region centrale stable
Chaine des Appalaches
OCEAN ATLANTIQUE
OCEAN PACIFIQUE
Plateau du Colorado
Plaine côtière
GOLFE DU MEXIQUE
MER DES CARAIBES

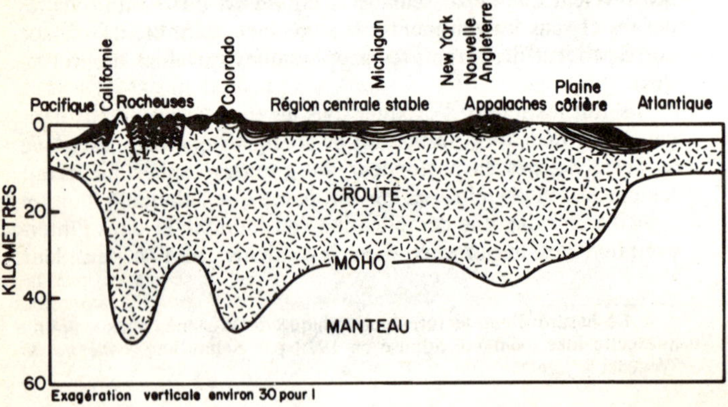
Californie
Colorado
Michigan
New York
Nouvelle Angleterre
Pacifique
Rocheuses
Région centrale stable
Appalaches
Plaine côtière
Atlantique
0
20
40
60
KILOMETRES
CROUTE
MOHO
MANTEAU
Exagération verticale environ 30 pour 1

conserver un minimum de rigueur, c'est au prix d'efforts beaucoup plus grands. Mais cette évolution préparait les esprits au dialogue entre géologues et géophysiciens, en rapprochant la séismologie du réel et en suggérant que les observations de surface – donc géologiques – n'étaient pas indépendantes de la nature de l'intérieur.

Dans cette géographie des structures internes une série de zones particulières allaient être étudiées avec attention, et d'abord celles où l'on trouve du liquide. On sait en effet que hormis le noyau externe, tout le globe est solide, en particulier le manteau. Cela est démontré par les sismologues lorsqu'ils observent que les ondes transversales, dites de cisaillement, nommées encore ondes S, qui ne peuvent traverser un liquide, se propagent à travers le manteau. Ces observations détruisent l'idée, souvent admise et hélas propagée, de l'existence sous nos pieds d'un magma liquide incandescent. Mais, de place en place, aux endroits où existent des poches de magma, de petites anomalies de propagation des ondes existent. Ces endroits sont situés sous les dorsales océaniques, dans les zones d'arcs insulaires, sous les îles océaniques volcaniques jeunes et sous les grands fossés d'effondrement qui fracturent les continents (fossé rhénan, fossés de l'Est africain), là où se localisent les phénomènes volcaniques.

Longtemps, les sismologues s'étaient considérés comme des physiciens du globe. Leur centre d'intérêt était la manière dont les ondes se propageaient, davantage que la détermination des structures qu'elles traversaient. La découverte de ce qu'ils vont appeler les « hétérogénéités latérales de propagation », en compliquant considérablement les modèles théoriques de propagation, va les amener à s'intéresser de plus en plus à la Terre elle-même, à sa structure. Le couplage entre intérieur et surface, d'abord négligé, voir nié, va apparaître comme une évidence, et les sismologues vont jouer un rôle de plus en plus actif dans les sciences de la Terre, jusqu'à occuper une place centrale dans le développement de la tectonique des plaques.

FIG. 11. – Cette figure montre, sur l'exemple des États-Unis, que les distinctions cartographiques de surface mises en évidence par la géologie se retrouvent lorsqu'on fait une *coupe sismique* de la croûte. La transition de Mohorovicic (Moho) qui marque le passage entre croûte et manteau possède donc une géographie (la coupe a été tracée suivant le trajet de la ligne fléchée, d'après P. J. Wyllie).

La naissance de l'océanographie géologique

C'est la guerre de 1939-1945 qui a mis en évidence l'importance des océans et des sous-marins. Dans le domaine stratégique, certes, mais aussi sur le plan économique. Comment cette étendue qui représente les deux tiers de la surface du globe ne recèlerait-elle pas des richesses aussi abondantes que celles portées par les continents? Ces motivations suffisent aux États-Unis d'Amérique et, à un degré moindre, à l'URSS pour lancer sur les mers une série de bateaux océanographiques ayant pour mission d'explorer l'océan. Ces navires, souvent encore légers, dressent la carte topographique des fonds marins grâce à la technique des ultra-sons développée à des fins militaires pendant la guerre; ils prélèvent des sédiments, draguent des roches dures, mesurent le champ magnétique en chaque point étudié, dressent ainsi des cartes magnétiques sur l'utilité desquelles nous reviendrons. Plus tard, en utilisant une sismique expérimentale à l'aide d'explosions légères, on cherchera à déterminer les caractéristiques géophysiques de la croûte océanique. Puis, à la suite de Teddy Bullard et Roger Revelle, on mesurera les flux de chaleur qui s'échappent à travers le plancher des océans.

Pour ce faire, il faut inventer des techniques, les tester, les mettre au point, mais s'assurer également de leur fonctionnement continu en mer dans des conditions logistiques souvent extrêmement rudes. Ce sera réalisé au prix d'un effort soutenu, en particulier financier. Arrêtons-nous un instant sur ces divers aspects.

En 1982, un bateau océanographique coûte environ 80 000 F par jour. On voit donc que l'effort consenti en ce domaine ne peut l'être qu'en faveur de quelques équipes. Mais, à l'inverse, un bateau travaille 24 heures sur 24, et les enregistrements qu'il effectue sont pratiquement continus, d'où une quantité d'informations qu'il convient de traiter correctement, puis d'interpréter. L'ordinateur trouve là ses premiers clients en géologie. Enfin, et ce n'est pas l'aspect le plus mince, sur un bateau, au cours des quarts scientifiques, se rencontrent et vivent ensemble pendant plusieurs semaines des spécialistes d'horizons différents : géologues, sédimentologues, géophysiciens, etc. La nécessité pour eux de vivre en groupe, isolés du monde, crée rapidement des échanges, et un esprit d'équipe pluridisciplinaire naît à bord de ces bateaux bien avant que ce n'en soit la mode. On ne s'étonnera donc pas que l'océanographie ait joué un si grand rôle dans l'évolution moderne des sciences de la Terre.

Comment ne pas mentionner dans cette exploration des océans le rôle des grandes institutions océanographiques américaines? D'abord le Lamont Geological Observatory, lié à l'université de Columbia, à New York, planté sur les falaises de l'Hudson, créé, animé et guidé alors par l'indomptable ténacité et l'ingéniosité d'un homme hors du commun : Maurice Ewing, « Doc Ewing », comme l'appelaient ses familiers. Sous sa ferme direction, le laboratoire va rester en tête de la recherche océanographique pendant vingt ans. Mais il faut mentionner aussi la Scripps Institution of Oceanography, créée un peu plus récemment sous l'impulsion d'un autre homme de grand talent, Roger Revelle. Celle-ci est liée – au départ très étroitement – à l'US Navy dont la base est toute proche. Son caractère multicéphale va rapidement contraster avec l'architecture pyramidale du Lamont. L'activité de ce dernier dans l'Atlantique, de la Scripps dans le Pacifique, permettent de rassembler en quelques années une quantité de données considérables; l'émulation, parfois la rivalité contribuèrent à maintenir la qualité et l'intensité de leur activité scientifique.

Mais nous en sommes encore à une époque où la lumière ne s'est pas faite et nous allons donc nous contenter d'énumérer les diverses données qui s'accumulent.

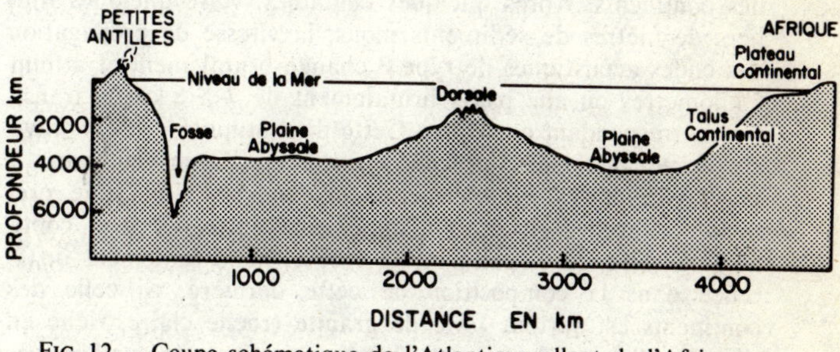

FIG. 12. – Coupe schématique de l'Atlantique allant de l'Afrique aux petites Antilles destinée à montrer les grandes unités morphologiques telles que les équipes américaines avaient pu les répertorier vers les années 1950.

C'est d'abord la topographie du fond des océans. On peut désormais y reconnaître nettement cinq types de structures :

– le talus continental, qui fait suite au plateau continental peu profond, prolongement naturel du continent, qui permet de passer brutalement (pente de 15 %) aux plaines abyssales (– 4 000 mètres);

– les plaines abyssales qui s'étendent sur plus de la moitié de la surface des fonds océaniques;

– les dorsales océaniques sont des montagnes sous-marines dont les hauteurs atteignent 3 000 mètres, de formes allongées, et qui parcourent les océans en un immense réseau; elles portent un volcanisme sous-marin important;

– dans certaines zones bordières de continents, entre le talus continental et les plaines abyssales, allongées parallèlement à la côte, s'étendent des fosses sous-marines gigantesques dont la profondeur atteint jusqu'à 11 000 mètres. Ainsi, une série de ces fosses borde toute l'Amérique du Sud, une autre série la côte Ouest du Pacifique, de la zone des Tonga à celle des Kouriles, etc.;

– un intérêt particulier s'attache aux îles volcaniques qui parsèment l'océan, parfois sans qu'aucune organisation d'ensemble y apparaisse, le plus souvent alignées suivant des directions particulières, plus ou moins perpendiculaires à celles des dorsales.

C'est ensuite la détermination des structures du sous-sol. Très rapidement, la propagation des ondes sismiques nous apprend que le sous-sol des océans est très différent de celui des continents. Après quelques centaines, voire quelques milliers de mètres de sédiments mous, la vitesse de propagation des ondes acoustiques de type P change brutalement et atteint 5 kilomètres où elle passe brutalement de 7 à 8 km/s, transition correspondant au Moho. Cette discontinuité de Mohorovicic existe aussi sous les continents, nous l'avons vu, *mais à une trentaine de kilomètres de profondeur*. Voilà une première différence structurale importante entre océan et continent. Différence d'épaisseur de croûte, mais également différence dans la composition de cette dernière. Si celle des continents est surtout faite de granite (roche claire, riche en silice), celle des océans est basique avec, vers la surface, ces roches sombres que sont les basaltes. Ainsi apparaît, comme souvent en science, cette vérité nue, évidente aux yeux du profane, mais qui apparaît à l'expert comme une découverte : les océans et les continents sont géologiquement différents. Rien en effet ne pouvait suggérer *a priori* une telle différenciation, car la présence ou l'absence d'eau pouvait passer pour fortuite, comme semblait le montrer l'existence actuelle (Manche) ou passée (Bassin de Paris) d'étendues d'eau sur les continents...

Nous le verrons tout au cours de cet ouvrage, ce contraste océan-continent est probablement la donnée la plus importante des sciences de la Terre.

Nous reviendrons souvent sur les résultats de ces études océanographiques bien coûteuses, mais, il faut le dire, combien productives et inspiratrices! Pourtant, aux temps évoqués dans ces lignes, l'utilité et l'importance scientifiques de ces recherches n'étaient pas toujours reconnues. Aucune synthèse globale ne rassemblait des observations dont chacune posait un nouveau problème. La jeunesse même de la discipline, le peu de surfaces explorées rendaient de telles synthèses malaisées, car de nouvelles constatations venaient continuellement remettre en cause la généralité des anciennes. Les géologues de terrain, les vrais, c'est-à-dire ceux des continents, ne prêtaient alors que peu d'attention à cette géologie de la mer qui, disaient-ils, n'avait aucun rapport avec la leur : thème dont nous ne cesserons de retrouver les accents longtemps encore...

L'horloge géologique

En 1898, Becquerel, dans un pavillon situé au fond du Jardin des Plantes de Paris, découvre la radioactivité. Pierre et Marie Curie isolent quelques années plus tard des éléments responsables de ce phénomène. Il ne faudra attendre que 1908 pour voir le grand physicien britannique d'origine néo-zélandaise Ernest Rutherford proposer l'utilisation de la radioactivité comme chronomètre géologique. Le principe de base en est relativement simple. Un isotope radioactif, appelé isotope-père, se désintègre en donnant naissance à un isotope non radioactif appelé isotope-fils. Pour chaque intervalle de temps, la quantité d'isotope radioactif qui disparaît ou la quantité d'isotope-fils qui apparaît ne dépend que de la longueur de ce laps de temps. Le processus est indépendant des facteurs extérieurs tels que température, pression ou environnement chimique. Nous avons là un phénomène physique susceptible de jouer le rôle de chronomètre, et, à l'inverse, la mesure du nombre d'isotopes-pères qui subsistent et du nombre d'isotopes-fils créés permet de mesurer l'intervalle de temps qui nous sépare du début du phénomène, tout comme la mesure de ce qui reste dans le haut et de ce qui se trouve dans le bas du sablier permet de mesurer un laps de temps écoulé. Ainsi, lorsqu'un minéral ou une roche cristallise et enferme une certaine quantité d'isotopes radioactifs (disons un peu de rubidium 87 ou d'uranium 238 ou de potassium 40), il opère le « renversement du sablier ». Quand nous mesurons la quantité de strontium 87, de plomb 206 ou d'argon 40 produite avec la quantité restante de rubidium 87, d'uranium 238 ou de potassium 40, il est possible de calculer l'âge de formation du minéral ou de la roche. Les isotopes radioactifs que nous allons utiliser ne sont pas ceux qui se désintègrent rapidement en laboratoire, mais des isotopes dont la durée de désintégration est de l'ordre du *milliard d'années.* Tels sont les rubidium 87, potassium 40 et uranium 238.

Le principe est simple, mais l'application difficile, car les isotopes intéressants sont en quantité très faible dans les roches : on mesure leur concentration en *millionnième.* Il faut donc faire appel à des techniques de pointe de la physique et de la chimie nucléaire pour les mesurer et dater ainsi les roches. Mais, grâce au travail de pionniers tels que les Américains Alfred Nier ou Mark Ingham, ces problèmes techniques ont été résolus et l'on commence dès 1937, mais surtout après 1948, à obtenir en abondance des âges de roches dits absolus, pour marquer leur caractère numérique, par opposition aux âges relatifs fournis par la paléontologie. Ainsi le géologue accède pour la première fois à la connaissance de l'âge des événements qu'il étudie. Il peut substituer à la chronologie relative du « ceci est plus vieux que cela », « ceci est précambrien, cela est permien », la chronologie absolue du « ceci a 3 milliards d'années, cela n'a que 200 millions d'années ». Les notions d'antériorité et de postériorité font place à celles d'âges et, par là, de durées.

Le géologue apprend rapidement que la Terre a environ 4,5 milliards d'années, que les premiers fossiles d'êtres organisés sont apparus à l'aube de l'ère primaire, il y a 550 millions d'années, que l'homme fossile caractéristique du quaternaire n'est vieux que de 2 millions d'années ! Accédant à la mesure du temps, il accède à celle des durées, donc à celle des vitesses des phénomènes géologiques. Comme ces phénomènes se poursuivent sur des millions d'années, l'horloge géologique marque le début de la géologie quantitative. Sans cette quantification, aucune physique du passé de la Terre n'est possible ; que l'on se

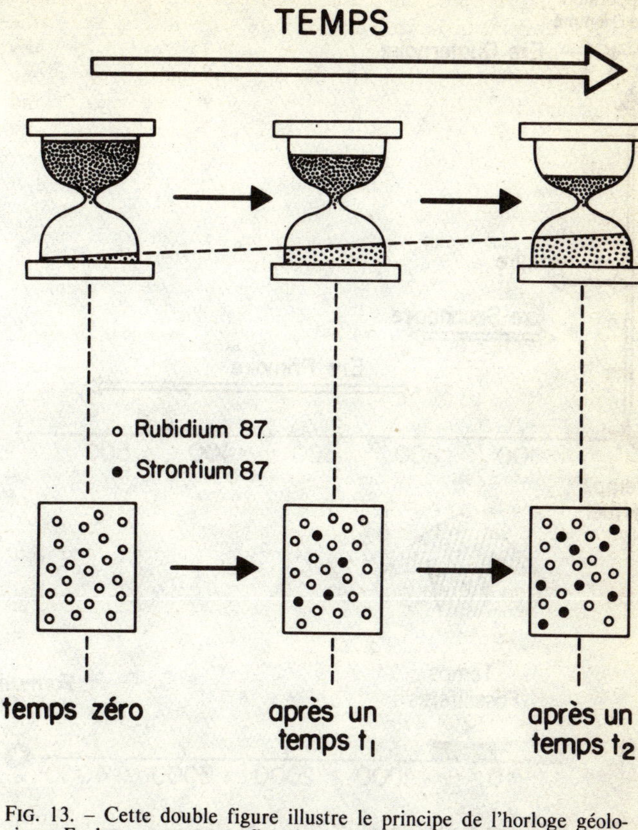

FIG. 13. – Cette double figure illustre le principe de l'horloge géologique. En haut, nous avons figuré un sablier dont la propriété particulière serait de faire changer la couleur du sable lors de la traversée de l'orifice. On constate qu'au cours du temps la proportion sable foncé (en haut)/sable clair (en bas) diminue continuellement. A l'inverse, on peut imaginer aisément qu'une mesure du rapport sable foncé/sable clair permet une évaluation du temps. En bas nous avons imaginé une série d'atomes de rubidium 87 (en points blancs) enfermés dans une boîte (minéral). Au cours du temps une proportion d'atomes de rubidium 87 se désintègre en strontium 87 (points noirs). On constate que la proportion (points blancs/points noirs) diminue au cours du temps permettant comme dans le cas du sablier une mesure du temps.

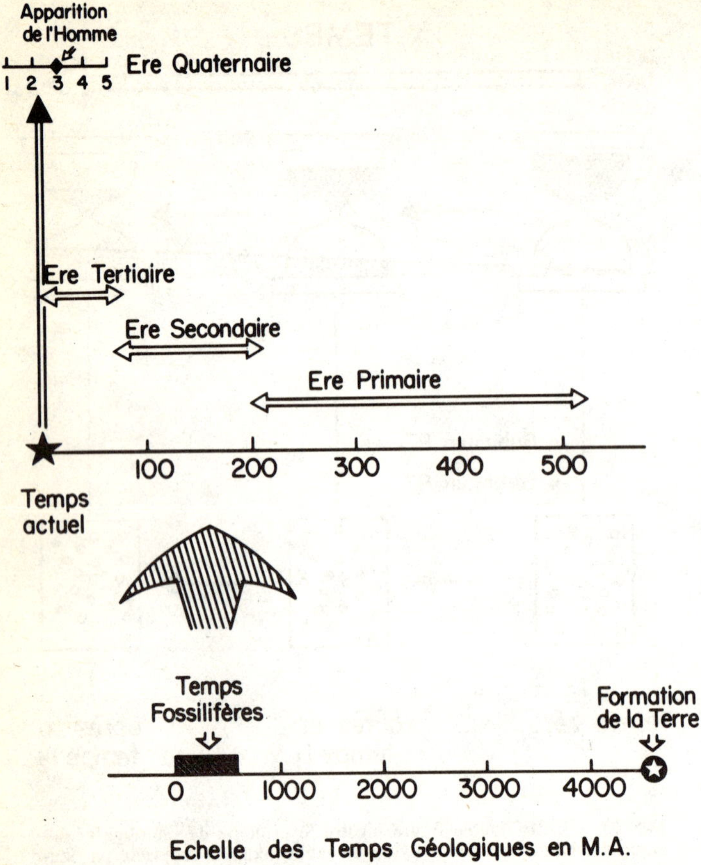

FIG. 14. – Échelle des temps géologiques exprimée en *millions d'années.* On constatera que les ères géologiques traditionnelles, ne couvrent que 500 millions d'années et ont des durées très différentes. Ceci est le résultat de notre *myopie* géologique qui fait que notre connaissance par unité de temps décroît lorsque l'on s'éloigne du présent. Les divisions géologiques correspondant grossièrement à un volume de connaissance plus ou moins semblable, la division en ère géologique a embrassé des périodes de plus en plus longues au fur et à mesure qu'on s'éloignait du présent.

souvienne des spéculations de Lord Kelvin sur l'histoire thermique de la Terre, donc sur son évolution physique! Il situait l'âge de la Terre entre 20 et 200 millions d'années, et une vive polémique l'avait opposé aux naturalistes, dont Charles Darwin. La découverte de Rutherford marque définitivement la déroute des théories de Lord Kelvin.

On peut maintenant dater directement les terrains cristallins et anciens, établir ainsi des synchronismes à l'échelle du globe. On peut donc faire une géologie des terrains anciens où, faute de fossiles, s'arrêtait la géologie traditionnelle. On constate aussi que les quatre cinquièmes de l'histoire de la Terre, c'est-à-dire toute l'époque du précambrien, n'étaient pas « couverts » par la géologie classique! Ainsi si l'exploration des océans permet de compléter l'exploration du globe dans l'espace, la radiochronologie permet son extension dans le temps. On s'aperçoit alors que la géologie traditionnelle, fondée sur les fossiles et les séries sédimentaires déposées sur les continents, ne recouvrait qu'un tiers de la surface du globe et un dixième de sa durée de vie!

La fabrication des roches en laboratoire
Origine du granite et du basalte

Chacun sait que les matériaux qui constituent notre planète et que l'on peut prélever sur le terrain sont des roches. Ces roches sont elles-mêmes constituées par des mélanges, des assemblages ou, mieux, des associations, des sociétés de minéraux. Ainsi, la roche granite est une association des trois minéraux : quartz, feldspaths et micas. La roche basalte est constituée par l'association de deux minéraux principaux : le pyroxène et le plagioclase, et accessoirement olivine, minéral qui constitue le composant essentiel de la roche appelée péridotite. Dans ces sociétés, les « citoyens » – les minéraux – présentent des caractères très variables. Parfois ils sont de grande taille, de l'ordre du centimètre, avec des faces planes bien définies. Parfois, à l'inverse, les minéraux sont petits, à contours de forme complexe, à orientation désordonnée.

L'étude des roches, leur description, leur classification, la reconstitution de leur mode de formation, constituent ce qu'on appelle la pétrographie (ou pétrologie). On sait depuis longtemps que l'on peut classer les roches en trois catégories.

D'abord celles qui, comme les grès ou les calcaires, se sont formées sous une épaisseur d'eau, qui se sont sédimentées lentement dans ces dépressions que sont les bassins et que l'on appelle pour cette raison roches sédimentaires. Les roches qui résultent de la cristallisation d'un bain fondu, comme le basalte ou le granite, que l'on appelle roches ignées; les roches volcaniques constituent une catégorie spéciale de roches ignées, celles qui ont pris naissance à la surface du globe; symétriquement, les roches qui ont cristallisé lentement à partir d'un bain fondu en profondeur s'appellent roches plutoniques. Le basalte est une roche volcanique, le granite une roche plutonique. A ces deux types de roches simples à définir, s'ajoute une troisième catégorie, celle des roches dites métamorphiques. Elles résultent de la transformation d'une roche de type précédent qui, sous l'effet de conditions spéciales, recristallise en donnant naissance à de nouvelles associations de minéraux.

La genèse des roches sédimentaires, que l'on peut voir se former dans les océans presque sous nos yeux, n'est guère mystérieuse. Il n'en va pas de même pour les roches ignées ou métamorphiques, produits directs des profondeurs terrestres.

Comment le curieux phénomène qui métamorphise les roches peut-il avoir lieu? Comment se sont isolés, ségrégués, identifiés les magmas qui donnent naissance à des roches telles que le granite ou le basalte? Comment fabriquer en laboratoire de tels magmas? Rêve d'alchimiste ou d'adolescent curieux? La science de l'avant – et de l'après-guerre va pourtant le réaliser, grâce à la mise au point de ces « casseroles » spéciales que l'on appelle autoclaves, où le pétrologue va s'efforcer d'imiter la nature.

Le principe de ces expériences est simple. On mélange dans un récipient fermé une poudre dont la composition chimique correspond à celle de la roche que l'on veut reproduire. On porte

FIG. 15. – L'échelle des temps géologiques fossilifères.
Depuis le développement des méthodes de chronologie radioactive on sait que la période de la géologie classique, celle où l'on trouve des fossiles, n'est qu'un cinquième des temps géologiques. Nous avons donné la nomenclature des ères et des étages géologiques en indiquant en millions d'années l'âge des coupures. L'ère quaternaire a été largement exagérée pour des raisons de clarté puisque sa durée n'est que de 2 à 4 millions d'années.

minéraux métamorphiques qui la constituent et en utilisant le code minéralogique, de savoir quelles étaient les conditions de pression et de température qui régnaient dans l'environnement de ces roches au moment de leur cristallisation. Chaque roche métamorphique contient donc un message que l'on peut désormais déchiffrer.

Légitimement fière de ses succès, la pétrologie expérimentale s'attaque alors à un problème plus difficile : la naissance des magmas. Comment les roches fondent-elles pour donner naissance aux magmas dont le refroidissement est à l'origine des roches que nous observons à la surface, tels le basalte et le granite?

Le granite, nous le savons, est le constituant essentiel de la croûte continentale. Comprendre sa naissance, son mode de formation, c'est donc avancer grandement dans la compréhension du mode de formation des continents eux-mêmes. Il était bien naturel que les alchimistes-pétrologues cherchent à spéculer sur les conditions naturelles de sa formation. Les expériences de laboratoire montrent d'abord que les granites peuvent résulter du phénomène dit de différenciation chimique des magmas basaltiques. Ce processus est une distillation.

A chaque étape du refroidissement d'un bain fondu de composition basaltique, certains minéraux cristallisent, et étant les plus lourds, tombent au fond, laissant un bain enrichi en éléments chimiques n'entrant pas dans leurs compositions. Comme les premiers minéraux à cristalliser sont « pauvres » en silice, ils laissent surnager un liquide résiduel riche en silice. Ainsi, par cristallisations successives, on peut former des bains granitiques. Ce processus est extrêmement spectaculaire puisque, à partir d'un bain basaltique – magma qui est à l'origine de la majorité du volcanisme terrestre et dont la source est à rechercher dans les profondeurs terrestres –, il est possible de fabriquer du granite. Ainsi la croûte continentale granitique apparaît-elle comme le résultat de la différenciation du magma basaltique lui-même, produit naturel des profondeurs du globe.

A ce moment, on pense que l'origine des grandes unités structurales du globe (noyau, manteau, croûte continentale) est définitivement élucidée. A l'origine des temps, la Terre aurait été totalement fondue et, à partir de ce bain, se seraient séparés le fer métallique lourd vers le centre, le granite léger flottant à la périphérie. La vision que l'on a de ce processus, suivant la description qu'en donne le grand géochimiste allemand Goldschmidt, est celle de la différenciation qui s'opère dans un four métallurgique : la matte flottant, le métal tombant au fond.

Comme souvent, il suffit d'une expérience pour remettre en cause les plus belles théories. Ainsi en fut-il lorsque Norman Bowen, pourtant l'auteur des expériences précédentes, entreprit, avec son disciple Tuttle, de fondre des sédiments en présence d'eau et sous des pressions de quelques milliers d'atmosphères. Les deux chercheurs eurent alors la surprise, en ouvrant leur autoclave, de trouver au fond un morceau de véritable granite. Ainsi le granite pouvait se former par fusion de sédiments! Cette possibilité ouvrait de nouvelles perspectives pour la compréhension du mode de formation de la croûte continentale. On pouvait dès lors imaginer que les sédiments, produits de l'altération superficielle, se soient enfoncés dans le globe, s'y soient trouvés d'abord chauffés, pressés, que dans un premier temps, ils aient recristallisé pour donner naissance aux roches métamorphiques, puis, continuant leur cheminement en profondeur, qu'ils aient alors fondu pour donner naissance aux granites.

Un tel scénario n'était pas un pur produit de l'imagination des géologues, mais correspondait très exactement à ce que l'on observe lorsqu'on parcourt les vallées qui entaillent profondément les grandes chaînes de montagnes comme les Pyrénées, les Alpes ou l'Himalaya. On y remarque un passage progressif des roches sédimentaires aux roches métamorphiques (micaschistes), puis, enfin, aux granites. L'idée qui se dégage d'un tel schéma est donc que le granite n'est pas le produit de vastes phénomènes de différenciation interne, mais le résultat d'événements complexes, advenus tout au long des temps géologiques, mettant en jeu les processus qui se produisent à la surface de la Terre et que l'on regroupe sous le nom de processus externes. Dans la première théorie, la roche type, le granite, est un produit du feu; dans la seconde, il est fils de l'eau. Ce débat, dont on pourrait retrouver des origines dans les cosmologies mésopotamiennes, a divisé la communauté géologique pendant dix ans sans que se dégage un consensus quelconque. En schématisant à l'extrême, on pourrait dire que, jusqu'en 1966, la majorité des Anglo-Saxons ont été des partisans convaincus de l'origine du granite à partir du basalte, alors que les autres Européens de l'Ouest, notamment les Allemands (comme

Winkler ou Mehnert) ont préféré l'origine sédimentaire, encore appelée palingénétique.

Puis, à partir de 1966, l'attention portée au granite s'estompa, les chercheurs se tournant alors vers l'origine des basaltes. Malgré quelques joutes fameuses, notamment entre l'Anglais Mike O'Hara et les Australiens Dave Green et Ted Ringwood, l'origine du basalte a suscité beaucoup moins d'antagonismes que celle des granites. Sa source est à l'évidence le manteau supérieur, sa nature volcanique n'est pas discutable. Il s'agit donc de déterminer la nature du matériau qui, en fondant, donne naissance aux basaltes, révélant par là même le constituant du manteau supérieur. Nous reviendrons plus en détail sur ces recherches. Qu'il nous suffise ici de mentionner qu'elles n'ont été possibles que lorsqu'on a su fabriquer des autoclaves résistant à des pressions de 10 000 à 30 000 atmosphères, qu'elles ont donc été plus tardives ; et que la fusion de 5 à 30 % de péridotites produit un bain basaltique tout à fait comparable en composition à ceux que l'on peut collecter à la surface du globe.

Ainsi, en quelques années, la pétrologie expérimentale a permis de cerner les conditions dans lesquelles les principales roches de la surface du globe peuvent se former. On conçoit sans peine que de tels résultats aient pu accaparer toute l'attention d'une communauté scientifique, et que celle-ci en ait négligé totalement la vieille hypothèse wegenérienne.

La démarche wegenérienne rapprochait les divers aspects des sciences de la Terre ; les développements des spécialités tournent le dos à cet œcuménisme. Pourtant, parmi ces développements, il en est un qui va ressusciter l'intérêt pour les thèses du mobilisme continental : le magnétisme. *A priori*, rien ne prédisposait cette discipline austère à un tel rôle, tant son isolement au sein des sciences de la Terre était grand. Cette résurgence des thèses mobilistes à partir des études magnétiques pouvait *a priori* sembler incongrue. Elle se produira pourtant par deux fois et nous allons voir par quels cheminements.

Le champ magnétique terrestre

Parmi tous les scientifiques qui étudient la Terre, les géomagnéticiens sont sans doute les plus méconnus et les plus mystérieux. Enregistrant des signaux qui trahissent l'activité du noyau de la terre ou du soleil sans en connaître les causes exactes, ils apparaissent comme des cardiologues qui ausculteraient les battements d'un cœur sans connaître leur origine. Ce mystère de forces qui agissent à distance sans qu'on les « voie » est si bien ancré dans les esprits que le langage courant a assimilé le terme « magnétisme » à certaines propriétés extraordinaires des êtres vivants. En retour, bien sûr, cette déviation du langage assimilée dès le plus jeune âge ne fait que renforcer chez tout un chacun une impression d'étrangeté. Ce mystère géomagnétique ne date d'ailleurs pas d'hier. Alors que les Chinois, peu sensibles aux relations immédiates de cause à effet et plus réceptifs aux notions de champ et d'environnement, découvrent le champ magnétique terrestre dès l'époque Han et le mesurent avec précision à partir de l'an 1040, il faut attendre la Renaissance pour voir la civilisation occidentale s'intéresser de près à ce phénomène dont on comprend mal les causes. Les travaux de Gilbert, de Gauss, puis d'Ampère, de Maxwell et de leurs disciples, éclairciront la « *cause première* », mais la science du champ magnétique terrestre n'en va pas moins demeurer une discipline entourée d'un épais brouillard pour notre raison platonicienne. Voyons-en les causes, après avoir préalablement campé le personnage, autrement dit le champ magnétique.

Comme chacun sait, tout corps magnétique ou *aimant* attire et est attiré par les autres aimants. Cette attraction se fait de telle manière que pour chaque aimant, disons en forme d'aiguille ou de baguette, on peut définir un pôle Nord et un pôle Sud. Les pôles de même nom se repoussent, les contraires s'attirent. Mais les courants électriques sont eux aussi capables de se comporter comme des aimants, d'attirer des aimants et d'être attirés par eux. Certains peut-être se souviennent de la règle des trois doigts ou du bonhomme d'Ampère...

Chacun constate aussi d'expérience qu'une aiguille aimantée indique à peu près le nord et le sud géographiques. C'est le principe de la boussole, sans laquelle les transports maritimes seraient restés confinés au cabotage. On peut alors se dire que quelque chose oriente cette aiguille, qu'un aimant placé au centre du globe lui fait prendre la direction nord-sud. C'est, de fait, ce qu'a supposé W. Gilbert, médecin de la reine Elisabeth Ire vers le début du XVIIe siècle. A l'aide de quelques bases théoriques, il devient donc possible de calculer la direction et l'intensité du champ magnétique en tout point de la surface du globe. Les lignes de forces de ce champ ressemblent en première

ce mélange à diverses températures et, au bout d'un certain temps, de l'ordre du jour, de la semaine ou du mois, on ouvre le récipient et on observe la « roche » ainsi obtenue. Plus la température est élevée, plus les réactions sont rapides, plus on obtient facilement la formation d'une roche. Mais la température n'est pas suffisante. Pour reproduire les conditions régnant à l'intérieur du globe, il faut également reproduire les conditions de pression. Le plus simple est de mélanger avec la poudre un gaz dont l'élévation de température dans une enceinte fermée va se traduire par une augmentation de pression. Le gaz choisi peut réagir chimiquement avec la poudre pour donner naissance à des minéraux : c'est le cas lorsqu'on utilise de la vapeur d'eau, très réactive chimiquement. On peut au contraire utiliser des gaz neutres comme l'azote ou l'argon; ces gaz ne réagissent pas sur les roches avec lesquelles ils sont en contact. On reproduit ainsi des pressions considérables, de plusieurs millions d'atmosphères.

Ces expériences trouvent leur limite dans la résistance des matériaux constituant l'autoclave qui, sous la pression interne, aura naturellement tendance à éclater. Le temple de cette nouvelle alchimie va rapidement devenir la Carnegie Institution de Washington. On y réalise d'abord la synthèse des divers minéraux dans des conditions de température et de pressions variées, de 250 °C à 1 000 °C pour une pression allant jusqu'à 50 000 atmosphères. Puis on parvient à la synthèse de roches, c'est-à-dire de sociétés de minéraux. On y détermine les associations stables et instables, les réactions qui ont lieu entre minéraux, qui en détruisent certains et en construisent d'autres, et les conditions de ces réactions chimiques. Ce travail de bénédictin exige qu'une à une toutes les associations minéralogiques connues soient étudiées systématiquement dans toutes les gammes de pressions et de températures. On constate alors que pour une composition chimique donnée, telle ou telle association minéralogique ne peut se former que dans une zone de pressions et de températures bien définie. A condition de réaliser un nombre suffisant d'expériences dûment répétées, dûment vérifiées, on peut constituer un dictionnaire permettant de faire correspondre à chaque zone température-pression une association minéralogique pour chaque composition chimique donnée, et vice versa. Ce dictionnaire est le *code minéralogique.* Pour une roche métamorphique donnée dont on peut déterminer la composition chimique exacte, il est possible, en observant les

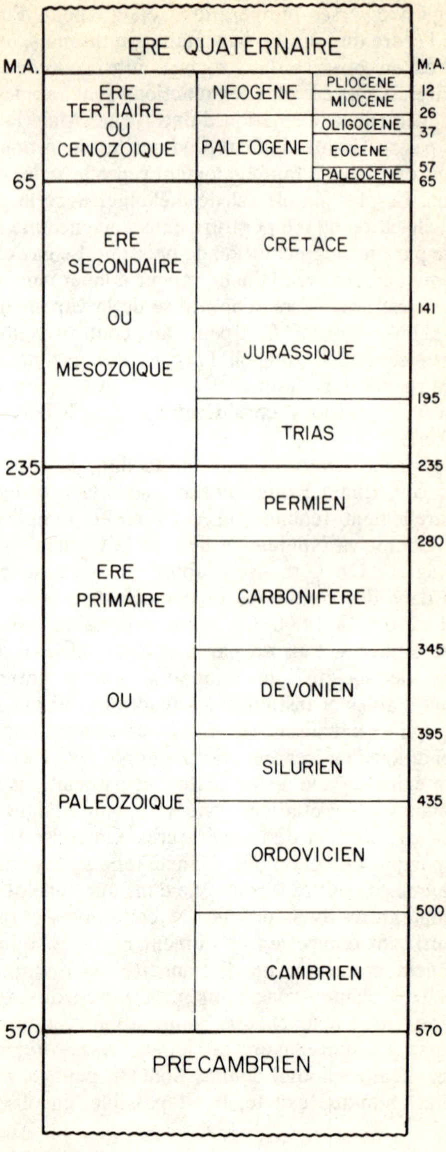
ERE QUATERNAIRE
M.A.
M.A.
ERE TERTIAIRE OU CENOZOIQUE
NEOGENE
PLIOCENE
12
MIOCENE
26
PALEOGENE
OLIGOCENE
37
EOCENE
57
PALEOCENE
65
65
ERE SECONDAIRE OU MESOZOIQUE
CRETACE
141
JURASSIQUE
195
TRIAS
235
235
ERE PRIMAIRE OU PALEOZOIQUE
PERMIEN
280
CARBONIFERE
345
DEVONIEN
395
SILURIEN
435
ORDOVICIEN
500
CAMBRIEN
570
570
PRECAMBRIEN

D'abord celles qui, comme les grès ou les calcaires, se sont formées sous une épaisseur d'eau, qui se sont sédimentées lentement dans ces dépressions que sont les bassins et que l'on appelle pour cette raison roches sédimentaires. Les roches qui résultent de la cristallisation d'un bain fondu, comme le basalte ou le granite, que l'on appelle roches ignées; les roches volcaniques constituent une catégorie spéciale de roches ignées, celles qui ont pris naissance à la surface du globe; symétriquement, les roches qui ont cristallisé lentement à partir d'un bain fondu en profondeur s'appellent roches plutoniques. Le basalte est une roche volcanique, le granite une roche plutonique. A ces deux types de roches simples à définir, s'ajoute une troisième catégorie, celle des roches dites métamorphiques. Elles résultent de la transformation d'une roche de type précédent qui, sous l'effet de conditions spéciales, recristallise en donnant naissance à de nouvelles associations de minéraux.

La genèse des roches sédimentaires, que l'on peut voir se former dans les océans presque sous nos yeux, n'est guère mystérieuse. Il n'en va pas de même pour les roches ignées ou métamorphiques, produits directs des profondeurs terrestres.

Comment le curieux phénomène qui métamorphise les roches peut-il avoir lieu? Comment se sont isolés, ségrégués, identifiés les magmas qui donnent naissance à des roches telles que le granite ou le basalte? Comment fabriquer en laboratoire de tels magmas? Rêve d'alchimiste ou d'adolescent curieux? La science de l'avant – et de l'après-guerre va pourtant le réaliser, grâce à la mise au point de ces « casseroles » spéciales que l'on appelle autoclaves, où le pétrologue va s'efforcer d'imiter la nature.

Le principe de ces expériences est simple. On mélange dans un récipient fermé une poudre dont la composition chimique correspond à celle de la roche que l'on veut reproduire. On porte

FIG. 15. – L'échelle des temps géologiques fossilifères.
Depuis le développement des méthodes de chronologie radioactive on sait que la période de la géologie classique, celle où l'on trouve des fossiles, n'est qu'un cinquième des temps géologiques. Nous avons donné la nomenclature des ères et des étages géologiques en indiquant en millions d'années l'âge des coupures. L'ère quaternaire a été largement exagérée pour des raisons de clarté puisque sa durée n'est que de 2 à 4 millions d'années.

souvienne des spéculations de Lord Kelvin sur l'histoire thermique de la Terre, donc sur son évolution physique! Il situait l'âge de la Terre entre 20 et 200 millions d'années, et une vive polémique l'avait opposé aux naturalistes, dont Charles Darwin. La découverte de Rutherford marque définitivement la déroute des théories de Lord Kelvin.

On peut maintenant dater directement les terrains cristallins et anciens, établir ainsi des synchronismes à l'échelle du globe. On peut donc faire une géologie des terrains anciens où, faute de fossiles, s'arrêtait la géologie traditionnelle. On constate aussi que les quatre cinquièmes de l'histoire de la Terre, c'est-à-dire toute l'époque du précambrien, n'étaient pas « couverts » par la géologie classique! Ainsi si l'exploration des océans permet de compléter l'exploration du globe dans l'espace, la radiochronologie permet son extension dans le temps. On s'aperçoit alors que la géologie traditionnelle, fondée sur les fossiles et les séries sédimentaires déposées sur les continents, ne recouvrait qu'un tiers de la surface du globe et un dixième de sa durée de vie!

La fabrication des roches en laboratoire
Origine du granite et du basalte

Chacun sait que les matériaux qui constituent notre planète et que l'on peut prélever sur le terrain sont des roches. Ces roches sont elles-mêmes constituées par des mélanges, des assemblages ou, mieux, des associations, des sociétés de minéraux. Ainsi, la roche granite est une association des trois minéraux : quartz, feldspaths et micas. La roche basalte est constituée par l'association de deux minéraux principaux : le pyroxène et le plagioclase, et accessoirement olivine, minéral qui constitue le composant essentiel de la roche appelée péridotite. Dans ces sociétés, les « citoyens » – les minéraux – présentent des caractères très variables. Parfois ils sont de grande taille, de l'ordre du centimètre, avec des faces planes bien définies. Parfois, à l'inverse, les minéraux sont petits, à contours de forme complexe, à orientation désordonnée.

L'étude des roches, leur description, leur classification, la reconstitution de leur mode de formation, constituent ce qu'on appelle la pétrographie (ou pétrologie). On sait depuis longtemps que l'on peut classer les roches en trois catégories.

approximation à celles que dessine de la limaille de fer placée dans l'entourage d'un barreau aimanté. Vers la fin du XIXe siècle, on développe des appareils très ingénieux et souvent complexes qui permettent de mesurer le champ magnétique terrestre : ce sont les magnétomètres. L'exploration quantitative du champ magnétique terrestre commence alors et va concerner l'espace et le temps.

L'exploration géographique permet de dresser une carte du champ magnétique terrestre actuel. Cette carte est déterminée par trois paramètres : l'orientation du champ (deux angles) et son intensité. Le champ magnétique varie avec la latitude, la position et la nature des terrains sous-jacents, etc. Afin de décrire ces variations géographiques, la magnéticiens définissent ce qu'ils appellent les *anomalies magnétiques.* Ces dernières sont décrites comme la différence existant entre le champ réel mesuré et le champ théorique, celui qu'on calcule d'après l'hypothèse de Gilbert. Si le champ réel est supérieur au champ théorique, on parlera d'anomalies positives; s'il est inférieur, on parlera d'anomalies négatives. Ces anomalies magnétiques vont jouer un rôle central dans la résurgence des concepts wegenériens.

L'exploration temporelle est par définition plus longue et, par là, plus fastidieuse. Des observatoires créés à cet effet vont enregistrer inlassablement, nuit et jour, les variations de l'orientation et de l'intensité du champ magnétique en divers points du globe, et cela pendant des dizaines d'années. Ainsi, à Paris ou à Londres, on possède l'enregistrement du champ magnétique depuis 1838. Le dépouillement de ces séries temporelles fait apparaître des variations dont la fréquence est elle-même variable : variations rapides, variations lentes, variations séculaires. Les variations rapides sont celles que l'on observe en un jour, les variations lentes s'observent sur des décennies.

L'examen des données temporelles et spatiales va peu à peu permettre d'identifier les sources des variations et des anomalies observées. Les variations rapides ont leur origine dans la haute atmosphère de la terre. Là, des atomes ionisés interagissent avec le flux de particules chargées et d'ondes électromagnétiques venant du soleil (vent solaire), et leurs mouvements induisent les variations magnétiques mesurées au sol. Leur source ultime est donc l'activité solaire. Les variations lentes et séculaires ont leur source dans le noyau terrestre. Cette double localisation, absolument admise aujourd'hui, ne s'est pas imposée sans débat!

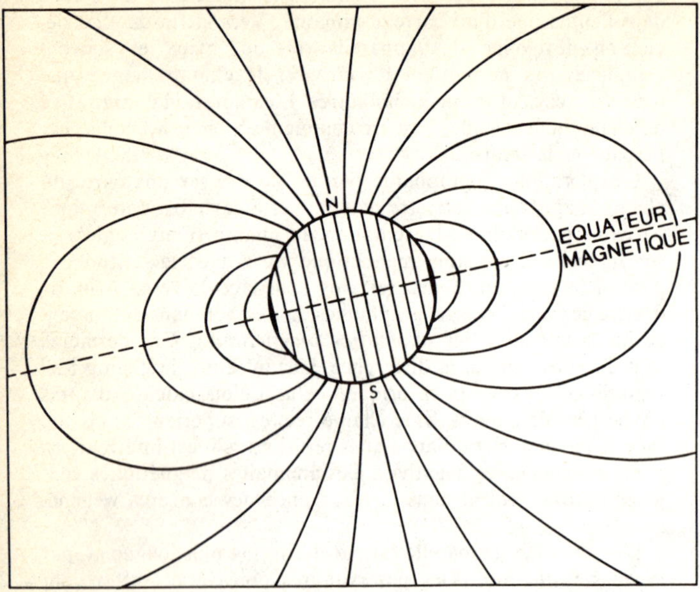

FIG. 16. – La figure (A) représente des lignes de forces du champ magnétique terrestre telles qu'on peut les mesurer à la surface ou dans l'environnement terrestre. Elles sont en tout point analogues à celles que créerait une gigantesque aiguille aimantée placée en son centre. On peut très bien concevoir ces lignes de forces en se rappelant la disposition de la limaille de fer autour d'une aiguille aimantée.

L'examen minutieux des variations lentes ayant permis de situer leur origine dans le noyau terrestre, on a cherché à aller plus loin et à comprendre leur genèse. Ces palpitations, ces frémissements plus ou moins réguliers sont si rapides (de l'ordre de l'année) par rapport à la durée des phénomènes géologiques (de l'ordre du million d'années) qu'ils évoquent les aléas d'un fluide tourbillonnaire instable. Le noyau externe est fluide, les ondes sismiques transversales ne le traversent pas, il est constitué de fer, excellent conducteur s'il en est. Or le mouvement d'un conducteur dans un champ magnétique crée un courant, un courant engendre lui-même un champ magnétique, et ainsi de suite... Encore faut-il, pour comprendre le fonctionnement du

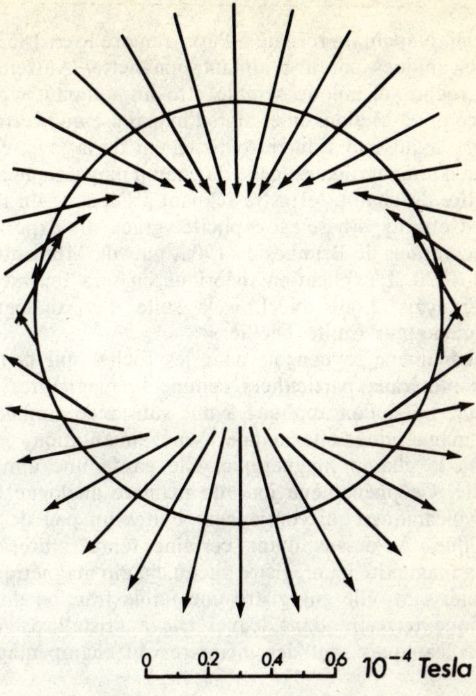

La figure (B) est extraite de la figure (A) et schématise la direction et l'intensité du champ magnétique terrestre à la surface du globe. On notera que dans l'hémisphère nord, les flèches indiquent que le champ est dirigé vers l'intérieur, que dans l'hémisphère sud c'est l'inverse, l'équateur assurant la transition avec un champ tangent à la surface terrestre. A l'aide de cette figure, si l'on mesure l'orientation du champ magnétique en un lieu, on peut aisément constater que l'orientation permet de retrouver la latitude du lieu considéré.

phénomène, aller plus loin. Malheureusement, les séries temporelles que nous possédons sont ridiculement courtes lorsqu'on les compare à l'étendue des temps géologiques – quelques centaines d'années, comparées aux 4,5 milliards d'années de l'âge de la Terre : un facteur de 20 millions ! D'où l'idée d'essayer d'obtenir de longues séries temporelles en cherchant à déterminer les champs magnétiques anciens fossilisés dans les roches.

Le champ magnétique fossile

Melloni, Napolitain réfugié à Paris, remarque en 1853 que les laves volcaniques ont une aimantation nette. Autrement dit, chaque roche volcanique semble être un « aimant » pour son propre compte. Melloni émet alors l'hypothèse que cette aimantation est acquise lors du refroidissement de la lave, et que la direction d'aimantation est celle du champ magnétique ambiant, c'est-à-dire du champ terrestre régnant à l'époque du refroidissement. Cette hypothèse est explicitée grâce aux expériences et aux observations de Brunhes en 1906, puis de Mercanton entre 1910 et 1930. L'explication théorique en sera fournie par un autre Français, Louis Néel, à la suite d'un dialogue avec l'expérimentateur Émile Thellier.

Ce phénomène se conçoit pour les roches qui contiennent certains minéraux particuliers comme la magnétite, au nom évocateur. Lorsqu'on applique à une substance aimantable un champ magnétique, elle acquiert une aimantation; lorsqu'on supprime le champ magnétique, elle garde une aimantation résiduelle. Ce phénomène joue de manière analogue pour les roches volcaniques qui contiennent toutes un peu de minéral magnétique. Au-dessus d'une certaine température, dite de Curie, la magnétite n'enregistre aucun champ magnétique, puis, en refroidissant, elle enregistre une faible fraction du champ magnétique terrestre dans lequel elle a cristallisé. Ainsi les roches volcaniques sont des mémoires du champ magnétique terrestre.

Bien que les premiers travaux datent de 1936, il a fallu attendre l'après-guerre pour assister à une utilisation intensive de cette « mémoire magnétique ». Émile et Odette Thellier, puis Alexandre Roche, en France, Nagata au Japon, Könisberg en Allemagne, en ont été les artisans patients et minutieux. Tous ces chercheurs ont alors une idée principale en tête : obtenir des séries temporelles longues permettant d'étudier l'histoire du champ magnétique et de déterminer son origine. L'étude du champ magnétique fossile va alors connaître une accélération brutale, aux environs de 1950, par suite d'une conséquence technologique inattendue des recherches infructueuses de Blackett sur l'origine du champ magnétique.

Lauréat du prix Nobel, Blackett émet en 1947 l'hypothèse hardie que les champs magnétiques des planètes, des étoiles, mais aussi de tout système physique, seraient une conséquence de la rotation de ces objets. Le champ magnétique terrestre serait ainsi créé par la rotation même du globe. Pour prouver son hypothèse, Blackett conçoit une expérience extrêmement complexe et élaborée dont nous retiendrons deux résultats. Le premier se résume à son échec, mais aussi au courage de Blackett qui, en 1952, le rendit public sous le titre *Negative experiment.* Le second, qui nous intéresse ici, est que, durant cette expérience, Blackett avait mis au point un instrument permettant de mesurer des champs magnétiques extrêmement faibles : le magnétomètre astatique.

Cet instrument et les diverses versions auxquelles il a donné naissance vont permettre une mesure du faible champ magnétique « fossile » des roches. Vers 1959, Blackett, professeur de physique à Manchester, a pour assistant Keith Runcorn. Ensemble, ils décident d'utiliser le magnétomètre astatique pour mesurer les faibles aimantations des roches. Pour cela, durant l'été 1950, ils embauchent ce que l'on appellerait aujourd'hui un vacataire. Ce dernier, Ted Irving, amasse en un été assez de résultats pour convaincre ses maîtres de l'intérêt de l'expérience. Mais l'équipe se disloque, Blackett rejoint l'Imperial College de Londres, tandis que Runcorn s'en retourne à Cambridge. Cette séparation ne marquera pas la fin de l'entreprise, mais le début d'une compétition entre deux laboratoires de valeur.

La dérive continentale ressuscitée

Les deux équipes anglaises de l'Imperial College de Londres et de Cambridge vont en effet développer avec une vigueur remarquable cette nouvelle discipline que l'on appelle alors le *paléomagnétisme.* Le premier succès permet d'étendre le principe de la mémoire magnétique aux roches sédimentaires. Dans ce cas, la fossilisation du champ magnétique s'acquiert soit par orientation des grains magnétiques au cours de la sédimentation de ces grains, soit par transformation chimique au cours de la diagenèse [1]. Or les roches sédimentaires peuvent être aisément datées grâce à leurs fossiles, et l'on peut connaître simultanément l'âge et l'intensité du champ magnétique, donc espérer reconstituer une série temporelle précise.

---

1. Processus au cours duquel un sédiment mou se transforme en roche « dure ».

La première étude systématique d'un ensemble sédimentaire faite par Runcorn et Irving porte sur le trias d'Angleterre. Mais le résultat obtenu n'a rien à voir avec les séries temporelles! En fait, l'orientation du champ magnétique fossile du trias anglais (– 200 MA) ne coïncide pas avec l'orientation du champ magnétique d'aujourd'hui. L'Angleterre aurait-elle subi une rotation au cours des temps géologiques?

Les chercheurs de l'Imperial College décident alors de vérifier cette hypothèse hardie sur d'autres continents, et d'abord sur les roches de l'Empire britannique : Afrique du Sud, Australie, Canada, Inde. Ils étudient ainsi particulièrement les roches volcaniques du Deccan, dont les éruptions vont du jurassique jusqu'au tertiaire et dont les coulées occupent près du tiers de la surface de l'Inde. Les résultats obtenus surprennent les chercheurs anglais. Avant le tertiaire (c'est-à-dire avant – 60 MA), l'orientation du champ magnétique était « extérieure », le champ se dirigeait alors vers l'extérieur du globe. Cette orientation a varié ensuite continuellement pour devenir « horizontale » au début du tertiaire, puis graduellement « interne ». Se souvenant alors de la distribution de l'orientation du champ magnétique terrestre sur un méridien (voir figure 15), de l'hypothèse de Wegener et du mobilisme des continents, les chercheurs relient ces deux hypothèses en une seule : celle d'un mouvement lent de l'Inde vers le nord entre le jurassique et la fin du tertiaire. La dérive des continents refait son apparition! Le groupe de Newcastle, où Keith Runcorn a émigré, va d'abord réfuter l'interprétation mobiliste des Londoniens. Runcorn note que l'interprétation mobiliste admet implicitement une hypothèse non vérifiée, celle de l'orientation fixe du champ magnétique terrestre au cours des temps géologiques. Et si le pôle lui-même dérivait? Wegener avait trente ans plus tôt admis cette hypothèse.

Runcorn propose donc de définir époque par époque la position d'un paléo-pôle magnétique pour diverses régions, puis de comparer les résultats avant de conclure. Ce travail minutieux consiste d'abord à définir pour l'Europe une courbe de « promenade du pôle » au cours des temps géologiques. Après l'Europe, l'équipe de Newcastle étudie l'Amérique. Ces études, promptement menées, permettent de définir pour ce continent une autre courbe de migration des pôles, distincte de celle définie pour l'Europe et qui ne se confond avec elle qu'avant le crétacé. L'apparente divergence entre ces deux courbes disparaît si l'on supprime l'océan Atlantique avant le crétacé. Keith Runcorn et ses élèves se convertissent alors à la théorie de la dérive des continents en proposant une méthode de reconstitution des géographies successives : déplacer les continents de manière à faire coïncider les courbes de migration des pôles obtenues pour chacun d'eux. Après une joute contradictoire, « Newcastle » rejoint « Londres » dans ses interprétations, mais par le chemin des écoliers : celui de la promenade des pôles!

Les paléomagnéticiens utilisent dès lors cette technique dite du « chemin des pôles » pour reconstruire les positions successives des continents. Il suffit de déplacer les unités continentales deux à deux jusqu'à ce que le pôle d'une époque coïncide pour les diverses unités considérées. Cette technique permet donc à Creer, Irving et Runcorn de dessiner les positions successives des continents aux diverses époques géologiques. Leurs reconstitutions ressemblent étonnamment à celles de Wegener, avec toutefois des différences. La plus notable concerne l'histoire de l'Inde. Wegener, on s'en souvient, la liait à la Laurasia. Lors de l'ouverture de la grande Pangée, elle avait donc dérivé vers le nord avec le continent asiatique. Cette vision avait conduit Argand à imaginer un rétrécissement intra-asiatique pour expliquer la naissance de l'Himalaya. Les paléomagnéticiens associent au contraire l'Inde à l'Afrique, l'Australie et l'Antarctique, et lui confèrent donc un caractère gondwanien. Ce n'est que vers – 130 millions d'années, au crétacé, que l'Inde se serait détachée du continent de Gondwana et aurait migré vers le nord. L'Himalaya apparaît alors comme le résultat de la *collision* de l'Inde avec l'Eurasie, et non comme un plissement intracontinental. C'est là une originalité importante de la reconstitution paléomagnétique par rapport aux schémas de Wegener et d'Argand. Nous en verrons ultérieurement certaines des conséquences.

Mais les paléomagnéticiens ne s'arrêtent nullement aux deux cents derniers millions d'années. Wegener avait supposé que la Pangée unique avait existé depuis l'origine des temps, et qu'elle n'avait commencé à se disloquer qu'au trias (– 220 MA); la dérive des continents était donc pour lui un phénomène irréversible : un continent d'abord unique se morcelle en un nombre de parties qui augmente avec le temps. Les méthodes paléomagnétiques ne sont pas tributaires des reconstructions géomorphologiques, elles permettent donc d'étudier les problèmes de dérive

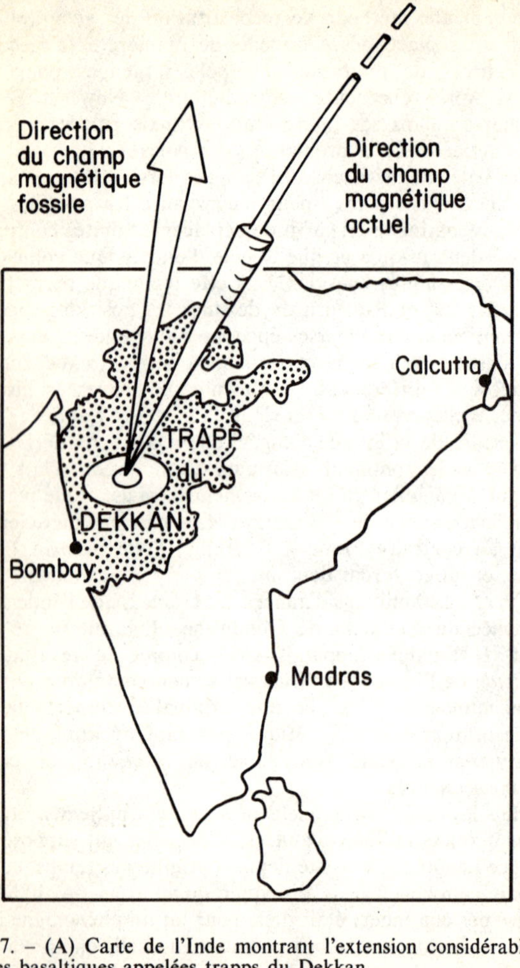

FIG. 17. – (A) Carte de l'Inde montrant l'extension considérable des coulées basaltiques appelées trapps du Dekkan.
On a représenté la direction du champ magnétique fossile (paléochamp) et la direction du champ magnétique actuel. On peut voir qu'ils sont presque *opposés*.

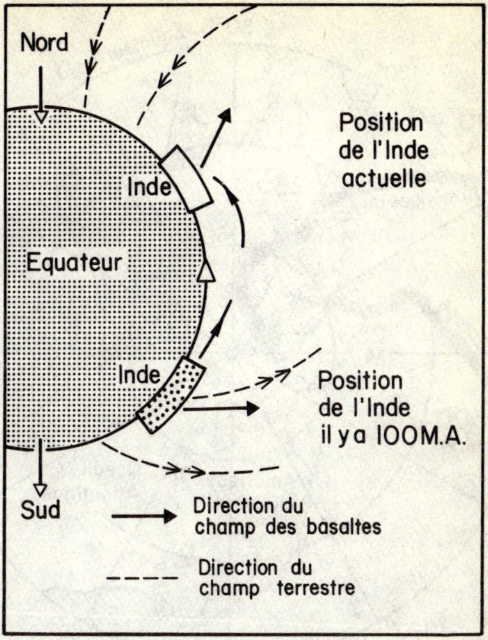

(B) Coupe schématique montrant les positions successives de l'Inde déterminées à l'aide de l'orientation des paléo-champs magnétiques comparée aux directions du champ magnétique actuel (en pointillés). On peut voir que pour faire coïncider la direction fossile du champ magnétique avec la figure théorique du champ magnétique terrestre il faut admettre que l'Inde était dans l'hémisphère sud il y a 100 MA.

continentale avant 200 millions d'années, jusqu'aux époques primaires. L'entreprise ne va pas sans quelques difficultés : magnétiques d'abord, car plus on considère des matériaux âgés, plus on a de chances que des aimantations secondaires viennent masquer le message initial ; difficultés stratigraphiques et chronologiques ensuite, car pour reconstituer le passé par les méthodes paléomagnétiques, il faut que chaque échantillon soit daté avec précision. Or la datation des terrains primaires et précambriens présente une plus grande incertitude *absolue* que

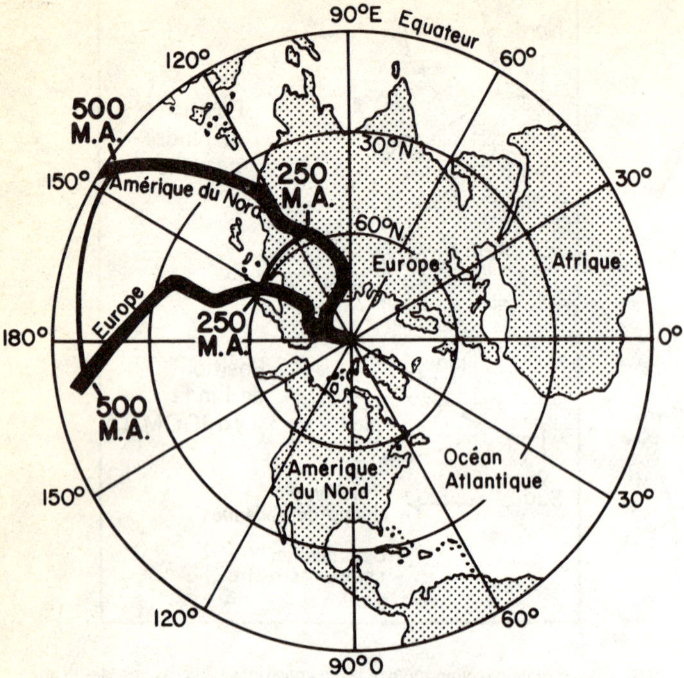

FIG. 18. – Courbes de dérive du pôle pour l'Europe et l'Amérique. Si l'on veut les faire coïncider, il faut déplacer l'Amérique vers l'Est pour amener la courbe correspondante sur celle de l'Europe. On « referme » alors l'océan Atlantique et l'on reconstitue ainsi l'ancienne Pangée (d'après K. Runcorn).

FIG. 19. – Série de projections montrant les étapes de la dérive des continents telle que les paléomagnéticiens l'ont reconstruite aux environs des années 1958-1960.
Trois époques sont représentées : le Carbonifère, le Crétacé, le Tertiaire. Il est intéressant de comparer les évolutions dessinées avec la carte de Wegener (d'après Irving).

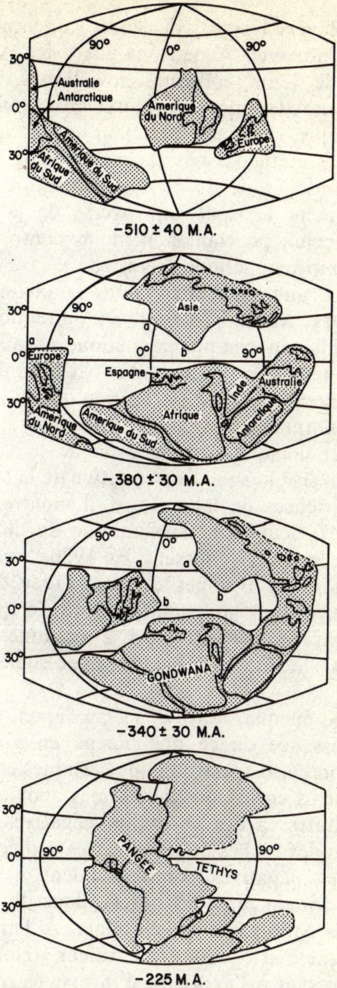

FIG. 20. – Reconstitution de la position des continents au cours de l'ère primaire, c'est-à-dire avant l'époque de la Pangée, fondée sur les mesures paléomagnétiques de J. C. Briden et de ses collaborateurs.

Les inversions du champ magnétique

Si les plaidoyers vibrants de Keith Runcorn en faveur de la dérive des continents n'émeuvent guère les Américains, aussi « fixistes » que leurs collègues soviétiques, ils éveillent en revanche outre-Atlantique un intérêt croissant pour la science paléomagnétique. Tournés par leur goût des chiffres vers l'utilisation des méthodes physiques en géologie, les Américains s'engagent dans l'étude du champ magnétique fossile. Délaissant prudemment le sujet controversé de la dérive, ils vont s'attaquer à celui, pourtant non moins controversé, des inversions du champ magnétique terrestre.

En 1906, Brunhes découvre dans la chaîne des Puys que certaines laves volcaniques ont une direction d'aimantation inverse de celle du champ magnétique actuel. Il constate en outre que les terres argileuses cuites par le contact immédiat de la lave acquièrent la même orientation que la lave sous-jacente. Orientation normale, c'est-à-dire analogue à l'orientation du champ actuel, lorsque l'aimantation de la lave est normale; orientation inverse lorsque l'aimantation de la lave est inverse. A l'aide d'expériences de laboratoire, il montre que les briques (argiles cuites) acquièrent l'orientation du champ magnétique dans lequel elles se refroidissent. En 1926, Mercanton confirme les observations de Brunhes et émet l'idée de renversements possibles du champ magnétique dans le passé. Le dipôle Nord-Sud aurait été Sud-Nord à certaines époques! Pour grandiose qu'elle fût, cette hypothèse ne souleva alors que peu d'intérêt.

A la même époque, Matuyama, au Japon, faisait progresser notre connaissance de ce phénomène en y introduisant une notion temporelle. Il remarqua que certaines coulées de laves de volcans japonais correspondaient à des anomalies magnétiques positives, d'autres à des anomalies négatives. Il mesura alors l'aimantation des roches de ces diverses coulées et constata que les anomalies négatives correspondaient à une aimantation inverse, confirmant ainsi les observations de Brunhes et Mercanton. Mais Matuyama va plus loin. A l'aide des méthodes stratigraphiques, il « date » en valeur relative les diverses coulées et conclut à l'existence d'inversions multiples au cours des temps géologiques. D'après Matuyama, le champ magnétique terrestre s'est d'abord inversé, puis est redevenu normal. L'évocation de ce phénomène, qui aurait pu passionner les géologues de l'époque, tomba pratiquement dans l'indifférence et l'oubli.

Il fallut attendre 1950 pour voir J. Graham, alors à la Carnegie Institution de Washington, s'intéresser au phénomène et proposer une nouvelle explication des inversions. Celles-ci seraient dues à un phénomène de physique de l'état solide. En certaines circonstances, l'application d'un champ magnétique au cours du refroidissement de certains minéraux conduit ces derniers à fossiliser un champ de direction inverse à celui appliqué. Louis Neel fournit une base théorique à cette explication, et Nagata et Uyeda démontrent expérimentalement l'existence de ce phénomène dans une lave japonaise. Cette hypothèse des auto-inversions s'oppose bien sûr à celle des renversements du champ magnétique terrestre. Un débat contradictoire et vigoureux s'instaure alors, remettant à l'ordre du jour le paléomagnétisme. La mémoire magnétique enregistre-t-elle parfois à l'envers un champ de direction constante, ou bien est-ce le champ magnétique terrestre lui-même qui subit des renversements périodiques?

La réponse à cette question est tout d'abord résolue grâce à l'effort déployé par quelques hommes dont le point de ralliement est l'université de Californie à Berkeley. Deux d'entre eux jouent un rôle initial qui se révèle déterminant. John Reynolds, au département de physique, améliore la méthode de datation fondée sur la désintégration du potassium. Grâce à ce développement technologique, il rend possible, dès 1960, la mesure de très petites quantités d'argon, produit-fils du potassium 40, et permet ainsi la mesure des âges jeunes (moins de 10 millions d'années) avec une précision raisonnable. John Verhoogen, du département de géologie, s'intéresse au problème des auto-inversions et y engage ses étudiants. Les deux équipes de datation et de paléomagnétisme décident de coopérer pour obtenir sur les mêmes échantillons de basaltes des âges précis et des orientations magnétiques bien définies. Les résultats intéressants affluent. Alan Cox et Richard Doell remarquent rapidement que l'auto-inversion n'explique pas leurs mesures sur les coulées de lave de l'Idaho. Ils reprennent alors l'idée de Mercanton et du Hollandais Rutten et décident de tester l'hypothèse des inversions globales en appliquant la méthode de la chronologie absolue. Si les laves à aimantation inverse sont toutes du même âge, quelles que soient leur minéralogie et leur position géographique, alors il faudra admettre que le champ magnétique terrestre lui-même a pu s'inverser.

Une telle possibilité apparaît à cette époque moins improbable, car les connaissances sur l'origine du champ magnétique sont en nette progression. Walter Elsasser à Princeton, Ted Bullard à Cambridge (Grande-Bretagne), développent l'idée d'une dynamo centrale située dans le noyau terrestre; cette dynamo pourrait présenter des comportements instables qui expliqueraient des retournements « périodiques » du champ magnétique qu'elle créerait. Ce cadre renforce la position des tenants de la théorie des inversions.

La réalité de ces inversions du champ magnétique va être « démontrée » entre 1960 et 1966 grâce au travail patient de deux groupes issus de Berkeley. L'un est composé d'Alan Cox, Richard Doell et Brent Dalrymple, travaillant à l'US Geological Survey, à Menlo Park, au sud de San Francisco. L'autre est animé par Ian McDougall et François Chamalun, et l'Université nationale australienne, et leur théâtre d'opération sera le Pacifique et l'océan Indien. Utilisant comme matériaux les laves volcaniques récentes, ils établissent ensemble une échelle des inversions dans les quatre derniers millions d'années, échelle qui s'applique non seulement aux États-Unis mais aussi à l'Europe, au Pacifique et à l'Australie, et qui a valeur mondiale. Cette échelle se caractérise par l'existence de phases de changement de polarité de durée et de fréquence variables. On distingue les périodes appelées *époques,* au cours desquelles le champ magnétique terrestre garde le même sens sur plusieurs centaines de milliers d'années. de celles, très courtes, que l'on nomme *événements,* situées à l'intérieur d'une même époque.

Les paléomagnéticiens ont dédié les *époques* aux grands pionniers du magnétisme terrestre. Ainsi, l'époque qui s'étend d'aujourd'hui à – 600 000 ans, avec une polarité normale, c'est-à-dire semblable à la polarité du champ actuel, s'appelle époque de Brunhes. Celle qui la précède, de – 0,6 à – 2,4 millions d'années, et qui est inversée, est l'époque de Matuyama. Le grand Gauss a droit à une époque normale assez courte, de – 2,4 à – 3,2 millions d'années, alors que le nom du médecin de la reine Élisabeth Ire, Gilbert, est associé à l'époque inverse précédente. Les *événements,* quant à eux, portent des noms de lieux. On parle de l'événement de Jaramillo, à – 0,95 million d'années, de Gilsa à – 1,6, d'Olduvai à – 1,9, etc. Ainsi s'établit

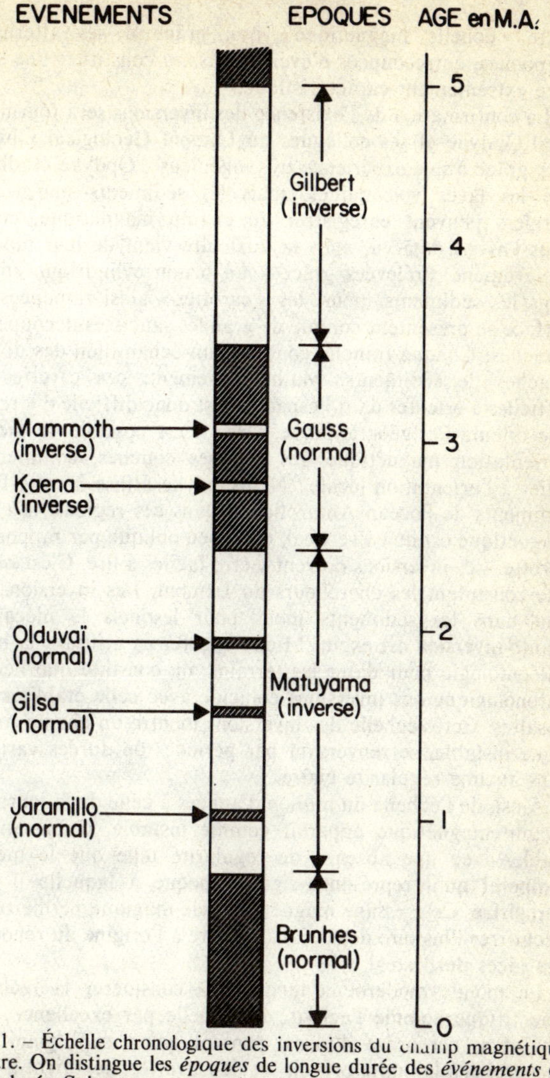

FIG. 21. – Échelle chronologique des inversions du champ magnétique terrestre. On distingue les *époques* de longue durée des *événements* de courte durée. Suivant une convention que nous respecterons par la suite, les intervalles de temps où le champ est normal (identique au champ actuel) sont indiqués en foncé.

cette « échelle magnétique » qui, grâce à ses alternances d'époques, entrecoupées d'événements, va constituer une signature extrêmement caractéristique.

La confirmation de l'existence des inversions sera fournie par Neil Opdyke et ses collègues du Lamont Geological Observatory grâce à une expérience très ingénieuse. Opdyke étudie non pas les laves volcaniques, mais les sédiments marins. Ces derniers peuvent enregistrer un champ magnétique, comme nous l'avons déjà vu, mais la difficulté vient de leur mode de prélèvement. Prélevées grâce à un piston cylindrique enfoncé dans les sédiments mous, les « carottes » ainsi ramenées à la surface se présentent comme de grandes saucisses découpées en tranches. Chaque tranche constitue un échantillon des diverses couches de sédiments. Malheureusement, ces carottes sont difficiles à orienter dans l'espace, il est donc difficile d'y repérer une orientation géographique. Or, s'il est possible de mesurer l'orientation magnétique des diverses couches, comment les relier à l'orientation locale? Neil Opdyke utilise à cette fin les sédiments de l'océan Antarctique. Dans ces régions, le champ magnétique est quasi vertical, donc peu oblique par rapport à la carotte. Les inversions doivent y être faciles à lire. C'est bien ce que constatent les chercheurs du Lamont. Les inversions existent dans les sédiments mous pour lesquels le mécanisme d'auto-inversion est exclu. Mieux encore, en utilisant la micropaléontologie pour dater les terrains, on constate que l'échelle chronologique des inversions coïncide avec celle établie sur les basaltes. Cette échelle des inversions montre un champ magnétique instable, se renversant par périodes de durées variables, sans aucune régularité claire.

Ainsi, de l'échelle du million d'années à celle de la journée, le champ magnétique apparaît comme instable, changeant, variable, avec une absence de régularité telle que le message temporel qu'il représente signe l'époque à laquelle il a été enregistré. Ce message magnétique, clé magique permettant de déchiffrer l'histoire des océans, va être à l'origine du renouveau des idées dérivistes!

Le monde moderne a tendance à considérer la recherche scientifique comme l'activité rationnelle par excellence. Ceux qui, dans cet ordre d'idées, pensent qu'on peut planifier la recherche, à la limite prévoir ses découvertes, devraient méditer sur les études des champs magnétiques terrestres. Elles n'ont jamais fourni directement la réponse à la question posée *a priori*.

Elles ont toujours conduit à un résultat fondamental dans un secteur imprévu. Ainsi va la science, défiant les plans, les idéologies et les idéologues, mais aussi les scientifiques les plus rigoristes.

Pendant la période que nous venons d'évoquer et qui s'étend approximativement de la mort de Wegener en 1929 à la résurrection de sa théorie en 1961, soit trente années, les sciences de la Terre, quoique éloignées des thèses dérivistes, ont ainsi connu un développement extraordinaire. La cartographie des continents et des océans nous permet de posséder pour la première fois un document géologique synthétique sur l'ensemble des océans et des continents, les régions les plus inhospitalières ou les plus inaccessibles du globe ne sont plus mystérieuses, leur structure commence à être bien connue. La structure interne du globe, sujet de recherches des géophysiciens et des astronomes depuis plusieurs siècles, commence à livrer ses secrets. Aussi bien pour la pellicule superficielle accessible à l'observation directe que pour les parties moins accessibles que sont les fonds océaniques ou les profondeurs terrestres, on commence à disposer d'une information solide, complète, que les études futures viendront largement confirmer. La genèse des matériaux d'origine profonde, dont les conditions requièrent pression et température élevées, non seulement s'éclaircit grâce à des raisonnements théoriques, mais semble si bien maîtrisée que l'homme s'avère capable de les créer artificiellement en laboratoire. La science des roches a fait en quelques années un bond spectaculaire et décisif. L'étude du champ magnétique progresse elle aussi à pas de géant. Les scientifiques sont capables de séparer le champ qui a pour origine le soleil de celui qui doit sa source aux mouvements du fluide emprisonné dans le noyau externe; ils sont capable de mesurer ces champs magnétiques et leurs fluctuations, de construire des modèles permettant d'expliquer les faits d'observations, leurs mesures. En outre, cette période a vu le développement de cette science extraordinaire qu'est le paléomagnétisme. Les roches sédimentaires et volcaniques sont des mémoires magnétiques : grâce à elles, on peut connaître les directions des champs magnétiques anciens. Découverte inattendue, la compilation de ces champs magnétiques archaïques fait apparaître deux phénomènes « nouveaux » : le mouvement des continents et les inversions du champ.

Pourtant, ces efforts et ces résultats ne retiennent finalement que l'attention des spécialistes, leurs conséquences ne pénètrent pas l'ensemble de la communauté scientifique. Malgré une moisson si copieuse, chacun a encore tendance à concevoir sa propre spécialité comme une entité autonome. Les sciences de la Terre apparaissent au non-spécialiste comme une mosaïque de spécialités différentes, adjacentes, avec quelques points communs, mais ayant finalement chacune leurs centres d'intérêt propres. Cette spécialisation exclusive était d'ailleurs probablement nécessaire, tant les problèmes à résoudre s'avéraient difficiles, divers et importants, mais elle fait perdre de vue l'idée que l'objet central d'étude était la Terre entière, et que les divers aspects que nous venons d'évoquer avaient une logique sous-jacente. Cet état d'esprit, entretenant l'idée qu'il n'y a rien de commun entre un géophysicien et un paléontologue, entre un géochimiste et un géologue structural, va finalement constituer la barrière psychologique la plus malaisée à franchir lorsque les thèses mobilistes vont ressusciter.

Pour comprendre le cheminement des esprits que nous allons maintenant aborder, il faut être conscient de cet éclatement de la communauté des sciences de la Terre, qui n'en a pas moins été fécond dans nombre de domaines. Les sciences de la Nature, comme le sont celles de la Terre, du Ciel ou de la Vie, passent alternativement par des phases d'accrétion où elles ressentent l'unité profonde qui les ordonne, et par des phases d'éclatement où les développements centrifuges de spécialités multiples tendent à faire perdre de vue les buts communs qu'elles poursuivent selon des approches diverses. Ces alternances de phases d'expansion et de recondensation constituent une condition du progrès scientifique. En effet, comment ne pas considérer qu'établir la carte ou la structure du globe est un but en soi? Comment ne pas comprendre que l'établissement de l'horloge géologique puisse occuper tout le temps d'expérimentateurs soigneux? Comment ne pas être passionné par l'éclatement et les rebondissements de la science magnétique? En dédaignant la théorie de Wegener, les sciences de la Terre avaient perdu leur dénominateur commun, elles n'avaient pas perdu pour autant leur gamme de centres d'intérêt. Les développements rapides et spectaculaires de tous ces domaines que nous venons de passer en revue expliquent sans doute pourquoi les théories mobilistes n'ont pas été remises plus tôt à l'honneur. Trop occupée à résoudre ses problèmes propres, chaque discipline n'avait pas le temps de chercher quelque vision globale. Cette étape de repli était sans doute indispensable, car elle a permis de forger les outils de la géologie moderne sans lesquels on serait peut-être revenu à Wegener, mais sans être à même de le dépasser aussi complètement.

III

Le tapis roulant des fonds océaniques

L'expansion des fonds océaniques est une théorie qui, aux environs des années 1960, a marqué le regain de popularité des idées de dérive continentale. Nous allons en examiner la genèse puis le développement tels que la conscience collective les raconte. Nous nous poserons ensuite quelques questions, tant il est vrai que du jour où une théorie scientifique a accédé à un statut bien établi, ses thuriféraires ont tendance à développer une logique qui occulte tous les errements du début...

La théorie du tapis roulant

Harry H. Hess publie en 1962, dans un livre édité par la Société géologique d'Amérique en l'honneur de A. F. Buddington, un article intitulé : *Histoire des bassins océaniques.* Cet article marque les débuts officiels de la théorie de l'expansion des fonds océaniques. Harry Hess était professeur de géologie à Princeton. Les circonstances de la vie l'avaient conduit à s'intéresser de près à l'océanographie. Il avait en effet pris part à la Seconde Guerre mondiale dans la marine, terminant comme capitaine de vaisseau et commandant du bâtiment *Cape Johnson.* Le *Cape Johnson* naviguait dans le Pacifique Sud et, parallèlement à des missions d'ordre militaire, levait la carte bathymétrique de cette région. C'est au cours de ces missions que Harry Hess se familiarisa avec la morphologie du fond des océans, qu'il s'agisse des dorsales, des fosses et des « guyots », et qu'il commença, en géologue, à s'interroger sur leurs origines respectives. S'intéressant particulièrement aux « guyots », édifices volcaniques sous-marins à sommet plan, il proposa en 1948 une hypothèse sur leur origine. Certains verront en elle les germes précoces du *sea floor spreading*. Les guyots, dit Hess, sont des volcans aériens qui prennent naissance sur les dorsales océaniques. L'érosion par les vagues les amène à être tronqués horizontalement à leur sommet, puis ils « glissent » lentement le long des dorsales et disparaissent dans l'océan. Il attribuait à ce processus une durée importante et pensait que les guyots du Pacifique étaient probablement précambriens, c'est-à-dire âgés de plusieurs milliards d'années. La découverte de fossiles crétacés (– 130 MA) à leur base dans les années 1950, en détruisant son échelle de temps, enterra aussi sa théorie. Hess ne cessa pourtant de s'intéresser à l'océan et aux roches que l'on y drague. Il étudia plus particulièrement le problème de la serpentine, minéral vert chatoyant qui résulte de l'interaction de l'eau avec les péridotites. L'évocation de ces péripéties n'est pas inutile si l'on veut bien comprendre la démarche suivie par Hess dans son article de 1962. Voyons-en le contenu.

Hess admet que le manteau terrestre est parcouru de larges *mouvements de convection*, les parties montantes ayant pour manifestation de surface les dorsales médio-océaniques, les

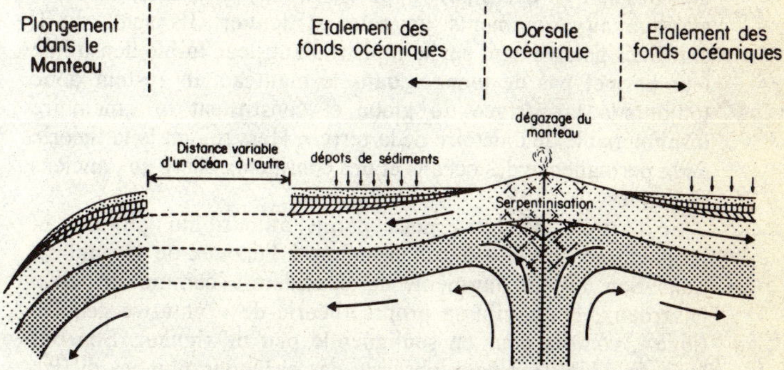

FIG. 22. – La représentation de Hess de l'expansion des fonds océaniques est dessinée à l'échelle d'un seul océan. On constate qu'au niveau de la dorsale océanique Hess concevait l'existence d'une zone de serpentinisation où l'eau expulsée du manteau réagit avec le matériel ultrabasique pour donner naissance à de la serpentine. Il attribuait à ce phénomène les différences observées entre les vitesses de propagation des ondes sismiques de type (P). On notera que sur le tapis roulant se déposent des sédiments. Après une certaine distance variable, représentée ici par les pointillés, le tapis roulant plonge dans le manteau (d'après le schéma de Hess adapté).

parties descendantes se situant au niveau des grandes fosses océaniques qui bordent certains océans comme le Pacifique. Le plancher océanique, formé *au niveau des dorsales,* dérive systématiquement de part et d'autre de ces dernières, puis *s'engloutit* dans le manteau au niveau des fosses. Le plancher des océans est donc un *tapis roulant* continuellement recyclé dans le manteau. Utilisant les premières données de stratigraphie marine, Hess attribue à la dérive du plancher océanique une vitesse de 1 cm/an (Wegener envisageait des vitesses dix fois supérieures!). Cette expansion continuelle lui permet d'expliquer à la fois le relief considérable que constituent les dorsales océaniques explorées par Bruce Heezen et Maurice Ewing, et les énormes quantités de chaleur dégagées à cet endroit et mesurées par Bullard, Maxwell et Revelle, de la Scripps, dès 1956, ainsi que la migration des guyots.

En effet, s'il y a expansion, la zone où elle se produit doit être une bosse, correspondant aux flux de matière chaude venant des profondeurs. S'il y a montée de matière chaude vers la surface pour fabriquer le fond des océans, cette matière transporte avec elle de la chaleur. On comprend donc que le flux de chaleur des dorsales soit en excès par rapport à la moyenne terrestre. Hess attribue aux continents un rôle particulier. Ils sont, dit-il, entraînés passivement sur le tapis roulant, leur faible densité ne leur permet pas de plonger dans le manteau, ils restent donc toujours à la surface du globe et constituent la « mémoire insubmersible de l'histoire de la terre ». Hess rejoint là la théorie de la permanence des océans et des continents chère aux anciens géologues.

Si l'article de Hess nous paraît aujourd'hui profond et prophétique, il n'en fut pas de même à l'époque de sa publication. Son auteur lui-même le considérait comme un essai hasardeux. Il qualifia sa propre théorie de « tentative géopoétique », comme pour en souligner le peu de rigueur. Son but était de déchiffrer deux observations océanographiques difficilement explicables par les théories courantes : l'absence de roches océaniques très anciennes, d'une part (les dragages dans les océans n'ont jamais ramené de roches datant d'une époque antérieure au jurassique); la faible épaisseur des séries sédimentaires océaniques, d'autre part. Des millions d'années d'érosion continentale ont nécessairement donné naissance à des quantités colossales de sédiments. Où sont-ils donc passés? La théorie du tapis roulant fournit une réponse unique aux deux questions. Les vieilles roches océaniques, comme les anciens sédiments ne se sont pas accumulés à la surface, mais ont été entraînés au niveau des fosses océaniques dans le manteau, et ont donc disparu de la surface terrestre.

L'extrême prudence de Hess dans l'exposé de sa théorie se reflète aussi dans le style de publication qu'il choisit. Il ne soumit pas son article à un journal à large diffusion, mais le fit figurer dans un livre jubilaire dédié à un ami, où le contrôle de publication pouvait être moins sévère. Il fit circuler parallèlement une grande quantité de prétirages afin de tester les réactions de la communauté géologique américaine. Cet accueil réservé, mêlé d'inertie, fut tel que Dietz put publier avant Hess un article dans lequel il développa des idées analogues. Dietz reconnaîtra d'ailleurs sportivement qu'il avait eu connaissance du manuscrit de Hess et que l'antériorité ne lui appartenait pas, mais il sera mal récompensé de son honnêteté, car son nom disparaîtra peu à peu de la liste des créateurs du *spreading,* alors que son article, apparemment analogue, se révèle finalement *très différent* de celui de Hess.

C'est lui, Dietz, qui pour la première fois émet l'expression de *sea floor spreading,* mais, plus encore, c'est lui qui réalise que l'unité mécanique qui dérive latéralement n'est pas la croûte océanique, mais une couche beaucoup plus épaisse qu'il appelle la lithosphère. Nous verrons qu'il y avait là, en germe, ce que l'on appellera bientôt la tectonique des plaques. Mais n'anticipons pas : le souci de simplifier, de vouloir identifier l'unique auteur d'une découverte, conduit toujours à défigurer une réalité bien plus complexe. Dans le cas présent, soulignons qu'il serait injuste d'oublier le nom de R. Dietz.

Quoi qu'il en soit, la théorie développée par Hess et Dietz ne rencontre que scepticisme. Seul Tuzo Wilson épouse la nouvelle théorie en proposant un argument nouveau. Il soutient que l'âge des îles océaniques croît avec leur distance par rapport à la dorsale. Plus elles en sont éloignées, plus elles sont anciennes. C'est donc la preuve qu'elles se sont formées au niveau de la dorsale et qu'elles en ont dérivé avec le tapis roulant océanique. Paradoxalement, ce ralliement ne fait que renforcer le scepticisme général. Tuzo Wilson a en effet été successivement le champion inconditionnel de la contraction thermique du globe, multipliant les arguments structuraux en sa faveur, puis le défenseur intransigeant de la théorie de Carey suivant laquelle le globe se dilaterait avec le temps, provoquant ainsi l'écar-

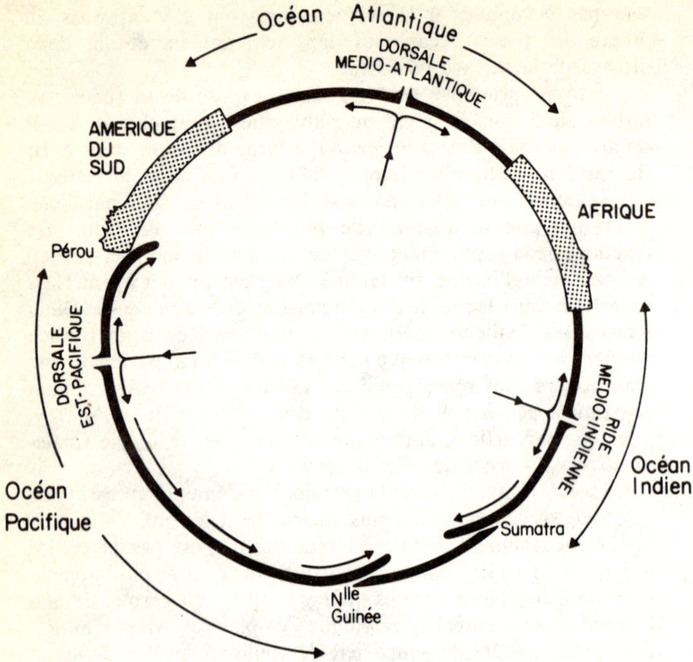

FIG. 23. – Voici comment, à l'échelle du globe, se présente la disposition relative des zones d'expansion des dorsales et des zones de subduction. Il s'agit ici d'une coupe schématique à peu près équatoriale. On notera que dorsales et subduction n'alternent pas d'une manière régulière mais se combinent à l'échelle du globe avec une certaine « fantaisie ».

tement des continents. Or la communauté scientifique a tendance à se méfier de ceux des siens qui changent trop souvent d'opinion et qui paraissent attirés par la nouveauté à tout prix. Dans le cas d'espèce, cette méfiance était renforcée par l'association Hess-Wilson. Comme Wilson, Hess avait souvent été engagé dans des théories hasardeuses; nous avons déjà évoqué celle des guyots, ses idées sur la genèse des montagnes ne l'étaient pas moins : il avait été amené à nier l'existence de ces « associations ophiolitiques » sur lesquelles nous reviendrons...

La conjonction de ces deux aventureux de la Science n'était

pas de nature à convaincre une communauté scientifique antidériviste et conservatrice. Pourtant, tous deux cheminaient dans la bonne direction et, après des années d'errance, avaient enfin découvert une piste solide.

La peau de zèbre

L'étude du champ magnétique terrestre, à l'origine de deux découvertes inattendues que nous avons déjà évoquées, va nous en apporter une troisième dans le domaine marin.

Dès l'après-guerre, quand l'océanographie moderne prit son essor, il fut décidé de dresser la carte du champ magnétique terrestre dans les océans. Pour ce faire, les océanographes prirent l'habitude de traîner des magnétomètres derrière leurs bateaux – afin de les éloigner des risques de perturbations magnétiques, métalliques et électriques dus aux navires eux-mêmes – et d'enregistrer en continu le champ magnétique au long de leurs traversées. Ces milliers de mesures magnétiques furent reportées sur une carte afin d'en donner une représentation géographique. En fait, on ne fit pas figurer sur ces cartes les valeurs du champ magnétique lui-même, mais celles des anomalies du champ qui expriment, nous l'avons vu, les différences entre champ mesuré et champ théorique. Cette représentation a l'avantage de permettre une comparaison des diverses régions du globe sans qu'on ait trop à se soucier de leur latitude, ce qui est particulièrement utile pour étudier la dérive.

Les océanographes dressent donc des cartes des anomalies magnétiques marines qui restent longtemps extrêmement mystérieuses, sans aucune régularité, ne permettant pas d'établir une liaison entre anomalies magnétiques mesurées et autres propriétés de l'océan, comme la bathymétrie ou l'éloignement des côtes. Pourtant, vers les années 1955, grâce à l'accumulation de données, des régularités commencent à émerger de ces graphismes.

Victor Vacquier et Bill Menard, de la Scripps, observent que lorsqu'on franchit les grandes zones de fractures du Pacifique Ouest (Clipperton, Seqiero, Mendocino), on perd l'anomalie magnétique que l'on suivait d'un côté de la faille. Une cartographie minutieuse montre que les anomalies se retrouvent de part et d'autre de la faille, mais décalées horizontalement. L'équipe de Vacquier (notamment Mason) met en évidence un autre fait beaucoup plus curieux : on peut définir des bandes d'anomalies positives (c'est-à-dire dans lesquelles le champ est supérieur au champ magnétique théorique) et des bandes d'anomalies négatives. Dans certaines régions de l'océan, ces bandes alternent régulièrement. Si l'on représente en noir les anomalies positives et en blanc les anomalies négatives, la carte apparaît alors comme une véritable peau de zèbre. Dans l'environnement des zones de fractures, cette « peau de zèbre » est déchirée et décalée.

Les magnéticiens marins découvrent alors un nouveau fait. Lorsqu'on s'approche d'une dorsale océanique – dorsale Est-Pacifique ou dorsale médio-Atlantique –, on constate que les bandes noires et blanches sont disposées parallèlement à l'axe de cette dorsale. En y regardant de plus près, il existe non pas seulement un parallélisme, mais une symétrie par rapport à l'axe de la dorsale. Si la dorsale correspond à une bande noire, les deux bandes adjacentes sont blanches, puis les suivantes noires, etc.

Comment interpréter ces étranges graphismes?

Le Canadien Morley d'une part, les Anglais Vine et Matthews de l'autre, eurent alors l'idée de rapprocher trois résultats qui, à première vue, semblaient fort éloignés les uns des autres :

– l'interprétation donnée par Matuyama des anomalies magnétiques des coulées volcaniques;

– l'échelle des inversions du champ magnétique terrestre établie par Cox et ses collègues;

– l'hypothèse de l'expansion des fonds océaniques de Hess.

Le champ magnétique mesuré en un point résulte de l'addition du champ global, créé par le dipôle interne, avec les champs magnétiques locaux dont la source se situe vers la surface. Il est donc naturel d'admettre que le champ magnétique mesuré en mer résulte de la superposition du champ global et de celui créé localement par le plancher océanique. Or, ce plancher est constitué de basaltes qui, nous l'avons vu, ont la propriété de fossiliser le champ magnétique régnant au moment de leur refroidissement : ainsi les basaltes nés entre 0 et – 0,6 million d'années (époque de Brunhes), ont enregistré un champ d'orientation dite normale, ceux qui ont cristallisé entre – 0,6 et – 2,4 millions (époque dite de Matuyama) ont enregistré une aimantation inverse, et ainsi de suite.

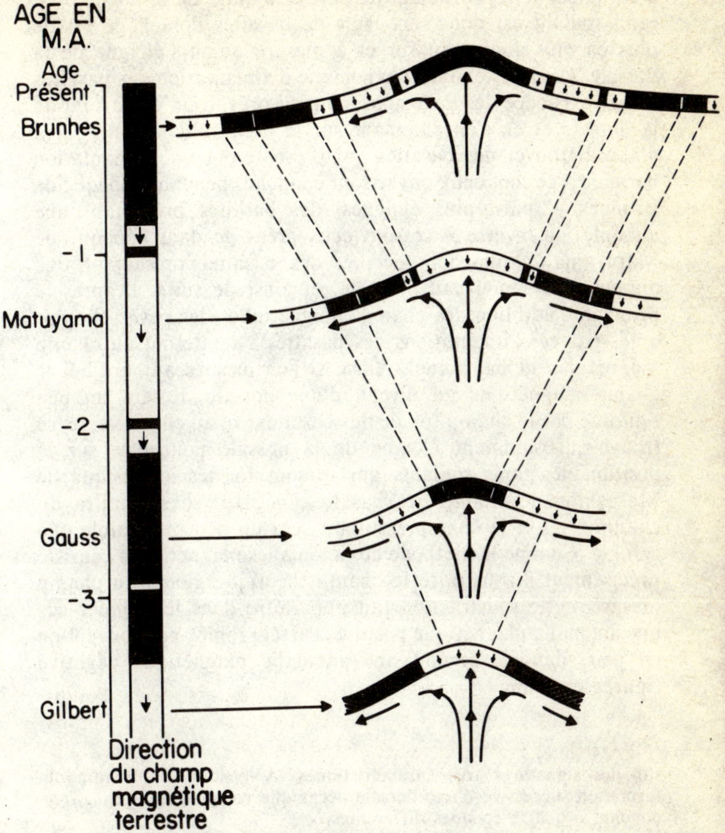

FIG. 24. – Ce schéma est très important car il montre comment le plancher océanique s'aimante tantôt positivement, tantôt négativement suivant l'époque où il se forme. A droite, verticalement, nous avons représenté l'échelle des inversions déterminée par Cox, Doell, Dalrymphe, McDougall et Chamalaum, pour les quatre derniers millions d'années. Comme nous l'avons déjà souligné, il existe de grands épisodes pendant lesquels la direction du champ magnétique terrestre est constante. A l'intérieur de ces épisodes, il existe de petits événements au cours desquels l'orientation est différente. Ces petits épisodes ont bien

D'après Hess, la propriété fondamentale des dorsales est de fabriquer continuellement des coulées basaltiques qui dérivent aussitôt sur le tapis roulant de part et d'autre de la dorsale. Le tapis roulant est donc recouvert de basaltes dont l'âge est de plus en plus ancien au fur et à mesure qu'on s'éloigne de la dorsale. Compte tenu du phénomène d'aimantation des basaltes et de l'existence des inversions, on peut prévoir qu'en partant de la dorsale et en s'en éloignant sur le tapis roulant, on pourra d'abord trouver des basaltes qui présenteront une aimantation normale – ce sont ceux qui se sont épanchés pendant l'époque de Brunhes –, puis, plus éloignés, des basaltes présentant une aimantation inverse – ce sont ceux créés pendant l'époque de Matuyama –, plus loin encore, des basaltes présentant une aimantation à nouveau normale, et ainsi de suite. D'après le principe d'addition des champs magnétiques, les petits champs créés par ces aimantations des basaltes s'ajouteront au champ magnétique global actuel. Ainsi, si l'on mesure aujourd'hui le champ magnétique au niveau d'une dorsale, il sera un peu renforcé par le champ fossile des basaltes; si, au contraire, on se trouve suffisamment éloigné de la dorsale pour être sur la position des tapis roulants qui se sont formés à l'époque de Matuyama, le champ des basaltes, négatif, se soustraira du champ total et le champ résultant sera un peu plus faible que celui-ci. Comme la méthode des anomalies magnétiques consiste précisément à soustraire le champ théorique global du champ mesuré, cette soustraction fait apparaître dans le premier cas une anomalie magnétique positive, cartographiée par convention en noir, dans le second une anomalie magnétique négative figurée en blanc [1].

(Fig. 24 suite).
sûr des signatures très caractéristiques. A gauche, on imagine la formation successive d'une dorsale océanique en quatre étapes correspondant à quatre époques différentes.
(Lorsque l'aimantation des basaltes est normale, c'est-à-dire analogue à celle du champ magnétique actuel, la couleur est noire, lorsque l'aimantation des basaltes est inverse, la couleur est blanche.) On pourra voir à l'aide de cette représentation que le fond océanique est un *enregistrement horizontal* de l'échelle *temporelle* des inversions.

---

1. Sauf au voisinage de l'équateur magnétique où le phénomène est plus compliqué, par suite de la disposition des lignes de forces magnétiques à cet endroit.

D'après Morley, Vine et Matthews, la peau de zèbre est la « projection » horizontale sur le tapis roulant de l'échelle des inversions du champ magnétique terrestre. La création continue de basalte au niveau des dorsales et sa dérive symétrique sur le tapis roulant permet d'enregistrer de manière continue ces fluctuations du champ magnétique. Le plancher océanique est une mémoire de l'histoire du champ magnétique terrestre. L'interprétation de Vine, Matthews et Morley conforte donc la théorie de l'expansion des fonds océaniques de Hess et Dietz.

Nous venons de parler de l'interprétation de Vine, Matthews et Morley. Pourtant, dans tous les ouvrages classiques sur la question (à l'exception de ceux de Wyllie), on parle d'anomalies de Vine et Matthews. De nombreux prix scientifiques ont été décernés à Vine et Matthews, jamais à Morley. La mémoire scientifique serait-elle sélective?

Pour comprendre un tel oubli, arrêtons-nous un instant sur cet aspect fondamental de la vie scientifique que sont les publications. Lorsqu'un scientifique a accompli un travail original, il a le devoir de le faire connaître – on pourrait presque dire qu'il est payé pour cela. Il écrit donc un article et le soumet à un journal spécialisé. Comme toute entreprise d'édition, le journal a un rédacteur en chef et des « lecteurs » officiels. Le rôle des « lecteurs » est de dire si l'article peut être publié tel quel, s'il doit être modifié avant publication ou s'il faut le rejeter. Le rôle du rédacteur en chef est de choisir les lecteurs parmi les scientifiques compétents dans un domaine donné, de recueillir leur avis, puis de synthétiser ces avis et de prendre la décision finale d'imprimer ou de ne pas imprimer. Cette décision n'est pas un fait du prince, mais résulte de l'opinion des « lecteurs ». Ainsi, si trois lecteurs émettent un avis négatif, le rédacteur en chef ne peut que rejeter l'article; s'ils donnent un avis positif, il ne peut que l'accepter. Son rôle d'arbitre n'intervient que dans les cas douteux et dans le cas important où celui qui a soumis l'article conteste l'opinion des lecteurs. L'éditeur procède en ce cas à une contre-expertise. La personnalité et la qualité du ou des rédacteurs en chef dépendent souvent du niveau de la revue. Les grandes revues internationales ont pour rédacteurs en chef des scientifiques de renom, les revues plus modestes, des rédacteurs moins reconnus. Les lecteurs sont des membres de la communauté scientifique choisis pour leur compétence, ce sont des « pairs » – d'où le nom du système : lecture par ses pairs (*peer review system*).

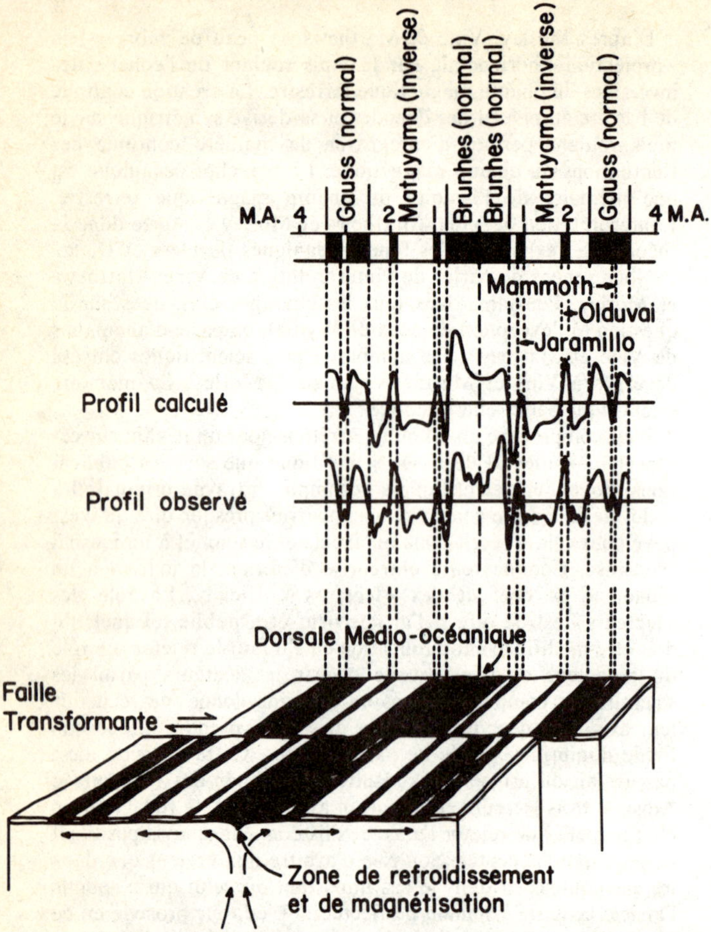

FIG. 25.– Nous faisons un pas dans la compréhension des anomalies magnétiques. En chaque point on calcule la différence entre le champ moyen et le champ local. On peut comparer le profil déduit des observations avec le profil qu'on peut calculer à partir d'une série de bandes magnétiques alternativement aimantée vers le haut et vers le bas. En référence, vers le haut, l'échelle des inversions, vers le bas, le plancher océanique de part et d'autre d'une dorsale. Le schéma a été compliqué par l'existence d'une faille transformante dont nous allons comprendre la signification (figure d'après le dessin original de F. Vine).

Dans quatre-vingt-dix pour cent des cas, le système fonctionne extrêmement bien. Il joue son rôle de filtre, contribue à améliorer la qualité des articles en obligeant l'auteur à clarifier ou à améliorer sa présentation, évite le gaspillage financier qui résulterait d'un système de publication incontrôlée – gaspillage au niveau de l'impression et de l'achat, mais aussi au niveau des heures de lectures inutiles en une époque caractérisée par la multiplication des publications. Ainsi, l'acceptation d'un article dans une très bonne revue peut passer pour un indice de qualité scientifique.

Mais, comme dans la plupart des sytèmes de filtrage, il existe un certain pourcentage d'accrochages, d'erreurs, d'accidents regrettables. Il arrive que les trois lecteurs commettent simultanément une erreur de jugement et rejettent un article important ; il arrive aussi – plus rarement – que des lecteurs indélicats retardent un article pour pouvoir faire publier préalablement leurs propres résultats sur le même sujet. Malheureusement, lorsqu'on parle du *peer review system,* on évoque toujours ces cas accidentels qui ne sont qu'une minorité, et l'on omet de préciser que le système est globalement bon.

Le « cas Morley » est un exemple d'accident du système. Au début de 1963, Morley soumet un mémoire exposant sa théorie à la revue anglaise *Nature.* Après avis de lecteurs qualifiés, l'article est refusé. Il soumet alors son manuscrit au *Journal of Geophysical Research* américain ; nouveau refus. Fred Vine et Drumond Matthews soumettent leur article, vers la mi-1963, à la revue *Nature* : il est aussitôt accepté et publié fin 1963. On accepte alors de publier l'article de Morley, avec La Rochelle comme associé, mais il ne paraîtra qu'en 1964, laissant l'antériorité de la découverte à Vine et Matthews !

Sans être excusable, le refus de l'article de Morley peut se comprendre si l'on se souvient qu'à l'époque, l'interprétation de la peau de zèbre était considérée par la *majorité* des chercheurs comme non fondée ; pour l'opinion moyenne de la communauté scientifique d'alors, c'est l'acceptation immédiate de l'article de Vine et Matthews qui put paraître miraculeuse. En fait, la théorie de Vine, Matthews et Morley ne va pas être avalisée d'emblée par le monde scientifique.

L'opposition vient d'abord des magnéticiens marins eux-mêmes et des puissantes équipes océanographiques du Lamont Geological Observatory et de la Scripps Institution. Leurs arguments négatifs peuvent se ranger en deux catégories. Pour beaucoup d'hommes qui ont réalisé la carte magnétique des océans du globe et qui en connaissent la généralité et la complexité, la peau de zèbre est un phénomène rare. Dans l'Atlantique ou dans le Pacifique central, par exemple, les anomalies magnétiques ne dessinent pas une figure aussi simple. Pour l'équipe du Lamont qui, à la suite de Maurice Ewing, cherche à percer le mystère des dorsales médio-océaniques et d'abord celle de l'Atlantique, l'examen détaillé de cette dernière fait apparaître un fait beaucoup plus fondamental que la peau de zèbre : la différence d'aspect entre les anomalies magnétiques centrales et les anomalies situées sur les flancs des dorsales. Alors que les premières sont nettes avec des fluctuations sériées, les secondes sont de moins en moins amples au fur et à mesure qu'on s'éloigne de la ride, et leurs fluctuations de plus en plus espacées. Jim Heirtzler, Walter Pitmann, Manik Talwani et Xavier Le Pichon écrivent ainsi en 1966 un article de synthèse sur les anomalies magnétiques marines où, sans proposer de solution de remplacement, ils réfutent l'hypothèse de Vine, Matthews et Morley. En 1967, dans sa thèse soutenue à Strasbourg mais préparée à Lamont, Xavier Le Pichon conclut en affirmant que son travail démontre clairement que la théorie du *sea floor spreading* est fausse ! Les spécialistes de la Scripps sont non moins sceptiques dans leurs interventions lors de réunions ou de séminaires scientifiques locaux. Le reste de la communauté géophysique ou géologique met en doute la validité des observations elles-mêmes. Les anomalies magnétiques utilisées ne le sont qu'après un traitement préalable dont la légitimité n'apparaît pas clairement au non-spécialiste. Celui-ci remarque simplement que la mesure brute sortie du magnétomètre sous forme d'enregistrement graphique a un aspect fort compliqué. La symétrie de tels enregistrements par rapport à la dorsale n'est pas claire. A l'inverse, les anomalies magnétiques obtenues après diverses corrections deviennent simples, claires, symétriques. Pour beaucoup, ces traitements – pourtant indispensables et parfaitement licites – apparaissent comme des « manipulations de données » douteuses...

Les failles transformantes

La conversion des géophysiciens marins va pourtant s'opérer très vite, sous l'influence de deux articles du Canadien Tuzo

Wilson et de Fred Vine lui-même. Ceux-ci viennent de séjourner à Princeton et d'y parler longuement entre eux et avec Harry Hess. Le premier article, signé Tuzo Wilson, paru dans la revue *Nature,* développe le concept de *failles transformantes.* Nous avons déjà évoqué l'existence dans l'océan de ces zones de fractures pouvant aller jusqu'à mille kilomètres, marquées par des accidents morphologiques et qui décalent les linéations magnétiques. L'interprétation de Vine, Matthews et Morley amène à concevoir pour ces failles des décalages horizontaux considérables et ce, sur des distances de l'ordre du millier de kilomètres. Elles apparaissent donc comme des témoignages de mouvements relatifs de morceaux d'océan les uns par rapport aux autres. Comment les intégrer dans le schéma du *sea floor spreading*?

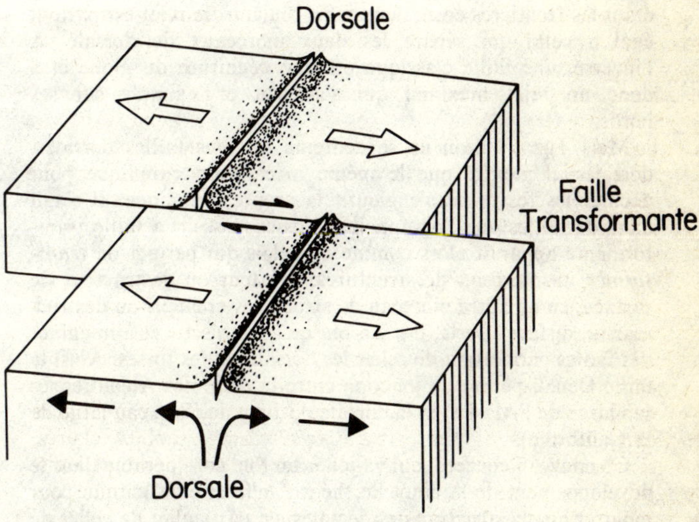

FIG. 26. – Une faille transformante dite dorsale-dorsale est représentée par un bloc diagramme. On notera que dans la zone située entre les deux dorsales il existe une différence de direction entre les mouvements du plancher océanique existant de part et d'autre de la faille. Dans cette zone au niveau de la faille, il existe un « couple cisaillant ». Par contre, à l'extérieur de cette zone, les directions de mouvement sont parallèles et de même sens de part et d'autre de la faille.

Wilson propose de considérer ces failles non plus sous un aspect statique, mais dynamique. Prenons ainsi l'exemple d'une dorsale décalée par une faille transformante. Dans le domaine compris entre les deux dorsales, les deux lèvres de la faille s'écartent continuellement. Deux observateurs fixes plantés de part et d'autre de la faille à ce niveau s'éloigneraient indéfiniment l'un de l'autre. Par contre, dès que l'on se trouve dans les domaines « externes » par rapport aux dorsales, le rejet reste constant au cours du temps. Deux observateurs placés au même instant de part et d'autre de la faille voyageraient de concert tout au long de l'épisode du *spreading.*

Cette nouvelle classe de failles a la propriété, à première vue singulière, d'être active sur une partie de son tracé et d'avoir un « rejet » (décalage) constant sur le reste de son tracé. Ainsi, par exemple, les dorsales médio-océaniques sont décalées en une suite de segments discontinus reliés par des fractures; ces failles étant les frontières entre deux tapis roulants, le rejet est partout égal à celui qui sépare les deux morceaux de dorsale. A l'inverse, une faille classique est une déchirure du globe et a donc un rejet maximal qui s'amortit et s'annule sur ses bords.

Mais Tuzo Wilson ne se contente pas des failles dorsales-dorsales, il montre que le même mécanisme s'applique pour décaler les fosses où s'engloutit la croûte océanique. Il s'agit alors de failles que l'on appellera fosses-fosses. La faille transformante apparaît alors comme un relais qui permet de *transformer* un morceau de structures, créateur ou destructeur de surface, en un autre morceau de structures créateur ou destructeur de surface. De là, il n'y a plu qu'à « croiser » et à imaginer des failles permettant de relier les dorsales et les fosses. Ainsi la faille Denali permet la jonction entre la fosse des Aléoutiennes (au large de l'Alaska) et la dorsale de Juan de Fuca (au large de la Californie).

Ce nouveau concept, qui va jouer un rôle considérable dans le développement de la nouvelle théorie, n'intervient ici que pour montrer que la structure des dorsales, en particulier de celles de l'Atlantique, est très complexe, avec de nombreux décalages, et qu'en conséquence les peaux de zèbre n'apparaissent que si les relevés magnétiques sont suffisamment détaillés. On conçoit donc qu'en général ces relevés ne puissent toujours apparaître comme des décalques de peaux de zèbre. Grâce à ce concept, Wilson réfutait les objections de l'équipe de Lamont.

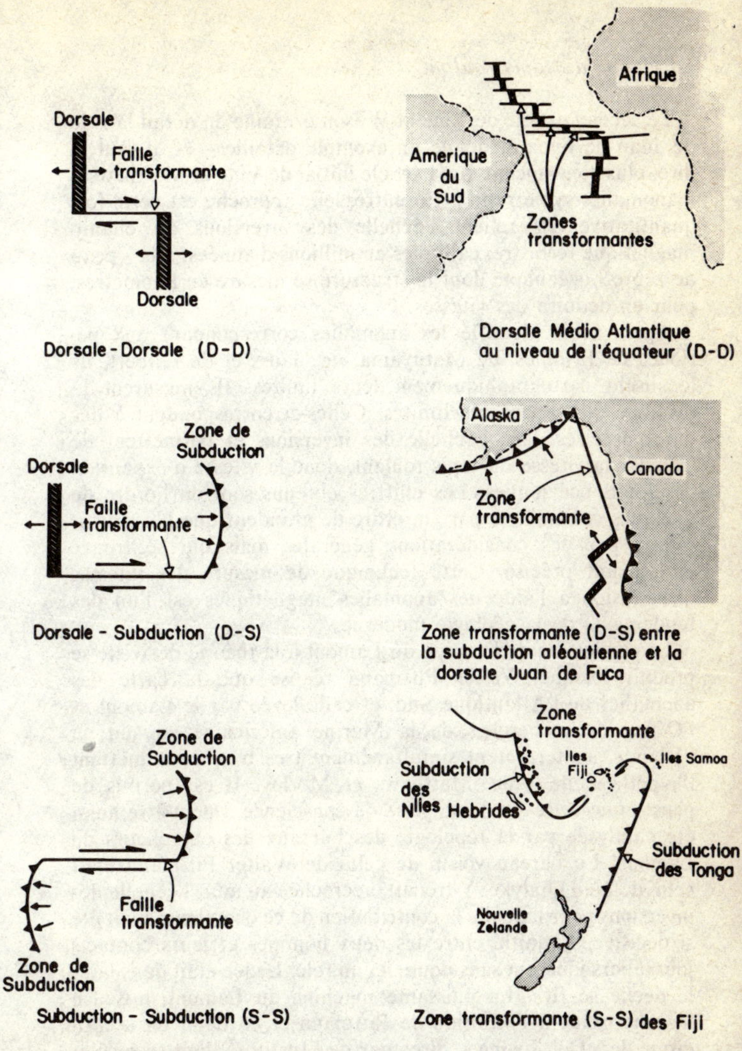

FIG. 27. – Divers types de failles transformantes d'après Tuzo Wilson. Pour chaque cas nous avons dessiné à droite un exemple réel illustrant les divers cas théoriques dessinés dans la partie de gauche.

La vitesse du tapis roulant

Le second article de Vine et Wilson examine en détail la ride de Juan de Fuca et donne un exemple détaillé – et, il faut le dire, plus convaincant que l'article initial de Vine et Matthews – d'anomalies symétriques. En outre, leur approche est cette fois quantitative. Ils relient l'échelle des inversions du champ magnétique terrestre, calibrées en millions d'années, à la « peau de zèbre » océanique dont la structure se mesure en kilomètres, pour en déduire des vitesses.

Après avoir identifié les anomalies correspondant aux périodes de Brunhes, de Matuyama, de Gauss et de Gilbert, ils localisent cartographiquement leurs limites. Ils mesurent la distance qui sépare ces limites. Celles-ci correspondent à des dates précises dans l'échelle des inversions et permettent de calculer la vitesse du tapis roulant, donc la vitesse d'expansion des fonds océaniques. Les chiffres obtenus sont de l'ordre de quelques centimètres par an, ordre de grandeur que Hess avait estimé par des considérations générales mais qui se trouve maintenant précisé. Cette technique de mesure des vitesses d'expansion à l'aide des anomalies magnétiques est l'un des fondements de la géologie moderne.

La conversion de l'équipe du Lamont à la théorie dériviste se produit lorsque Walter Pittmann réalise que la carte des anomalies de l'Atlantique Sud, et celle levée par le Lamont et l'Office de recherches de la Marine américaine au sud de l'Islande, s'interprètent simultanément très bien en admettant l'hypothèse de Vine, Matthews et Morley. Il est permis de penser que cette soudaine prise de conscience a peut-être aussi été catalysée par la topologie des bureaux des chercheurs du Lamont! Le bureau voisin de celui de Walter Pittmann était celui de Neil Opdyke. Y trônait, accrochée au mur, l'échelle des inversions pour laquelle la contribution de ce chercheur avait été si décisive. L'amitié entre les deux hommes et leurs contacts journaliers jouèrent sans doute ici un rôle. L'idée était dans l'air, le déclic se fit... La puissante machine du Lamont, mise en marche grâce à l'intuition de Pittmann et en dépit du scepticisme de « Doc Ewing », directeur de l'Institut, allait se révéler d'une remarquable efficacité dans l'exploitation de la chronologie magnétique. Après avoir accumulé des milliers de kilomètres

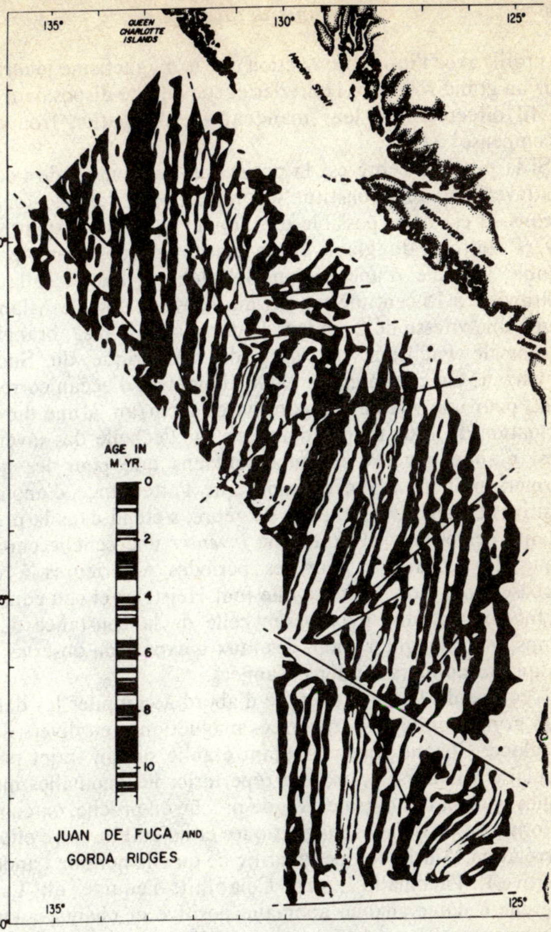

FIG. 28. – Cette carte magnétique est extrêmement célèbre car elle concerne la zone de dorsale de Juan de Fuca et de Gorda qui a permis à Vine et à Wilson de mettre en évidence la structure magnétique détaillée d'une zone océanique. On a figuré en regard l'échelle des inversions magnétiques qui permet donc de dater les diverses anomalies cartographiques dans l'océan. On remarquera l'existence de failles nombreuses.
Sans une cartographie magnétique détaillée, la complexité créée par les failles ferait disparaître totalement toute régularité. On voit à la fois la complexité magnétique des océans et la clé pour les décoder (figure d'après F. Vine).

de profils avec l'intime conviction que le magnétisme jouerait un jour un grand rôle, Jim Heirtzler et son équipe disposaient enfin du fil directeur qui leur manquait. L'abnégation trouvait sa récompense !

Si la peau de zèbre est la projection horizontale de l'échelle des inversions, elle constitue un moyen pour *dater* le fond des océans. Il est donc possible d'examiner le taux d'expansion en divers endroits du globe et de constater que, d'une part, il semble variable d'une région du globe à l'autre, allant du centimètre à 15 centimètres par an. Ainsi, la dorsale Atlantique Sud a une vitesse de 2 cm/an ; la dorsale de Nazca, branche de la dorsale Pacifique au large de l'Amérique du Sud, de 12 cm/an ! On constate que 2 000 kilomètres d'océan correspondent, pour une vitesse d'expansion de 2 cm/an, à une durée de formation de 100 millions d'années. Or l'échelle des inversions n'est établie par les paléomagnéticiens que pour les quatre derniers millions d'années, alors que l'alternance d'anomalies positives et négatives, la peau de zèbre, s'étend dans la presque totalité des océans. Il faut donc *inventer* une échelle chronologique des inversions pour les périodes antérieures à celles proposées par Cox. C'est ce que font Heirtzler et son équipe en se fondant sur une hypothèse : celle de la constance dans le temps, pour chaque région, des taux d'expansion observés pour les quatre derniers millions d'années.

L'équipe du Lamont cherche d'abord à compiler les données d'un grand nombre de traversées magnétiques en divers océans du globe. Chaque traversée étant établie sur un trajet perpendiculaire à la dorsale, on peut répertorier les anomalies magnétiques partant des dorsales, et, de proche en proche, on compare la forme des anomalies magnétiques et on établit entre elles une corrélation. Ainsi l'équipe identifie ce qu'elle nomme l'anomalie positive 1, l'anomalie 2, etc. Cela fait, l'équipe du Lamont cherche à dater chaque anomalie positive et chaque anomalie négative par les méthodes stratigraphiques, là où cela s'avère possible. Lorsqu'on a la chance de ramasser un sédiment au contact du basalte, on peut, à l'aide des fossiles qu'il contient, lui attribuer un âge stratigraphique (éocène, oligocène, miocène, etc.). La chronologie absolue permettant d'établir la correspondance entre les époques géologiques et l'échelle chronologique exprimée en millions d'années, on peut, à l'aide des fossiles, obtenir l'âge des sédiments, donc des basaltes sous-jacents.

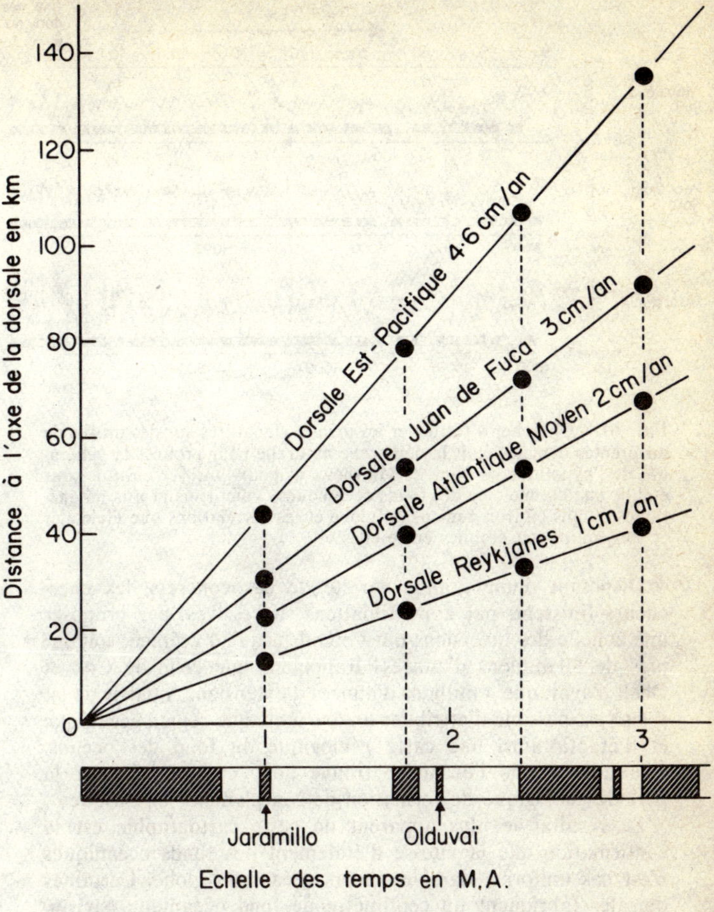

FIG. 29. – Chaque anomalie océanique située dans l'entourage d'une dorsale peut être de proche en proche identifiée et on peut, à l'aide de l'échelle des inversions, lui attribuer un âge. Pour chaque dorsale on peut mesurer la distance qui sépare une anomalie donnée du centre de la dorsale et dessiner un graphique Age-Distance. Un tel graphique a été dessiné pour diverses dorsales. La distance parcourue par unité de temps est une vitesse, la vitesse de « spreading ». Le graphique met en évidence l'existence de vitesses de spreading variables pour différents océans, pour différentes dorsales.

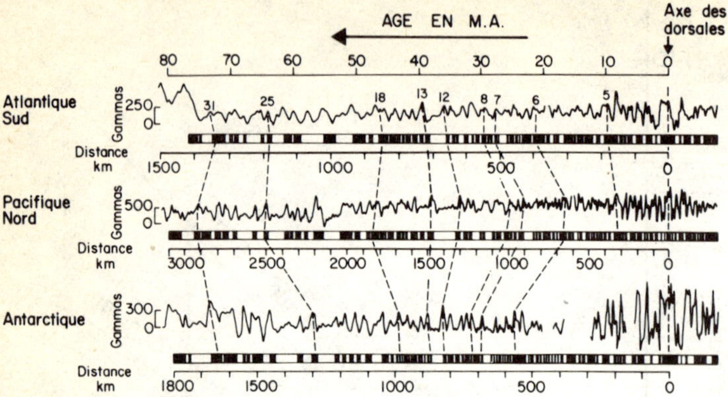

FIG. 30. – Chercher à retrouver les mêmes signatures sur des profils de différentes dorsales était la démarche naturelle pour prouver la généralité de l'hypothèse de Vine et Matthews et pour l'utiliser ensuite pour établir une chronologie des fonds océaniques. Voici trois profils magnétiques établis en trois régions du globe et les corrélations que Heirtzler et son équipe ont établies entre elles.

Disposant d'une grande variété de cas concrets, les chercheurs finissent, par approximations successives, par proposer une échelle des inversions qui s'étend jusqu'au crétacé, soit sur plus de 80 millions d'années! Rappelons que celle de Cox et Doell n'avait que 4 millions d'années d'extension. A partir de là, il leur est possible d'attribuer un âge à chaque région océanique et d'établir ainsi une carte géologique du fond des océans. Chaque zone de l'océan se trouve donc caractérisée par la période géologique de formation de son plancher basaltique.

Le résultat le plus apparent de cette cartographie est la confirmation que la vitesse d'étalement des fonds océaniques n'est pas uniforme dans les divers océans du globe. Certaines dorsales fabriquent un centimètre de fond océanique par an, d'autres le font à des vitesses allant jusqu'à 12 cm/an. Il existe donc des dorsales lentes et des dorsales rapides. Les divers tapis roulants existant à la surface de la Terre n'ont pas la même vitesse de déroulement. L'espacement des bandes de la peau de zèbre traduit ces différences de vitesses. Ainsi, l'Atlantique Nord-Est est un océan lent, dont les vitesses d'expansion sont de un ou deux centimètres par an; la zone de la dorsale du

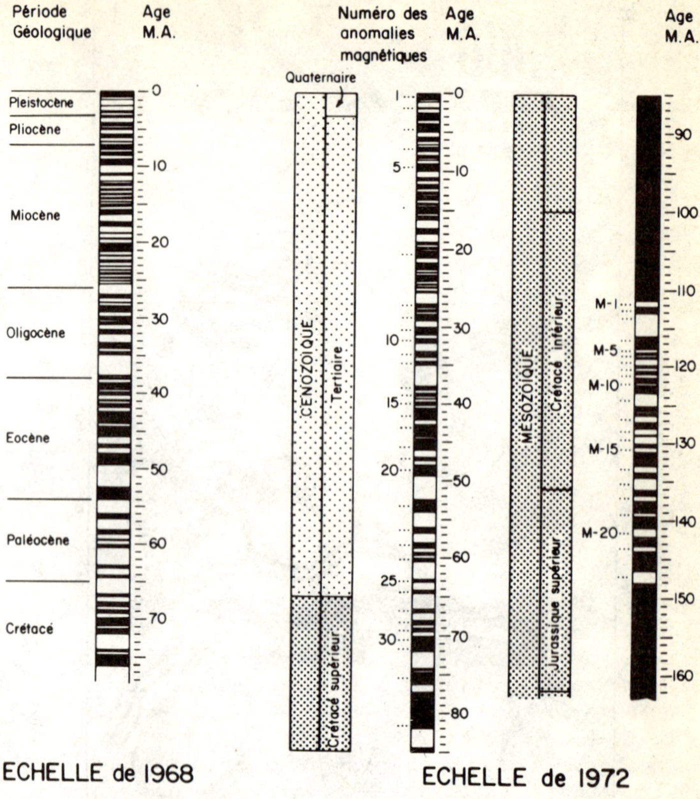

FIG. 31. – A l'aide des anomalies identifiées et de quelques datations stratigraphiques, on a pu établir une échelle des inversions dont l'extension temporelle était très supérieure à celle qu'avaient établie les paléomagnéticiens. Voici deux de ces échelles. L'une a été établie en 1968 par l'équipe du Lamont, elle s'étend jusqu'au crétacé. L'autre est plus récente et a été établie en 1972 par une nouvelle équipe du Lamont (Larson et Pittmann). On notera que le phénomène d'inversion du champ a un caractère très général au cours des temps géologiques mais que certaines périodes sont sans inversion, on dit en langage de métier magnétiquement calmes. Ainsi en est-il du crétacé moyen ou du Jurassique supérieur. Dans de tels intervalles de temps, il n'y a pas de peau de zèbre sur le fond des océans!

AGE DES FONDS OCEANIQUES
M.A
AGE
0 - 2 Pléistocène
2 - 5 Pliocène
5 - 23 Miocène
23 - 38 Oligocène
38 - 53 Eocène
53 - 65 Paléocène
65 - 135 Crétacé
135 - 190 Jurassique

Pacifique Est, aux environs de l'île de Pâques, est une dorsale très rapide dont la vitesse d'expansion est de 12 cm/an. Ces disparités dans les vitesses d'expansion semblent s'être maintenues durant près de 80 millions d'années.

L'âge des sédiments océaniques

Nous voici devant la seconde conséquence de l'hypothèse du tapis roulant. Les basaltes se forment sur les dorsales. Si le fond des océans s'étale continuellement, les sédiments qui se déposent à même le basalte doivent être de plus en plus vieux au fur et à mesure qu'on s'éloigne d'une dorsale donnée.

On entreprit de vérifier cette hypothèse en forant systématiquement les océans du globe pour en ramener une coupe de sédiments allant jusqu'au basalte, soit des « carottes » de 500 à 1 000 mètres de longueur. Entreprise techniquement difficile, car maintenir une foreuse et ses tiges par 4 000 mètres de fond sur des mers agitées n'est pas chose facile! La perspective d'améliorer les techniques de forage en mer à des fins pétrolières n'était pas absente de l'esprit des promoteurs de ce programme baptisé JOIDES (Joint Oceanographic Institution for Deep Earth Sampling) qui a réuni, sous l'égide de la National Science Foundation, cinq institutions océanographiques américaines. Les résultats ont pleinement confirmé les hypothèses émises. L'âge des sédiments au contact avec le basalte augmente régulièrement lorsqu'on s'éloigne de la dorsale. La loi de croissance obtenue par cette méthode est en accord avec celle déduite des anomalies magnétiques. Elle varie suivant les océans du globe, ces variations traduisant fidèlement les variations des taux d'expansion.

Mais ce programme de forages océaniques a fourni des résultats qui vont bien au-delà de la simple confirmation du *sea floor spreading,* en donnant les fondements de ce que nous appellerons la stratigraphie mobiliste. Il est bon de noter que ce programme de forage profond est le premier programme d'en-

FIG. 32. – Carte géologique du fond des océans, établie à l'aide des anomalies magnétiques et de l'échelle absolue établie par le Lamont. On notera que, comme l'avait souligné Hess, il n'y a pas de fond océanique plus âgé que le jurassique (135-190 millions d'années).

vergure, mettant en jeu une technologie coûteuse, à s'être développé dans le domaine des sciences de la Terre. Ce n'est sans doute pas un hasard s'il fut réalisé à l'époque où le programme Apollo battait son plein et où le monde commençait à s'apercevoir que l'ère du pétrole abondant à bon marché allait s'achever. Après la physique, avec ses accélérateurs géants et

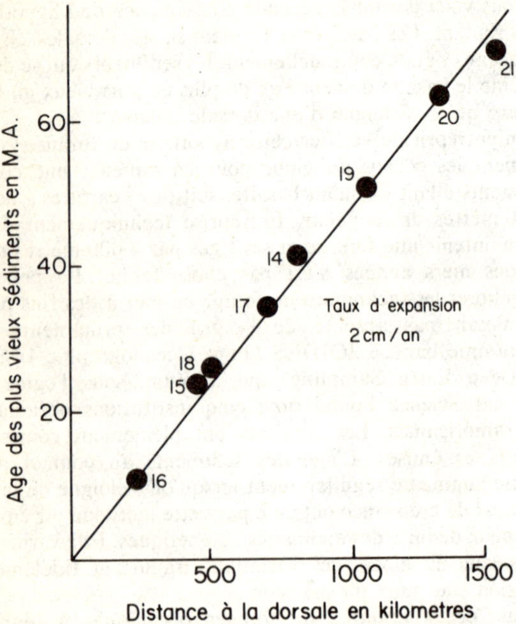

FIG. 33. – Les forages du JOIDES dans l'Atlantique ont permis de traverser la séquence sédimentaire. Dans chaque forage on a pu, grâce à la micropaléontologie, déterminer l'âge du sédiment en contact avec le basalte. Portant l'âge de ces sédiments en fonction de la distance à la dorsale, on constate que cet âge augmente régulièrement. Si on calcule le taux de « spreading » à l'aide de ces résultats, on trouve 2 cm/an en accord complet avec les résultats obtenus à partir des anomalies magnétiques. Les numéros correspondent simplement aux numéros des sites de forages (d'après Maxwell).

dispendieux, les géosciences commençaient à être prises en considération dans les budgets de recherche!

La réalité du *tapis roulant océanique* est maintenant bien établie. Pour la première fois, on possède un cadre cohérent permettant d'expliquer les observations de géophysique marine. Voyons-en les conséquences, qui sont de deux sortes : océanographiques et géophysiques d'une part, géodynamiques d'autre part.

Chaleur et morphologie

La première observation et sans doute la plus simple qu'on ait faite dans les océans depuis la campagne du *Challenger* est l'existence de dorsales et de fosses profondes. Dans la théorie du *sea floor spreading,* les dorsales sont dues à la montée de matière chaude, donc dilatée, le long de la zone de remontée de matière mantélique. S'étalant de part et d'autre, en contact permanent avec l'eau de mer à 4 °C, le plancher se contracte en se refroidissant, donc l'altitude du fond des océans décroît lorsqu'on s'éloigne des dorsales. Les calculs montrent que l'accord entre profil prévu en fonction de la contraction thermique et profil bathymétrique mesuré est excellent. Les fosses abyssales dont certaines, comme celles des Kouriles ou de Porto Rico, atteignent 10 000 à 11 000 mètres, sont, à l'inverse, les lieux où le plancher océanique plonge dans le manteau, créant cette courbure subite et ces reliefs négatifs brutaux. Le mouvement continu empêche que ces fosses ne soient comblées par les sédiments.

La seconde observation, beaucoup plus sophistiquée dans sa mesure et son concept, est la répartition du *flux de chaleur interne.* Lorsqu'on s'enfonce à l'intérieur du globe, la température augmente. Cette réalité est si sensible que les mineurs de fond ont pu la remarquer depuis l'Antiquité. Comme la chaleur se propage depuis les régions chaudes vers les plus froides, on conçoit que la chaleur se propage de l'intérieur vers la surface du globe.

Le flux de chaleur est la quantité de chaleur qui se dégage vers la surface, venant du sous-sol, par unité de temps et unité de surface. Sa valeur absolue s'exprime en U.F., c'est-à-dire en microcalories par centimètre carré et par seconde; le flux moyen à la surface de la Terre est d'une U.F. Ce flux est dix mille fois plus petit que celui que nous recevons du soleil pendant le jour. Ce qui nous intéresse ici n'est cependant pas sa valeur absolue, mais ses variations géographiques. Il est plus de dix fois supérieur à la moyenne au niveau des dorsales océaniques et décroît lentement sur leurs flancs. Dans l'optique de la formation de la croûte océanique dans la zone des dorsales, il est bien naturel qu'il en soit ainsi. Le manteau monte au niveau des dorsales, amenant à la surface du matériau très chaud, qui se trouve habituellement à plusieurs dizaines de kilomètres de profondeur. Ce matériau dégage donc une grande quantité de chaleur, d'où l'anomalie centrale. Dérivant de part et d'autre de la dorsale, il se refroidit au contact de l'eau de mer. Le flux de chaleur décroît avec ce refroidissement. La croûte océanique se contracte en refroidissant et son altitude décroît. Tout se passe comme lorsqu'on sort un soufflé du four : à sa sortie, il est gonflé, majestueux et dégage une abondante chaleur ; supposons que, par maladresse, on y projette brutalement de l'eau froide, le refroidissant ainsi brusquement : il va s'effondrer, se contracter, son volume va diminuer et il ne dégagera plus que peu de chaleur. Ce désastre culinaire est l'image simplifiée que l'on peut donner de la variation d'altitude des fonds océaniques lorsqu'on s'éloigne de la dorsale et qu'ils se refroidissent au contact de l'eau de mer.

La variation du flux de chaleur et la morphologie sous-marine sont donc deux expressions du même phénomène de refroidissement. John Sclater et Jean Francheteau, alors chercheurs à la Scripps Institution, ont après les premières études de Torrance et Turcotte et Mc Kenzie le mieux exploité et exposé ce phénomène.

Une conséquence spectaculaire de ces manipulations liées au refroidissement des plaques océaniques est la liaison existant entre vitesse d'expansion et morphologie des dorsales. Lorsqu'une dorsale est à taux d'expansion faible, comme dans l'océan Atlantique central, le phénomène de refroidissement a lieu alors que le matériel chaud a parcouru une faible distance depuis sa formation au niveau de la dorsale. Il atteint donc son profil d'équilibre thermique, correspondant à son altitude basse, près de la dorsale. Autrement dit, lorsqu'on s'éloigne de la dorsale, on passe rapidement de – 1 000 mètres à – 4 500 mètres. Ces dorsales sont donc à relief accusé.

A l'inverse, lorsque la dorsale est rapide, comme celle de

l'Est-Pacifique, le phénomène est inverse. La croûte océanique reste chaude, donc gonflée, alors qu'elle a parcouru une distance importante depuis sa création au niveau de la dorsale. Les reliefs de ces dorsales sont donc plus doux et d'extension très grande. Ainsi, la « zone d'influence » de la dorsale Pacifique s'étend sur plus de deux mille kilomètres de part et d'autre du centre, alors que les reliefs de la dorsale Nord-Atlantique ne se font sentir que sur mille kilomètres autour de la vallée centrale.

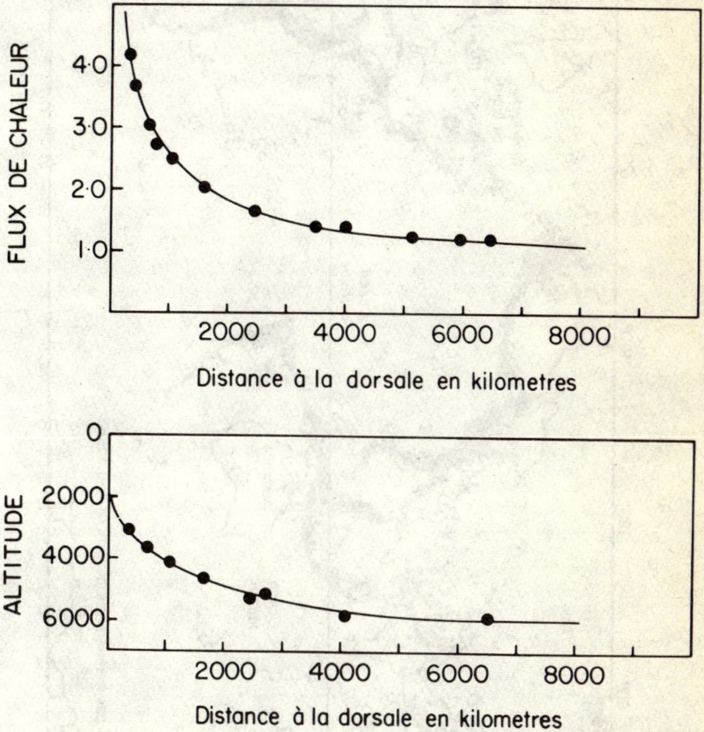

FIG. 34. – Ces deux schémas sont extraits de John Sclater et Jean Francheteau. Ils représentent la variation de la moyenne du flux de chaleur mesuré et de l'altitude lorsqu'on s'éloigne du centre de la dorsale. Les points mesurés correspondent dans les deux cas avec les courbes que l'on peut calculer en admettant que la croûte océanique se refroidit par contact avec l'eau de mer au fur et à mesure qu'elle s'éloigne de l'axe.

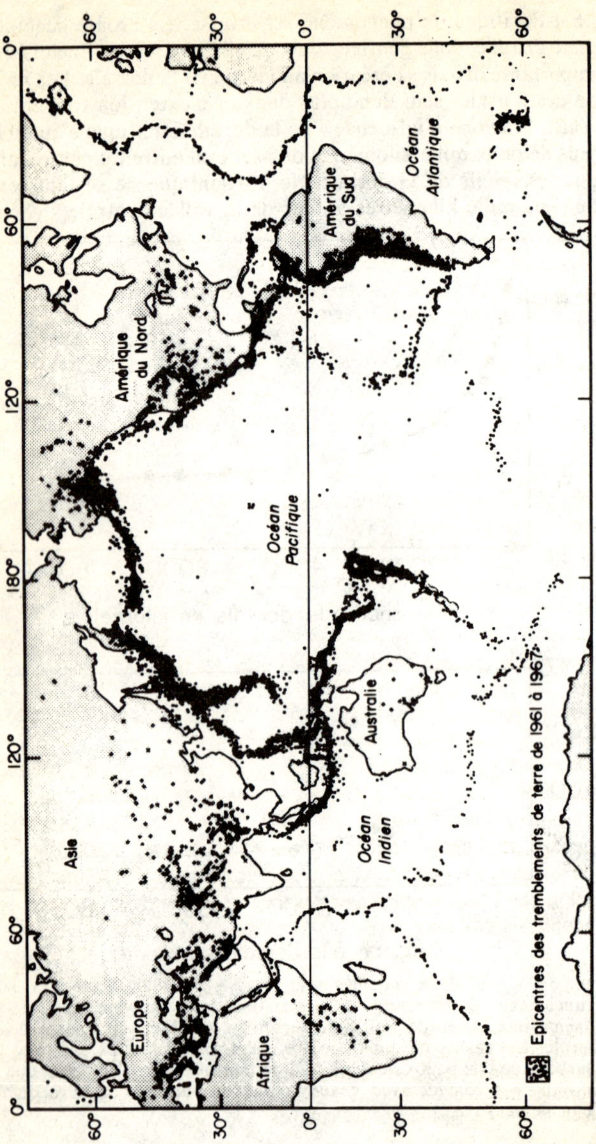
Europe
Afrique
Asie
Amérique du Nord
Amérique du Sud
Océan Pacifique
Océan Atlantique
Océan Indien
Australie
Epicentres des tremblements de terre de 1961 à 1967
0°
60°
30°
0°
30°
60°
120°
180°
120°
60°
0°

Les zones de tremblements de terre

La répartition des tremblements de terre sur le globe, ou géographie sismique, va constituer un nouvel argument pour confirmer la théorie de l'expansion des fonds océaniques. La carte mondiale des séismes montre clairement l'existence de deux zones à forte concentration de tremblements de terre : les dorsales médio-océaniques et les fosses océaniques situées à la périphérie des grands océans, là où Wadati et Benioff ont montré que les séismes profonds étaient exclusivement localisés. Ainsi, le pourtour du Pacifique est entouré à la fois de fosses océaniques et d'une ceinture sismique très active. Les bordures de l'Atlantique sont dépourvues de fosses, sauf en deux endroits : l'arc des petites Antilles et l'arc des îles Sandwich. Les tremblements de terre se localisent de préférence dans ces régions. Par contre, océan Atlantique comme océan Pacifique sont le siège d'une activité sismique importante sur les dorsales océaniques qui les traversent.

Les tremblements de terre sont la manifestation de phénomènes de rupture brutaux et soudains qui manifestent le plus spectaculairement la libération d'énergie mécanique sur le globe. Il apparaît clairement que dans les zones où se forment des fonds océaniques (dorsales) et dans celles où se détruisent des fonds océaniques (fosses), ces phénomènes de création et de destruction exigent certains efforts mécaniques qui se traduisent ainsi par les tremblements de terre. Si l'on se souvient que la cartographie magnétique est également expliquée par la théorie dériviste, on peut en conclure que cette dernière fournit un cadre unifié à toutes les observations océanographiques : magnétisme, morphologie, séismicité, flux de chaleur, répartition des sédiments. Rien d'étonnant si les premiers utilisateurs de cette théorie ont été les géologues et géophysiciens marins.

FIG. 35. – La séismicité du globe entre 1961 et 1967 est représentée sur cette carte. On notera que la grande majorité des séismes sont localisés dans les zones des fosses marines du pourtour du Pacifique et sur les dorsales médio-océaniques. La carte des séismes dessine d'ailleurs très bien le tracé des dorsales océaniques.

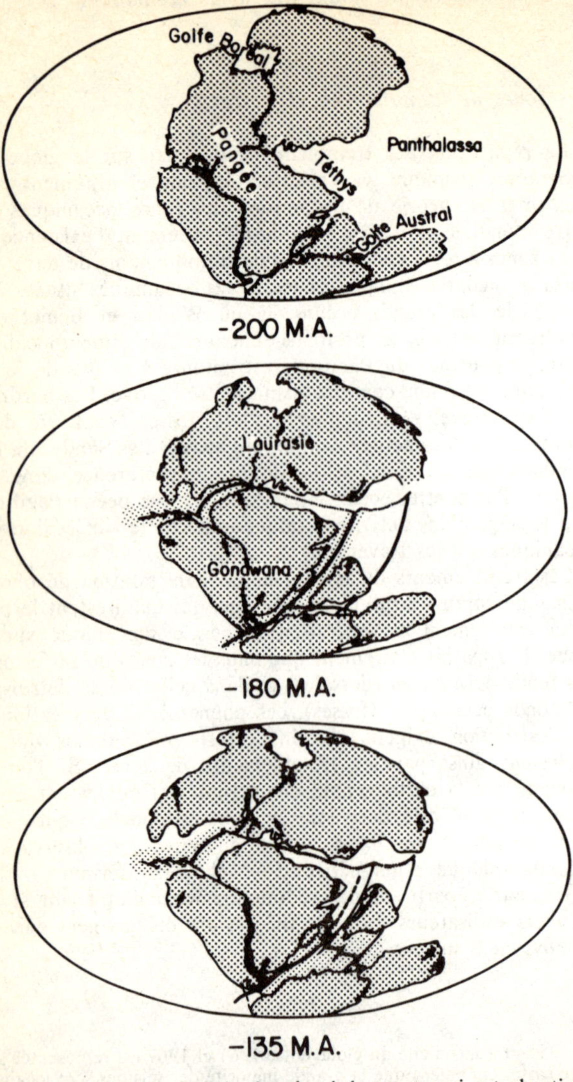

FIG. 36. – Voici la reconstitution des événements qui ont abouti à la cassure de la Pangée, non pas cette fois d'après Wegener, mais d'après Dietz et Holden, à l'aide des anomalies magnétiques. On la comparera

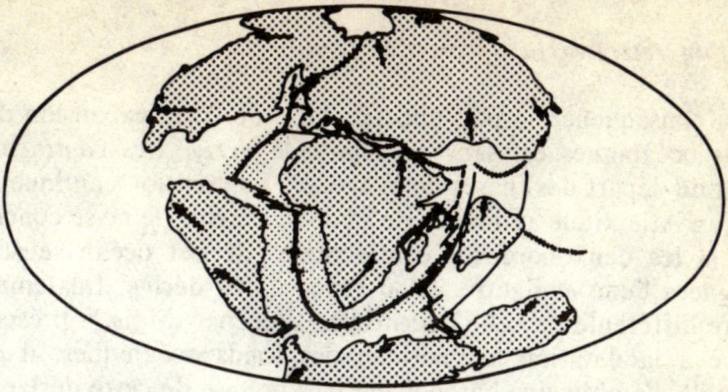

- 65 M.A.

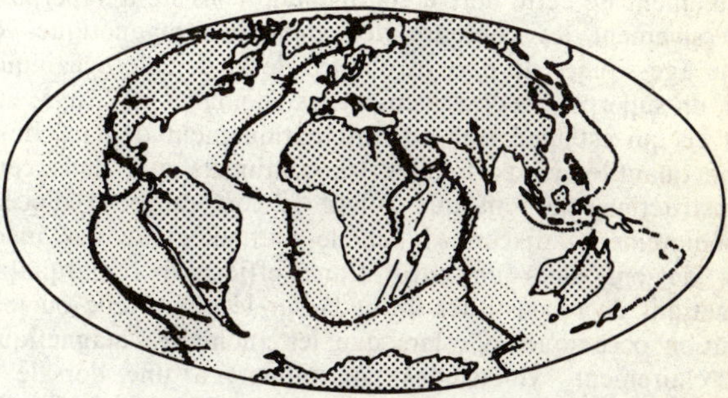

0

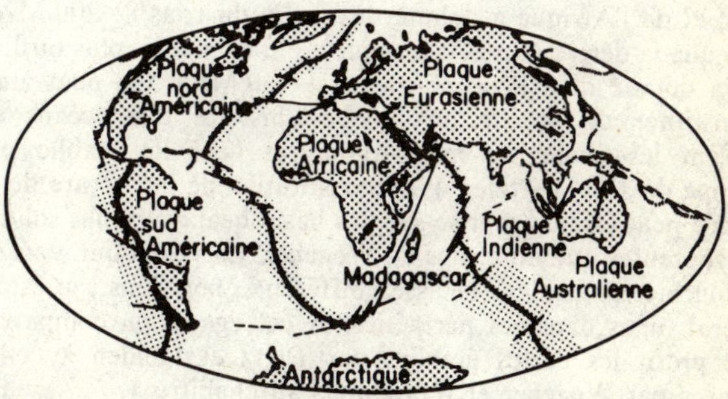

+ 50 M.A.

avec fruit aux cartes établies par Wegener ou par les paléomagnéticiens. On notera que les auteurs sont assez confiants dans leur méthode pour prédire ce que sera la topologie du globe dans 50 millions d'années!

Où l'on retrouve la dérive des continents

La conséquence la plus spectaculaire de cette expansion des fonds océaniques est sans nul doute la *dérive des continents*, point de départ des thèses de Wegener. La création continue de l'océan Atlantique au niveau de sa dorsale centrale ne se conçoit que si les deux bordures continentales de cet océan se sont éloignées l'une et l'autre. D'où l'idée d'une dérive, finalement guère différente de celle décrite par Wegener. Mais, à présent, grâce à la datation magnétique des fonds océaniques, il est possible d'établir une chronologie très précise de cette dérive et de ses péripéties. La méthode permettant de reconstituer le déroulement de cette dérive continentale consiste à superposer successivement les contours des anomalies magnétiques de même âge situées de part et d'autre de la dorsale océanique; ainsi, on superpose successivement les anomalies n° 2, n° 3, etc. Tout ce qui est antérieur est automatiquement déplacé de la même quantité, en particulier les continents qui, dans cette reconstruction, ne font que suivre le sort du bord d'océan immédiatement adjacent. L'échelle chronologique des inversions devient alors un outil d'une efficacité remarquable, permettant de reconstituer ici et là sur le globe telle ou telle évolution océanique, dès lors que les anomalies magnétiques sont clairement symétriques par rapport à une dorsale et peuvent par conséquent être reconnues, identifiées et datées. Par exemple, il devient clair que la séparation de l'Amérique du Nord et de l'Afrique a débuté dès la fin du trias (– 200 MA), alors que la dérive Nord-Atlantique a été beaucoup plus tardive et n'a débuté qu'à l'éocène moyen (– 60 MA). On peut ainsi reconstituer de proche en proche l'histoire des océans en utilisant les anomalies magnétiques et l'échelle établie par l'équipe de Jim Heirtzler. La reconstitution de la rupture de la Pangée peut être entreprise sur des bases beaucoup plus solides et rigoureuses que du temps de Wegener. La vision qui nous en est fournie est finalement assez différente, non dans son esprit général, mais dans ses péripéties. A cet égard, on comparera avec profit les cartes établies par Dietz et Holden à celles données par Wegener et reproduites au chapitre 1.

La Terre est une entité

La renaissance de la dérive des continents, la cartographie magnétique des fonds océaniques, la détermination des vitesses d'expansion des divers océans, l'examen de la cartographie mondiale des séismes, éveillent l'idée que la Terre est une immense machine à la dynamique complexe, au visage constamment changeant et renouvelé, mais dont on ne comprendra le fonctionnement que si on l'étudie globalement. C'est ce qu'on appelle la perception d'une globalité terrestre. Les scientifiques prennent alors conscience qu'ils ne peuvent restreindre leurs recherches à telle ou telle région particulière, sous peine de ne rien comprendre à son évolution, mais qu'ils doivent s'intéresser à la Terre entière. S'il se produit un rapprochement entre l'Afrique et l'Europe, ce mouvement va avoir des répercussions en Australie ou au Japon, car il va modifier les vitesses d'expansion ou l'orientation des dorsales adjacentes. Si une subduction prend naissance au Pérou, l'ensemble des mouvements du Pacifique en sera affecté. La logique des causes et des effets simples et immédiats doit céder la place à une logique des systèmes complexes, pour laquelle les causes sont à leur tour des effets et où tout interréagit, où tout joue un rôle dans le contrôle global de la machine. Les boucles et feed-back multiples interdisent une description hiérarchisée et unidimensionnelle. Il faut examiner l'ensemble. La monographie régionale, léchée comme un tableau d'Ingres, ne peut plus se concevoir qu'intégrée à un ensemble plus vaste, en prenant en compte non tous les paramètres, mais ceux, cardinaux, qui entrent dans le fonctionnement du système Terre.

Dans cette logique globale, le mobilisme introduit pourtant des complications obligatoires. Donnons un exemple concret d'une telle approche en examinant le comportement du continent africain depuis 200 millions d'années. Il est « coincé » entre deux zones de création de surface, deux centres d'expansion : les dorsales océaniques atlantique et indienne. On pourrait donc s'attendre à ce que le continent soit soumis à une intense compression. Or, au contraire, l'Est africain se caractérise par l'existence d'un vaste fossé – ou rift – jalonné de grands volcans (Kilimandjaro) et de lacs imposants qui témoignent de l'existence d'une forte distension (écartement). Certains adversaires de la théorie dériviste avaient d'ailleurs pris cet exemple pour la réfuter...

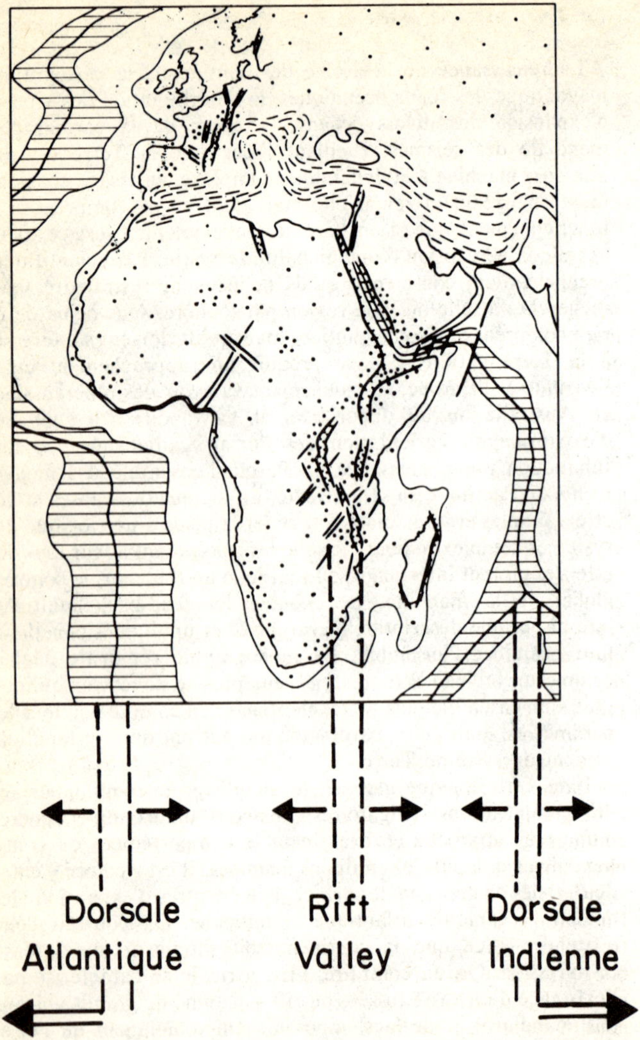

FIG. 37. – Schéma de l'Afrique montrant que si les dorsales qui entourent l'Afrique sont en expansion, l'Afrique est elle-même en extension car les deux dorsales s'éloignent l'une de l'autre.

En fait, tout s'explique si nous remarquons que la distance entre dorsales indienne et atlantique n'est pas fixe, mais augmente au cours du temps.

La géologie relativiste

Les dorsales apparaissent clairement comme des structures non pas fixées à la surface, mais mobiles. Tels des maîtres de ballet qui, après avoir déclenché le mouvement, le subissent à leur tour, elles sont entraînées par la compensation des masses en profondeur, nécessitée par les phénomènes d'expansion. Ainsi tout bouge à la surface, et il faut s'habituer à regarder les mouvements non dans l'absolu, mais relativement. Ce n'est pas l'Amérique qui bouge et l'Afrique qui est fixe, ce n'est pas non plus l'inverse, ce sont les deux continents qui bougent l'un par rapport à l'autre. Dans la valse de continents décrite par les paléomagnéticiens des années 1950, ces derniers avaient évité le vertige dû au manque de repère naturel fixe en se référant au pôle magnétique. Rapidement, toutefois, ils avaient fait migrer celui-ci, obligeant à un double effort celui qui recherchait un repère absolu. Cette quête d'un repère naturel absolu marque alors de façon décisive la ligne de conduite des spécialistes de la dérive, tant il est vrai que la mécanique, assortie de repères mobiles, est bien difficile à maîtriser. Mais, ici comme en mécanique des fluides, il faut pourtant s'y faire!

La surface du globe apparaît ainsi comme celle d'un fluide bouillonnant, continuellement changeant, emportant dans ses tribulations les petits radeaux insubmersibles que constituent les continents. Mais, chose désagréable, on ne peut décrire le mouvement de ce fluide par rapport à un repère fixe ayant une signification géologique claire, car on n'en connaît que les fluctuations de surface. Chacun sait que, lorsqu'il est dans un train et qu'il en regarde un autre, il ne peut déterminer celui qui bouge qu'en se référant à un repère fixe : arbre, immeuble ou poteau. Dans notre cas, emportés sur nos radeaux continentaux, nous n'avons pas de repères fixes. Il nous faut donc nous contenter de décrire les mouvements des continents et des océans de manière *relative.*

Tous les géologues ne s'en vont pas moins rechercher ce

repère géologiquement stable et fixe qui leur fait défaut. Ce n'est qu'avec l'avènement de la théorie des points chauds que certains repères absolus pourront être géologiquement définis, nous verrons comment.

Arthur Holmes

Les perspectives de la théorie de l'expansion et de la mobilité continentale sont si lumineuses que l'on se demande pourquoi cette théorie n'a pas refait surface plus tôt. Il existait pourtant un germe de cristallisation merveilleux, sans doute presque aussi parfait que l'article de Harry Hess, je veux parler du livre d'Arthur Holmes. Cet Écossais, pionnier de la géologie globale, a sans doute écrit le plus beau traité de géologie. Dans cet ouvrage, imprimé pour la première fois en 1948, il développe l'idée que les dorsales océaniques, cartographiées et décrites par Maurice Ewing et son équipe du Lamont, ne sont que les traces des courants ascendants mantéliques, éléments d'un vaste système convectif. Comme Hess, il dessine une expansion des fonds océaniques et une dérive latérale des continents. Le livre de Holmes est alors lu par tous les étudiants anglais et recommandé par tous leurs professeurs, mais, apparemment, nul n'attache une grande importance à la dérive. Il faudra que des Anglais comme Fred Vine ou Dan McKenzie aillent en Amérique chercher leur inspiration alors que, depuis Holmes, puis Runcorn, cette idée de dérive n'avait pas quitté le Royaume-Uni! Le rôle de Holmes a été à cet égard plus profond qu'on ne le croit, car c'est peut-être grâce à lui que l'intelligentsia géologique anglaise a été si bien préparée à l'idée dériviste et a fourni un si grand nombre de novateurs en ce domaine. Mais il faut reconnaître que, durant cette même période, les Anglais étaient rendus prudents par l'attitude dogmatique, négative et définitive de Sir Harold Jeffreys! Holmes était géologue, Jeffreys géophysicien : comment les jeunes géophysiciens anglais auraient-ils pu trahir leur « camp »?

Sans doute la principale raison de cette absence de prise en considération des idées de Holmes est son défaut de nouveaux arguments par rapport à Wegener. On avait « démontré » que l'idée de Wegener était « fausse », c'était une affaire classée, pourquoi y revenir? Sous cet angle, le « déclic » de la renaissance n'est pas venu de Hess, mais de Vine et Matthews. En effet, un nouvel et puissant argumentaire fut alors développé, un fait palpable exposé, et le mérite de Fred Vine n'est peut-être pas d'avoir été le premier à proposer une interprétation, mais d'avoir le premier *convaincu*. Le relais que lui assure immé-

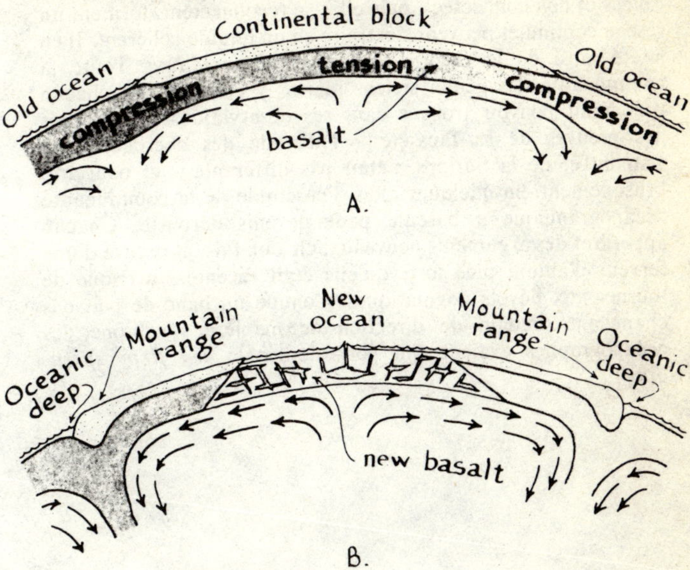

FIG. 38. – La figure du souvenir! prouvant que Holmes, en 1945, avait proposé un schéma qui est le véritable début du *sea floor spreading*. Tout y est... ou presque! (d'après A. Holmes).

diatement Tuzo Wilson se révélera déterminant. En quelques années, ensemble, presque seuls, ils vont persuader le monde. Le rôle de Vine et de Wilson a été alors considérable.

Quelle action est la plus importance en sciences : de découvrir ou de convaincre? Idées et découvertes évoluent progressivement et, au fond, sans discontinuité majeure (la différence entre Morley-Vine-Matthews et Matuyama est, pour certains, assez mineure). Wegener, Du Toit, Argand, B. Choubert, Holmes, Hess, Dietz sont en parfaite continuité. A l'inverse, les prises de conscience collectives procèdent par brusques variations, par sauts. Parfois, ces variations soudaines conduisent à une erreur et l'idée est alors classée parmi les « modes »; parfois, elles permettent aussi l'induction d'une nouvelle discipline. Ce phénomène est plus brutal outre-Atlantique qu'en Europe, mais il est du même ordre. Tout se passe à l'image d'un phénomène de percolation avec seuil. Pendant longtemps, les idées restent isolées et non connectées, puis elles se reconnectent, forment un réseau continu et peuvent s'extraire en un liquide cohérent. Il en a été ainsi de la théorie du *sea floor spreading*. Toute la communauté des géophysiciens marins y était hostile, chacun prétendait pouvoir trouver dans ses observations personnelles des preuves de sa fausseté – l'attitude des chercheurs du Lamont et de la Scripps n'était pas différente – et pourtant, brusquement, en quelques mois, l'ensemble de la communauté océanographique a basculé pour devenir dériviste. Chacun apportant des arguments nouveaux, chacun faisant preuve d'une ferveur d'autant plus forte qu'elle était récente, au risque de tourner aux dévots dogmatiques. Comme un banc de poissons changeant soudain de direction de manière synchrone, les océanographes avaient fini par adopter le *sea floor spreading* !

IV

La tectonique des plaques rigides

L'AGU

La réunion annuelle de l'Union géophysique américaine se tenait traditionnellement au printemps à Washington. Elle a migré aujourd'hui vers d'autres villes de la côte Est. Réunissant pendant une semaine six mille personnes dans un gigantesque hôtel, elle est la kermesse annuelle des sciences de la Terre. Chacun vient y présenter les résultats encore frais de ses recherches au cours d'une centaine de sessions – soit une dizaine chaque jour –, simultanées. On y rencontre toutes les « vedettes » de la science américaine, mais aussi des étudiants en fin de thèse, des chercheurs confirmés, de nombreux spécialistes étrangers, européens, australiens ou japonais. Les discussions amorcées en séance se poursuivent, dans les couloirs, dans les chambres, autour de verres de bière, de huit heures du matin à des heures avancées de la nuit. Chacune y parle de ses derniers résultats, mais aussi de ses projets. Les jeunes qui viennent de terminer une thèse y exposent leurs travaux dans l'espoir de se faire un nom et d'attirer l'attention des directeurs de départements d'université ou des responsables de compagnies privées qui leur proposeront alors un « job ». Les directeurs de département viennent jauger la valeur de leurs équipes, mais aussi chercher les « oiseaux rares » susceptibles de les renforcer. Les commissions et comités divers choisissent aussi cette occasion pour se réunir et distribuer de l'argent ou définir des programmes.

Au Moyen Age, les tournois, d'abord organisés comme de simples confrontations sportives, sont peu à peu devenus des centres de rencontres, puis de commerce et d'échanges. L'AGU en est une transposition moderne, à la fois joute et marché de la matière grise en sciences de la Terre. Cette réunion joue un rôle considérable dans la valorisation de la recherche. Telle découverte faite dans le Massachusetts se propage immédiatement dans l'ensemble du pays, depuis la grande université de Californie jusqu'à la petite et obscure université du fond de l'Oklahoma. Elle sera immédiatement enseignée aux élèves et ainsi intégrée dans le système éducatif. Parfois la découverte à la mode se révélera inexacte. On corrigera l'année suivante, car elle n'aura pas résisté au crible d'une communauté scientifique enthousiaste, mais critique et acharnée. Le plus souvent, elle ira féconder des recherches nouvelles et maintiendra le niveau moyen élevé de la science américaine.

Comme l'argent, la découverte possède un taux d'actualisation, il importe donc qu'une découverte nouvelle soit connue rapidement. Le contact direct entre spécialistes permet une diffusion extraordinairement rapide et efficace des découvertes scientifiques; on s'échange des tours de main expérimentaux, on se confie des échecs que l'on n'a pas osé publier, on noue des amitiés qui sont souvent le germe de futures collaborations. En Amérique, cette politique des contacts directs est systématiquement favorisée et ne concerne pas seulement les directeurs d'équipe ou les chercheurs confirmés. Les jeunes débutants s'initient tôt à cette science de l'échange direct, du contact public, de la présentation personnalisée. On apprend dans les universités américaines à préparer des diapositives colorées et attrayantes, à donner des titres captivants aux communications, à faire des présentations orales courtes et claires. L'information multiple, diverse, désordonnée, diffuse en permanence et inonde une foule de participants avides de nouveautés et passablement excités. Car ce n'est plus dans les journaux scientifiques que se lisent les découvertes scientifiques : on les entend d'abord dans les présentations orales ou, mieux encore, si elles sont vraiment fraîches, on en prend connaissance par les rumeurs dont l'importance risque d'ailleurs de devenir inquiétante dans la science moderne. En effet, par définition, une rumeur est incontrôlée, toujours déformée par rapport à l'information de base, parfois fausse, et sur de telles bases, certains, croyant avoir été dépassés, abandonnent des recherches importantes, alors que d'autres, au contraire, s'engouffrent dans une voie peu solide. La rumeur favorise les sciences de l'à-peu-près et du sensationnel! Là, comme dans le domaine de la technologie, tout va très vite.

Les publications écrites restent les références officielles, mais les délais de publication augmentent d'année en année. De ce fait, les comptes rendus sont souvent décalés d'un ou deux ans par rapport à la réalité d'une recherche.

Dans un monde où la rapidité de communication devient une habitude de plus en plus astreignante, les réunions scientifiques prennent ainsi de plus en plus le pas sur les publications écrites. Pourtant, seules ces dernières constituent la référence bibliographique solide et irréfutable. Les réunions scientifiques sont

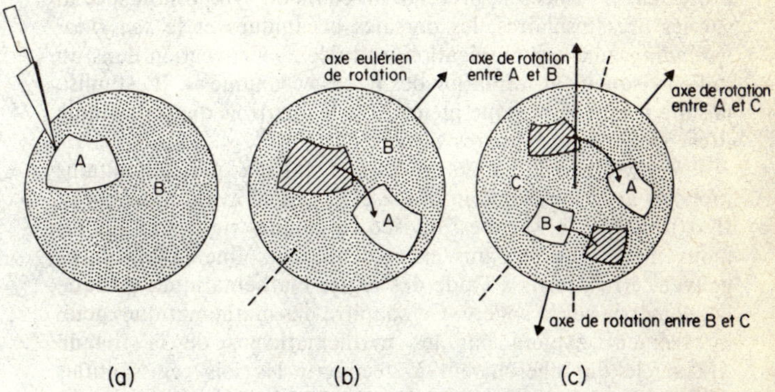

FIG. 39. – Ces trois schémas ont pour point commun une orange sur laquelle on découpe des portions d'écorce afin d'illustrer les mouvements relatifs des calottes sphériques, lexique indispensable à la compréhension de la tectonique des plaques.
En (a) on découpe une calotte d'écorce (A), la calotte « fixe », intacte, est notée (B). En (b) on déplace la calotte (A) en l'obligeant à rester « collée » à la surface de l'orange. Lorsque son déplacement sera terminé et quel que soit le trajet, les péripéties qu'on lui aura fait subir, on pourra décrire son mouvement comme résultant d'une rotation autour d'un axe passant par le centre de l'orange appelé *axe eulérien* de rotation. En (c) on a découpé non pas une, mais deux calottes d'écorce de forme et de surface identiques (A) et (B); (C) étant la partie fixe de l'écorce d'orange, on les a déplacées sur la surface, indépendamment. On peut donc définir un axe eulérien de rotation pour le mouvement de (A), donc entre (A) et la partie (C) un autre axe eulérien de rotation pour le mouvement de (B) par rapport à la partie fixe (C). Mais, en outre, on peut chercher à comprendre par quel mouvement on pourrait faire correspondre (A) et (B) en les superposant. On définirait alors un axe eulérien de rotation entre (A) et (B). On voit donc que l'axe eulérien de rotation n'est défini que pour décrire le mouvement *relatif* entre deux calottes sphériques rigides.

certes en général accompagnées d'un recueil de résumés des communications orales, mais ces résumés sont pour la plupart insuffisants, leur contenu ne correspond pas toujours à ce que l'auteur présente réellement et, de ce fait, la majorité de la communauté ne considère pas ces *abstracts* comme des références valables. De cet enchevêtrement de résumés, présentations orales et articles, naissent parfois des imbroglios dont la naissance de la tectonique des plaques offre un exemple parmi d'autres.

Le 19 avril 1967, à l'AGU, Jason Morgan, alors jeune professeur à Princeton, présente au cours du symposium spécial sur les arcs insulaires, les dorsales océaniques et le *sea floor spreading,* une communication intitulée : « Convection dans un milieu visqueux et formation des fosses océaniques ». Il est midi, la salle jusque-là presque pleine se vide aux trois quarts, comme il est fréquent aux heures tardives.

Jason Morgan fait alors un exposé qui n'a que de lointains rapports avec le résumé imprimé et distribué avant le Congrès. Il affirme que la Terre est divisée en plaques rigides et que les mouvements latéraux mis en évidence par Vine et Matthews peuvent être décrits à l'aide des règles mathématiques dites de la géométrie sur la sphère. Ce chapitre des mathématiques a été intensément exploré par les mathématiciens de la fin du XIXe siècle qui cherchaient à découvrir les lois régissant les déplacements de points et d'ensembles de points astreints à rester sur la surface d'une sphère. Pour illustrer leur démarche, imaginons qu'à l'aide d'un couteau pointu, nous détachions une portion d'écorce découpée à la surface d'une orange. Supposons à présent que nous cherchions à déplacer cette calotte sphérique en la détachant et en l'obligeant à glisser sur la surface de l'orange (fig. 39). En conservant notre image simplificatrice, disons que les mathématiciens du début du siècle ont démontré que le mouvement relatif de la calotte sphérique d'écorce mobile, par rapport au reste de la peau d'orange demeurée intacte, peut être décrit comme une rotation autour d'un axe passant par le centre de l'orange. Le mathématicien allemand Euler étant l'auteur de ce théorème, on appelle cet axe axe eulérien de rotation de la calotte sphérique détachée (A) par rapport à la calotte fixe (B). Mais il serait possible de compliquer le jeu et de pratiquer non pas une, mais deux fenêtres dans la peau d'orange. On aurait alors trois calottes sphériques (A) et (B) mobiles, la calotte (C) étant la peau

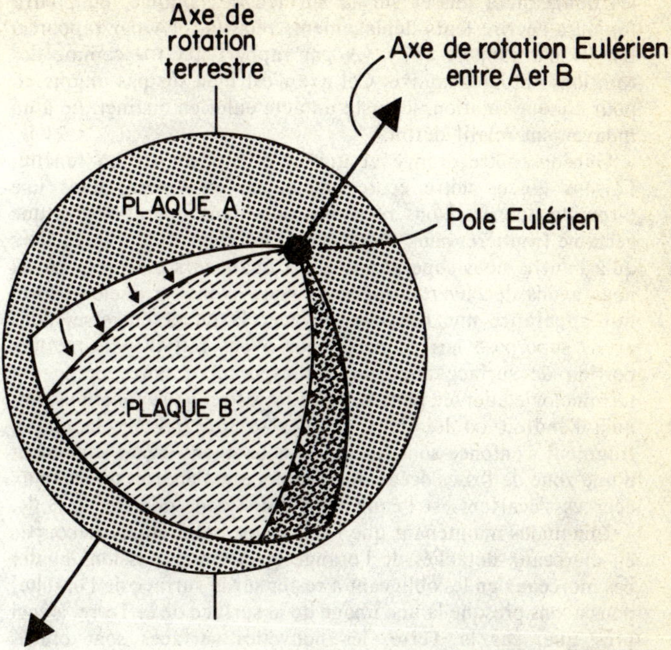

FIG. 40. – Nous conservons notre « orange expérimentale », mais cette fois nous allons chercher à traduire non seulement le mouvement des calottes sphériques rigides glissant à la surface de l'orange mais le phénomène concomitant de création et de destruction de *nouvelle surface.* Pour cela nous avons découpé une calotte triangulaire. Nous déplaçons la calotte autour d'un axe passant par le centre de la sphère et l'une des extrémités du triangle : c'est un axe eulérien de rotation entre la plaque (A) et la plaque (B). Nous découvrons alors à gauche un petit quartier de surface dénué d'écorce. C'est une nouvelle surface créée, c'est une « dorsale ». Par contre, à gauche, l'écorce de la plaque (B) disparaît sous une partie d'écorce de la plaque (A). On dira qu'une partie de la surface de la plaque (B) a disparu ou qu'elle s'est *subductée* sous la plaque (A). Naturellement la surface B créée correspond exactement à la surface (B) qui a été chevauchée puisque la surface totale de la peau d'orange reste constante. Les trois côtés du triangle (B) correspondent à une zone de création de surface, à une zone de disparition de surface et, pour le côté bas, à une zone de conservation de surface, c'est-à-dire à une faille transformante.

toujours liée à l'orange. Si l'on déplace les calottes (A) et (B) en les obligeant à glisser sur la surface de l'orange, on pourra toujours décrire leurs déplacements relatifs – (A par rapport à B), (B par rapport à C), (A par rapport à C) – comme des rotations autour d'un axe. Cet axe n'est bien sûr pas unique et, pour chaque rotation, il existe un acte eulérien distinct, lié à un mouvement relatif défini.

Gardons notre orange et une calotte découpée en fenêtre. Faisons glisser notre écorce découpée en fenêtre dans une direction donnée. Nous réalisons alors deux opérations : à une certaine frontière, nous découvrons l'intérieur de l'orange, alors qu'à l'autre, nous superposons deux épaisseurs d'écorce. Là où nous avons découvert l'intérieur, nous avons en quelque sorte fait apparaître une nouvelle surface; là où, à l'inverse, nous avons superposé nos écorces, nous avons fait disparaître une portion de surface ancienne. Transposant à notre orange la terminologie adoptée pour le globe terrestre, nous pourrions dire qu'à l'endroit où les deux écorces se superposent, là où un fragment s'enfonce sous un autre, nous avons créé l'équivalent d'une zone de fosses océaniques [1] alors que l'endroit où les deux écorces s'écartent est l'équivalent d'une zone dorsale.

Imaginons maintenant que l'écorce est entièrement découpée en morceaux détachés de l'orange et que nous fassions glisser ces morceaux en les obligeant à rester sur la surface de l'orange; nous avons presque là une image de la surface de la Terre, à ceci près que, sur la Terre, les nouvelles surfaces sont créées symétriquement par rapport aux dorsales.

Morgan utilise l' « analogie de l'orange » (avec la réserve faite) et la transpose au globe terrestre en admettant que la surface du globe est constituée de calottes sphériques rigides, appelées plaques. Au niveau des dorsales apparaissent continuellement de nouveaux éléments de plaques. Une fois formées, ces plaques se déplacent de *manière rigide,* sans se déformer, à la surface du globe, jusqu'aux zones de fosses océaniques où elles s'engloutissent dans le manteau. Les dorsales sont des zones de création de surface (on dit d'*accrétion*), les fosses sont des zones de destruction de surface (on dit de *subduction*).

Les failles transformantes ont la propriété d'être des cercles centrés sur l'axe de la rotation que décrit le mouvement des

---

1. Au contact, on observe bien un dénivelé égal à l'épaisseur de l'écorce.

deux plaques qu'elles séparent. Ce sont ces discontinuités, ces déchirures qui impriment leur direction aux mouvements des plaques rigides.

Le mouvement des fonds océaniques, détecté magnétiquement, peut être décrit de manière simple si l'on détermine l'axe de rotation du mouvement entre deux plaques et la vitesse angulaire de ce mouvement (la vitesse angulaire est la vitesse avec laquelle l'angle qui décrit la rotation varie au cours du temps).

Ainsi Morgan, illustrant son propos par le cas de l'Atlantique Nord, montre comment on peut déterminer le pôle de rotation entre la plaque Amérique et la plaque Afrique. Pour la première fois, la théorie de la tectonique des plaques est présentée au public. C'est donc à Jason Morgan qu'on doit en attribuer la

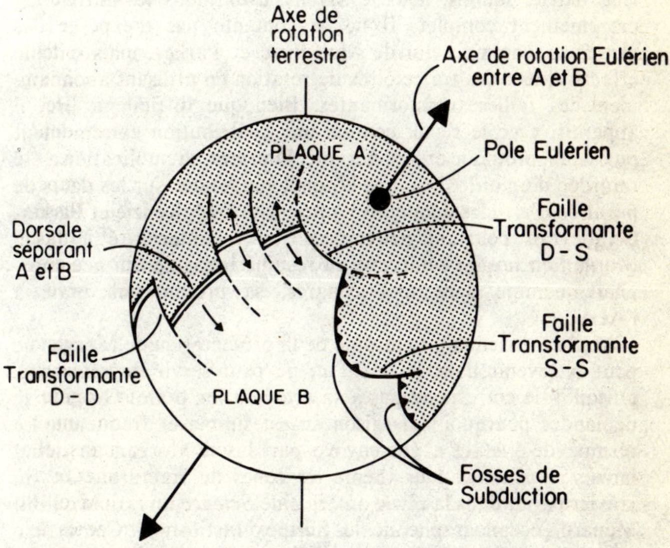

FIG. 41. – Nous passons maintenant à une Terre formée de deux plaques (A) et (B) mais où les conditions deviennent tout à fait réelles. Une dorsale, une zone de subduction, des failles transformantes; contrairement au cas précédent, la zone de création de surface est symétrique de part et d'autre de la dorsale. Les failles transformantes sont multiples, de types variés mais toutes sont des petits cercles ayant pour axe eulérien de rotation entre (A) et (B). On notera que l'axe eulérien de rotation (A) et (B) n'a rien à voir avec l'axe de rotation de la Terre.

paternité. Toutefois, cette recherche en paternité se complique lorsqu'on fait appel aux témoignages écrits.

En octobre 1967 paraît dans la revue anglaise *Nature* un article des Anglais Dan McKenzie et Robert Parker qui proposent pratiquement la même théorie que Jason Morgan, mais avec un argumentaire nettement différent, dont la base est essentiellement séismologique. Ces auteurs, en prenant l'exemple du Pacifique, développent ce qu'ils appellent la « tectonique sur la sphère ».

Et ce n'est qu'en février 1968 que paraîtra l'article de Morgan correspondant à sa présentation orale. Soumis dès le printemps 1967, l'article est resté six longs mois entre les mains d'un « lecteur », a dû être révisé pour des questions de forme et, finalement, n'a été accepté pour publication que très tardivement. Cet article, soumis, nous le savons, *avant* tous les autres, est extrêmement complet. Il ne se contente pas d'exposer des principes, comme celui de McKenzie et Parker, mais calcule effectivement des trajectoires de rotation en utilisant abondamment les failles transformantes. Bien que difficile à lire, il apparaît, avec le recul, comme une contribution extrêmement puissante, profonde et prophétique. Pourtant, sa publication a été retardée d'un an! Ainsi, une chronologie fondée sur les dates de parution d'articles donnerait l'antériorité à McKenzie et Parker. On devrait pourtant pouvoir attribuer l'antériorité à Jason Morgan en faisant référence au résumé imprimé qui accompagnait, comme dans tout congrès, sa présentation orale à l'AGU.

Malheureusement, le résumé de la présentation de Morgan ne peut intervenir dans le débat ni ne peut servir de référence, puisqu'il ne correspond pas à sa présentation orale! On peut se demander pourquoi. La raison en est simple et fréquente. Le résumé de l'AGU a été envoyé par Jason Morgan au début janvier 1967 et a pour thème les zones de fractures. Or, fin janvier paraît dans la revue américaine *Science* un article de Bill Menard, océanographe de la Scripps Institution. Cet article porte sur les zones de fractures de l'océan Pacifique et Menard y montre qu'elles constituent de petits cercles, et non pas de grands cercles méridiens comme on le croyait jusqu'alors. Cette affirmation va provoquer un déclic dans la tête de Morgan qui dira plus tard : « En cinq minutes, j'ai tout compris! » – mais son résumé a déjà été envoyé. Morgan décide donc de rédiger un article, le soumet pour publication et décide d'en faire la présentation orale à l'AGU. Il ne pouvait savoir que l'article mettrait tant de temps à être imprimé! Il ne pouvait non plus savoir que cette présentation orale serait, avec le temps, regardée comme si importante!

Mais l'épisode ne s'arrête pas là, car les coïncidences se multiplient. Dan McKenzie était à l'AGU en 1967. Il participait à la session où Morgan devait présenter sa communication, mais il a quitté la salle juste avant cette présentation. De ce fait, il n'a pas eu vent de l'idée de Morgan, et sa propre approche doit être considérée comme indépendante. Pourtant, cette interprétation des faits donnée par McKenzie lui-même paraît suspecte à beaucoup, qui doutent qu'il n'ait pas entendu parler de la découverte de Morgan soit à l'AGU, soit à la Scripps Institution of Oceanography où il travaillait à l'époque. Jason Morgan, quant à lui, pense que la version de Dan McKenzie, pour étrange qu'elle paraisse, est probablement vraie. Je le pense aussi. « Personne, dit-il, n'attachait d'importance à l'idée de plaques, pourquoi l'idée se serait-elle propagée? Et puis, ma communication était programmée à midi. Dan, comme la majorité des auditeurs, était alors parti déjeuner! »

Ainsi, l'idée maîtresse de la tectonique des plaques, consistant à appliquer les théorèmes mathématiques décrivant le mouvement des calottes sphériques aux grandes unités du globe terrestre, a donc germé à quelques mois d'intervalle dans (au moins) deux cerveaux, indépendamment. Exemple qui n'est pas unique, mais qui montre que lorsqu'une idée est mûre, sa formulation est quasi inévitable et dépend souvent de facteurs secondaires.

Ces péripéties sont-elles importantes? Non, si du point de vue de Sirius, on considère l'évolution des Sciences sans se préoccuper des itinéraires ni des protagonistes. Oui, si l'on vit réellement la recherche scientifique au jour le jour et si l'on s'intéresse aux chemins, parfois bien sinueux, par lesquels les idées finissent par se propager. Oui encore, si l'on s'intéresse à la sociologie scientifique. Car, après tout, prix, lauriers, promotions matérielles, mais plus encore reconnaissance de paternité, jouent un rôle fondamental dans la recherche! On peut le regretter, ne souhaiter voir dans le développement des théories scientifiques que la marche éclairante des idées, laissant dans l'ombre ceux qui les ont portées et les ont fait triompher. Mais les motivations de ces hommes, sans qui aucune idée ne serait née ni n'aurait progressé, ne sont pas différentes de celles que l'on retrouve chez tous les créateurs. Tous ont soif d'être reconnus, tous cherchent à montrer que leur contribution au progrès n'a pas été négligeable. Tous sont aussi saisis en permanence par le doute, le doute de soi-même. Jacques Monod, qui venait pourtant de recevoir le prix Nobel, évoquait ainsi les angoisses du chercheur : « En recherche, l'autosatisfaction c'est la mort! Le doute est le moteur du progrès, mais il est pénible à supporter [1]. »

Dans ce contexte du monde réel de la recherche, où la notion de découverte revêt tant de valeur, il est bon de montrer que les paternités ne sont pas toujours si faciles à établir.

La présentation orale de Jason Morgan à l'AGU n'était pourtant pas passée inaperçue de tous. Xavier Le Pichon, présent et attentif, comprend rapidement tout le parti qu'il peut tirer de la théorie de Morgan. Il a en sa possession l'ensemble des données concernant les anomalies magnétiques des océans, et l'échelle chronologique de ces anomalies, travail auquel il vient de participer très activement au sein de l'équipe Heirtzler. Il connaît la cartographie précise des failles transformantes. Il peut dès lors reconstituer les mouvements relatifs des continents en utilisant les concepts de géométrie sur la sphère, de plaques rigides et de pôles de rotation, tels qu'ils viennent d'être développés par Morgan.

Le Pichon concrétise rapidement cette démarche. Plus chanceux que Morgan, il verra son article rapidement accepté par le *Journal of Geophysical Research* et publié en mars 1968. Le Pichon y divise le globe en sept plaques, dessine les frontières de chacune, calcule les pôles de rotation des mouvements relatifs. Il établit le premier schéma plaquiste de la dérive des continents et calcule le mouvement relatif de ces derniers au cours des deux cents derniers millions d'années.

Son approche, moins théorique et originale que celle de Morgan ou de McKenzie et Parker, est plus systématique et plus globale. Les deux démarches ne sont d'ailleurs pas indépendantes puisque, comme le souligne Le Pichon lui-même en introduction, son approche n'est qu'une application de la théorie de Morgan. Seul le rapprochement fortuit des dates de publication incite à mettre ainsi en parallèle deux démarches historiquement séquentielles.

---

1. Interview au *Nouvel Observateur,* 1965.

L'enseignement des tremblements de terre

Séismes et volcans sont les deux phénomènes géologiques qui illustrent de manière spectaculaire la libération de l'énergie interne de la Terre. Dans ce cadre, l'illustration la plus claire du modèle global est la synthèse séismologique telle que l'ont présentée Isacks, Oliver et Sykes, du Lamont Geological Observatory, dans leur article publié en 1968 par le *Journal of Geophysical Research*. Jack Oliver et ses deux élèves, Bryan Isacks et Lynn Sykes, étaient alors les sismologues du Lamont. Ils travaillaient sur la séismicité des zones de l'Ouest-Pacifique, des Tonga, des Kermadec, qui constituent des zones de subduction, mais ils s'intéressaient, comme tout le Lamont, aux dorsales océaniques et donc à leur sismicité. L'activité des magnéticiens du Lamont exposée dans les séminaires internes suscita de leur part une curiosité bien naturelle pour les thèses dérivistes. Sismologues, ils cherchèrent à aborder les théories nouvelles dans l'optique de leur discipline. Suivons leur raisonnement en le schématisant et, pour cela, partons d'une observation simple que nous connaissons déjà, mais que nous allons approfondir : la répartition géographique des foyers de tremblements de terre (appelée géographie sismique).

Les tremblements de terre ne sont pas répartis uniformément ou aléatoirement sur le globe, mais se localisent en quelques zones bien définies, au niveau des dorsales océaniques, sur les failles transformantes ou dans les zones de subduction. Dans les deux premiers cas, leurs foyers sont superficiels, c'est-à-dire situés à des profondeurs inférieures à 100 kilomètres; dans le dernier cas, et dans celui-ci seulement, ils sont répartis depuis la surface jusqu'à des profondeurs pouvant atteindre 700 kilomètres. Il n'existe pas de séisme plus profond et il n'existe pas de séisme profond hors des zones de fosses, des zones de subduction. Ces zones sont, par exemple, celles qui bordent le Pacifique depuis les Kouriles jusqu'aux îles Marianne en passant par le Japon à l'ouest, ou depuis le Mexique jusqu'à la Terre de Feu en passant par le Pérou à l'est. Ces zones sont tristement célèbres pour leurs séismes et les désastres, souvent exprimés en milliers de morts, qui leur sont associés.

L'interprétation de ces faits très généraux peut être faite élégamment si l'on se souvient qu'un tremblement de terre est la manifestation énergétique spectaculaire d'une phénomène plus fondamental : la rupture brutale d'un milieu solide rigide. Si les

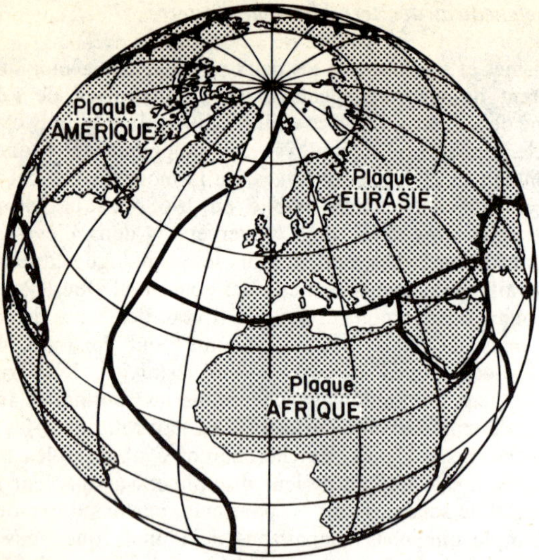
Plaque
AMÉRIQUE
Plaque
EURASIE
Plaque
AFRIQUE

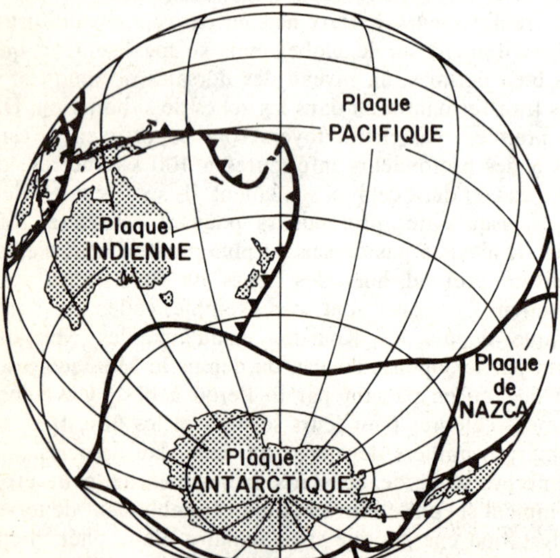
Plaque
PACIFIQUE
Plaque
INDIENNE
Plaque
de
NAZCA
Plaque
ANTARCTIQUE

séismes ne se produisent en général que dans les cent premiers kilomètres de l'écorce terrestre, c'est donc que la partie rigide sur laquelle s'exercent les contraintes a environ cent kilomètres d'épaisseur. C'est cette partie rigide qui constitue la lithosphère.

On a parlé, souvenons-nous-en, de plaques lithosphériques. Il faut d'emblée lever ici ce qui pourrait être source de confusion dans l'esprit du lecteur. Au chapitre II, nous avons expliqué que

FIG. 42. – Ces figures illustrent le modèle à sept plaques de Xavier Le Pichon dans deux types de projections : A, B.
On distingue *La Plaque Afrique* limitée à l'ouest par la dorsale Atlantique, au sud et à l'est par la dorsale indienne. Au nord d'une manière moins nette, d'abord par la mer Rouge, puis par une série de failles transformantes qui parcourent les bordures nord de la Méditerranée pour rejoindre la dorsale Atlantique par une grande faille qui va de Gibraltar aux Açores.
La Plaque Eurasie est limitée à l'ouest par la dorsale nord-atlantique, à l'est par une série de zones de subduction qui vont des Kouriles jusqu'en Indonésie. Cette zone rejoint l'Himalaya, l'Iran et la zone de fractures nord-méditerranéenne que nous avons vue.
La plaque indienne est limitée à l'ouest par la dorsale médio-indienne, au sud par la dorsale circum-antarctique, vers le nord la limite est située au niveau de l'Iran et de l'Himalaya et est considérée alors comme une zone de subduction reliée à une série de zones de subduction comprenant la fosse de Java, l'Arc de Banda, la zone de Nouvelle-Guinée, les fosses de Tonga-Kermadec, Nouvelle-Zélande. On notera que font partie intégrante de cette plaque l'Inde et l'Australie et que les rapports de subduction de cette plaque avec la plaque Pacifique ne sont pas simples.
La plaque pacifique comprend l'ensemble de l'océan Pacifique. Elle est bordée à l'ouest par un feston de zones de subduction, à l'est par la dorsale Est-Pacifique interrompue entre le golfe de Californie et la dorsale Juan de Fuca par la faille transformante de San Andreas.
La plaque antarctique qui comprend l'océan et le continent antarctiques est bordée tout autour de dorsales qui l'entourent.
La plaque Amérique est bordée à l'est par la dorsale médio-Atlantique. A l'ouest, ses frontières sont celles du continent américain dont la nature est géologiquement complexe. Elle débute par une zone de subduction au nord (Cordillère Canadienne) suivie d'une zone transformante (faille San Andreas) puis une série de fosses de subduction du Golfe de Californie à la Terre de Feu.
Dans l'intervalle entre le continent sud-américain et la dorsale Est-Pacifique, Le Pichon place la *plaque de NAZCA*. En fait, cette division en sept plaques laisse des zones d'ombres que l'on modifiera rapidement. L'Arabie est-elle une plaque limitée par l'Iran au nord, la dorsale de la mer Rouge au sud? Les Caraïbes limitées à l'ouest et à l'est par deux subductions ne sont-elles pas autonomes? Ces nouvelles divisions conduiraient à une division du globe en treize plaques.

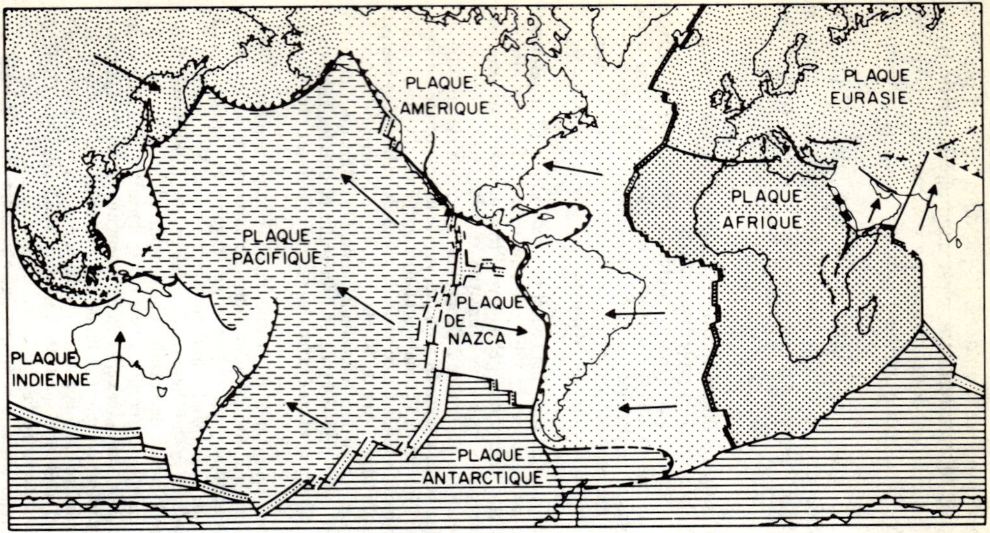

FIG 43. – Schéma des 7 plaques de Le Pichon représenté dans une projection plane.
Les flèches indiquent des mouvements relatifs par rapport à la plaque Afrique supposée fixe par *convention*.
Le double trait avec des pointillés, indique les dorsales, le trait fléché, les zones de subduction.

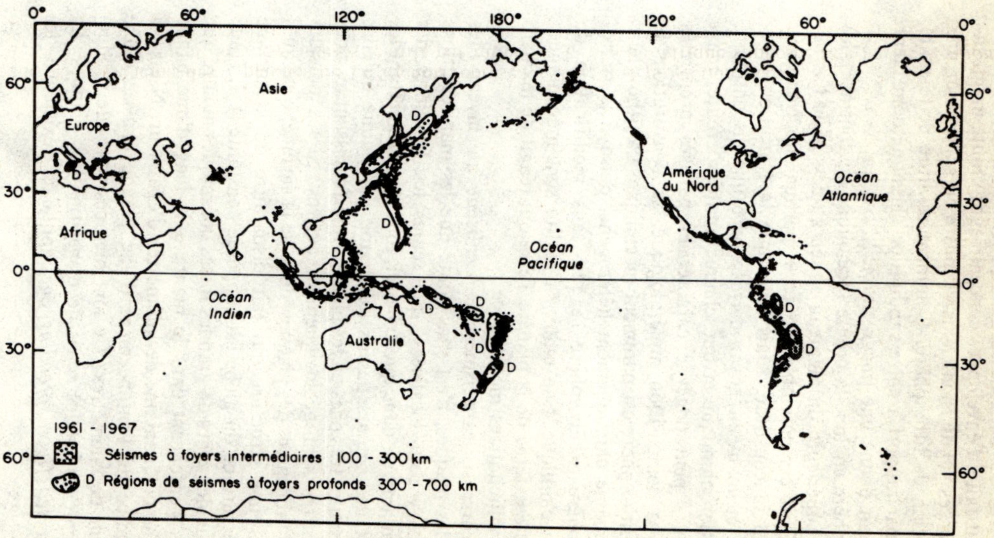

FIG. 44. – Nous avons déjà examiné la carte de séismicité du globe pour la période située entre 1961 et 1967. Dans la présente figure nous n'avons reporté que les séismes dont le foyer est supérieur à 100 km. Leur localisation coïncide avec les régions de grandes fosses sous-marines qui bordent le Pacifique, les Antilles, l'Amérique du Sud et les Aléoutiennes.

la Terre était faite d'enveloppes concentriques croûte-manteau-noyau. Or, à ces subdivisions nous venons d'en superposer une autre, la notion de lithosphère. Comment se situe cette unité structurale par rapport à notre subdivision classique dont l'œuf dur nous avait donné une image simple?

La lithosphère englobe la croûte (océanique ou continentale) et la partie supérieure du manteau située au-dessus de l'asthénosphère. C'est cet ensemble croûte + portion supérieure du manteau qui la constitue. Mais alors que la transition croûte/manteau ou manteau/noyau correspond à une discontinuité de composition chimique et que chaque entité – croûte, manteau, noyau – peut donc se caractériser par ses propriétés chimiques, sa composition minéralogique, sa constitution, le concept de lithosphère est purement mécanique. La lithosphère est en elle-même chimiquement hétérogène, puisque la transition lithosphère-asthénosphère se fait sans modification de composition chimique. Son unité, sa réalité sont mécaniques : c'est la partie externe de la planète Terre qui réagit de manière rigide aux sollicitations mécaniques.

Par ailleurs, si les séismes se localisent au niveau des frontières des plaques, c'est sans doute que les manifestations énergétiques y sont localisées, que seules les frontières des plaques sont actives, donc que celles-ci, tout en transmettant les forces, sont des acteurs passifs du drame géologique qu'elles subissent : seules les zones où les plaques interréagissent les unes avec les autres sont géologiquement actives. Si les dorsales océaniques fabriquent des plaques, donc de la surface, c'est qu'il doit exister une structure qui fait disparaître de la surface (puisque la surface du globe est supposée constante [1]). L'étude sismologique des zones de grandes fosses océaniques montre que les séismes s'enfoncent dans le manteau le long d'une bande étroite d'une cinquantaine de kilomètres d'épaisseur. N'y a-t-il pas là l'indice de l'enfoncement d'une plaque épaisse d'une cinquantaine de kilomètres? Ce sont bien ces zones de subduction qui représentent les zones de disparition des plaques. La logique du *sea floor spreading* en impliquait l'existence, les

1. Peu après la Seconde Guerre mondiale, Carey a cherché a ressusciter la dérive des continents en suggérant l'existence d'un gonflement continu du globe. Malheureusement, un tel mécanisme n'est étayé par aucune observation objective et ne rencontra que peu de succès.

observations séismiques les localisent dans les zones des grandes fosses océaniques.

La répartition détaillée des séismes au niveau des dorsales océaniques est, elle aussi, très caractéristique. Sur la dorsale proprement dite, on ne trouve que des essaims de séismes d'intensité relativement modeste. Par contre, les failles transformantes qui décalent les dorsales sont le siège de séismes beaucoup plus puissants. Cela indique clairement que l'effort mécanique principal se situe au niveau de ces contacts cassants que sont les failles transformantes. Les petites failles transformantes dorsale-dorsale ne sont pas les seules à être sismiquement actives; les grandes failles transformantes qui joignent fosses à dorsales ou fosses à fosses ne le sont pas moins. Ainsi, les grandes failles transversales de la Méditerranée sur lesquelles se localisent les tremblements de terre de Yougoslavie, de Grèce ou de Turquie, ainsi la faille de Chaman, qui joint la zone de subduction himalayenne à la dorsale indienne de Carlsberg, sont-elles bien connues. Mais la plus célèbre des failles transformantes est sans doute celle de San Andreas qui joint le golfe de Californie à la ride Juan de Fuca, et sur laquelle se localisent les grands tremblements de terre californiens, tel celui qui endommagea San Francisco en 1906, et qui font de la Californie une zone réputée sismiquement dangereuse.

Les séismes sont des phénomènes de rupture, mais aussi des émetteurs d'ondes acoustiques. L'étude de l'absorption des ondes sismiques engendrées par les séismes et enregistrées par des réseaux de sismographes situés de par le monde permet l'examen des caractéristiques physiques des milieux traversés. Le paramètre physique que nous allons utiliser s'appelle facteur de qualité d'un milieu, appelé techniquement facteur Q. Lorsque le facteur Q est élevé, le milieu est rigide, il transmet bien les ondes sismiques; lorsqu'il est faible, le milieu est plus visqueux, il transmet mal les ondes. L'étude du facteur Q, que l'on effectue grâce à une analyse fine des enregistrements sismiques, permet de montrer que sur la presque totalité du globe, les 70 à 100 premiers kilomètres sont à Q élevé, alors que la zone immédiatement sous-jacente, de plus de 200 kilomètres d'épaisseur, est à Q faible. Cela s'accorde avec l'idée que les 70 premiers kilomètres constituent les plaques rigides, alors que le substratum est le milieu visqueux sur lequel ces plaques glissent. Les séismologues appellent le milieu supérieur à Q élevé la *lithosphère*, le milieu à Q faible *l'asthénosphère*.

Voyons la répartition de Q aux frontières des plaques. Dans le voisinage des failles transformantes, le schéma n'est pas modifié de part et d'autre de la faille. Il n'en va pas de même au voisinage des dorsales ou des fosses. Au niveau des dorsales, on peut voir que le manteau déformable, plastique, sur lequel les plaques rigides se déplacent, « monte » vers la surface, ce qui est compréhensible puisque c'est au niveau de ces zones que la lithosphère rigide est créée. Au niveau des fosses, comme il est prévisible, une zone à Q élevée s'enfonce dans l'asthénosphère à Q faible. L'enfoncement des plaques, la subduction des plaques lithosphériques, dirons-nous désormais dans notre jargon, apparaît comme séismologiquement « démontrée ».

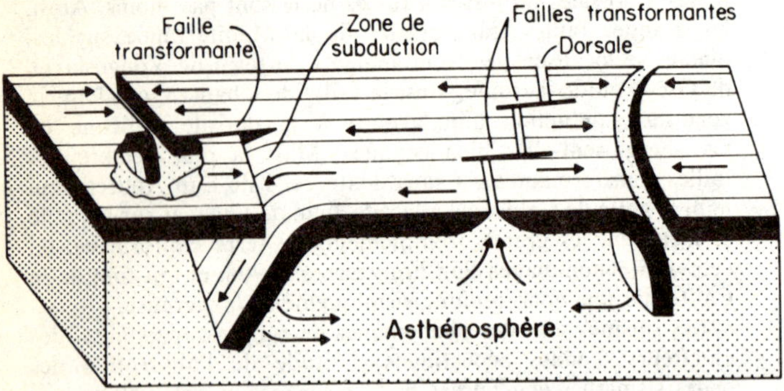

FIG. 45. – Le bloc diagramme ci-dessus est extrait de l'article original Isacks-Oliver-Sykes et représente en relief une série de situations types de la mécanique plaquiste. Les plaques lithosphériques de 70 km d'épaisseur sont créées au niveau des dorsales, glissent sur l'asthénosphère et s'enfoncent dans l'asthénosphère au niveau des zones de subduction.

Le troisième type d'arguments développés par Isacks, Oliver et Sykes, et qui avait déjà servi de base de démonstration à McKenzie et Parker, concerne les mécanismes au foyer des séismes. Un séisme étant un phénomène de rupture le long d'une faille, on peut, à l'aide de stations d'enregistrement disposées autour de la source, c'est-à-dire en divers endroits du globe, déterminer le type de faille créée par le séisme. Si le séisme traduit un phénomène de compression, la faille sera de type inverse; si, au contraire, nous avons affaire à un phénomène d'étirement, la faille sera dite normale; si, enfin, le séisme a lieu sur une faille verticale, ne provoquant qu'un déplacement horizontal, on parlera de décrochement (voir lexique). La détermination des mécanismes au foyer, dans les diverses zones sismiques, montre des caractères tout à fait compatibles avec le modèle plaquiste. Au niveau des dorsales, les petits séismes localisés sur la dorsale même sont du type « étirement ». Rien de plus normal, puisque c'est là que se crée de la surface et que les bords des plaques s'écartent. Sur les failles transformantes, les mécanismes déterminés sont de type « cisaillants ». Mieux même, les directions de ces cisaillements correspondent aux sens relatifs de mouvements déterminés à l'aide des anomalies magnétiques. Ainsi les sens de déplacement des plaques, déterminés par ces phénomènes brutaux que sont les séismes, sont identiques à ceux que nous fournissent les anomalies magnétiques, enregistrant des mouvements de longue durée dont la vitesse est mesurée en centimètres par an. Dans les zones de subduction, les mécanismes aux foyers sont plus complexes et plus variés. Nous y reviendrons ultérieurement; disons pour simplifier qu'ils ne paraissent pas en contradiction avec l'hypothèse d'une plaque qui se plie et s'enfonce dans le manteau.

L'article d'Isacks, Oliver et Sykes utilise pratiquement toutes les données de la séismologie pour les regrouper en une synthèse cohérente et extrêmement homogène. Cet article, auquel nous venons de consacrer un si long développement, va jouer un rôle de détonateur parmi la communauté mondiale des géophysiciens. Ce n'est certes pas le premier article de tectonique des plaques, mais c'est sans doute celui qui provoque le plus grand nombre de conversions. Si, à l'AGU de 1967, la présentation de Morgan passe inaperçue, force est de constater que, quelques mois après l'article d'Isacks, Oliver et Sykes, la « tectonique des plaques » est le sujet de conversation de tous les géophysiciens. Pourquoi cet intérêt soudain? Il faut, à notre avis, en rechercher la raison dans les mentalités des géophysiciens de l'époque.

Depuis des générations, tous les enseignants de géophysique de par le monde commentent la carte mondiale des séismes, leur localisation géographique, leur répartition en profondeur. Depuis des générations, cette cartographie sismique, qu'ils ne peuvent omettre car elle constitue un faisceau d'observations irréfutables, constitue une sorte d' « enclave » dans les cours de séismologie. Ces derniers consistent essentiellement à enseigner les théories de la propagation des ondes sismiques. Ces théories sont bien connues et utilisent un formalisme mathématique copieux. Par contraste, la géographie sismique, sans explication quantitative, apparaît comme un catalogue descriptif, à la limite de l'enseignement scientifique. On comprend donc que la synthèse des séismologues du Lamont, mettant enfin de l'ordre dans les cours de séismologie et redonnant une unité à cette discipline, ait rencontré une telle faveur. Faveur d'autant plus grande qu'outre la séismologie, la magnétisme océanique entre dans une même synthèse, contribuant ainsi à établir une logique des faits géophysiques rigoureuse, sur les bases de la géométrie eulérienne.

Les faits d'observation patiemment accumulés par les géophysiciens depuis des décennies quittent le domaine du catalogue ou de la collection pour entrer par la grande porte dans celui de la Science au sens platonicien du terme, autrement dit celle qui peut être traduite en termes mathématiques. Non seulement ils y entrent, mais ils en constituent désormais un des chapitres glorieux. Les observateurs, les mesureurs trouvent enfin leur récompense, la Terre leur livre ses secrets et les paie de tant de jours sombres et fastidieux ! Il y a là ce que d'aucuns considèrent comme une grande justice mais que d'autres, à l'inverse, peuvent mépriser. Le travail systématique d'accumulation des observations naturelles, sans but théorique défini, trouve dans la tectonique des plaques une justification a posteriori. Traîner des magnétomètres derrière des bateaux pour dresser des cartes magnétiques de l'océan, déterminer patiemment la localisation des tremblements de terre et leurs caractéristiques afin d'en définir la répartition géographique : pendant des années, ces activités ont été considérées par beaucoup comme purement techniques et, somme toute, assez mineures. Dans nos civilisations intellectuelles où l'idée théorique est souveraine, ces laborieux travaux paraissaient souvent bien dérisoires. Dans des pays comme la France où la science-reine est la mathématique, on comprend en quel mépris étaient tenues pareilles besognes : accumuler des données, des observations, des mesures systématiques sans chercher à prouver une quelconque théorie ! Pourtant, sans ces observations, les synthèses de Le Pichon ou d'Isacks, Oliver et Sykes n'auraient jamais vu le jour...

Mais l'expression « tectonique des plaques », prononcée pour la première fois par Isacks, Oliver et Sykes, recèle plus d'ambition que celle de servir de simple cadre aux observations séismologiques ou magnétiques. Le mot tectonique y figure, mot magique parmi les géologues, évoquant pour chacun l'explication synthétique des grands mouvements de l'écorce dont la manifestation la plus spectaculaire est la genèse des chaînes montagneuses. Ainsi, cette cinématique des plaques rigides a-t-elle l'ambition de devenir la clé explicative de tous les phénomènes géologiques et géophysiques ayant lieu à la surface du globe. Ambition considérable, sujet d'irritation pour certains, intense motivation pour d'autres. Suivons ce cheminement de la tectonique des plaques dans son effort pour étendre à tous les phénomènes géologiques son hypothèse de base fondamentale : à savoir que seules les limites de plaques sont actives et que leur intérieur est géologiquement inerte.

Volcanisme et tectonique des plaques

Le volcanisme est le phénomène géologique le plus spectaculaire, objet fascinant pour les photographes et les cinéastes. Pour le géologue, un volcan a la propriété fondamentale d'apporter à la surface du globe du matériel silicaté fondu que l'on appelle magma. Or, l'intérieur du globe, sauf la partie externe du noyau, est à l'état solide. La production de magma implique d'abord la fusion d'une partie de manteau. Le magma ainsi formé doit se frayer un chemin vers la surface. Lorsqu'il y parvient, on parle de volcans; lorsqu'il s'arrête en profondeur et s'y cristallise lentement dans un entourage de roches chaudes, on parle de « pluton ». Les granites sont des plutons. Les phénomènes magmatiques sont donc des transferts de matières fondues de la profondeur vers la surface, donc de zones à températures élevées vers des zones à températures plus basses. Ce sont des phénomènes qui transportent également de la chaleur. Transport de masse et transport d'énergie thermique : tel est le caractère dualiste du volcanisme.

Lorsque, une fois arrivé à la surface, le magma refroidit et se solidifie, il donne naissance à des roches volcaniques dont l'aspect, aussi bien à l'œil nu qu'au microscope, est très caractéristique. Ainsi, on a pu détecter la présence de roches volcaniques dans toutes les formations géologiques, y compris les plus anciennes, celles qui ont 3,5 milliards d'années, à la surface de la Lune, et, grâce aux photographies prises par les missions spatiales, on sait que l'activité volcanique a aussi existé sur Mercure et sur Mars. Tout semble indiquer que le phénomène volcanique est une manifestation des plus générales dans le système solaire et que, chaque fois qu'il se manifeste, il atteste une activité interne de la planète.

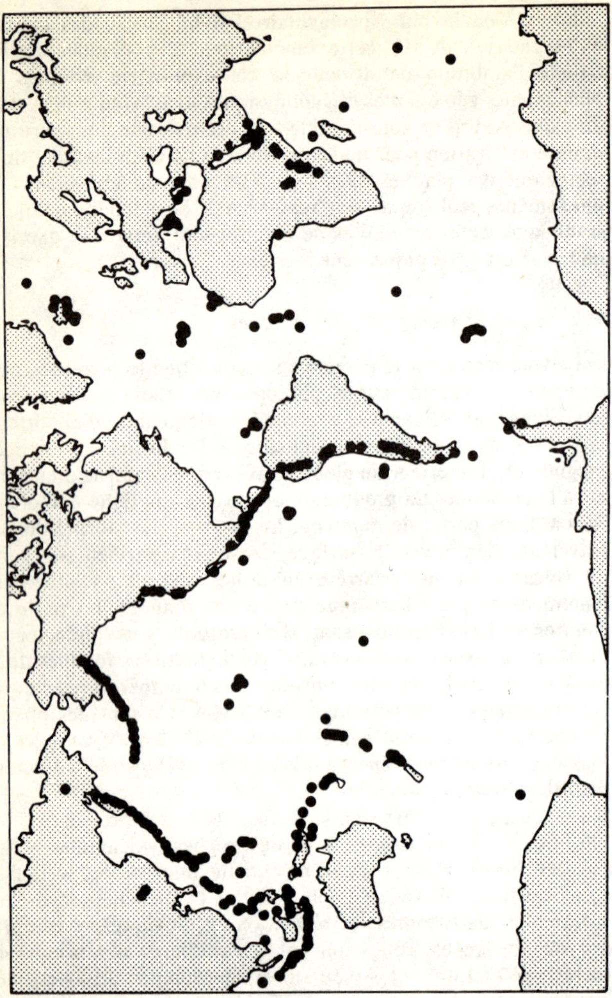

FIG. 46. – Nous avons choisi de représenter sur une même carte l'ensemble des volcans actifs actuels ou ceux qui l'ont été pendant l'histoire humaine. La majorité des volcans sont localisés au niveau des zones de fosses océaniques ou des dorsales médio-océaniques.

La carte des volcans actuellement actifs à la surface de la Terre fait apparaître des zones étroites et bien définies. Les dorsales océaniques constituent les zones où le volcanisme est le plus actif, bien que fort discret, puisqu'il est majoritairement sous-marin. L'Islande, située sur la dorsale médio-atlantique, témoigne pourtant d'une activité volcanique intense. Les dragages effectués sur les dorsales océaniques ramènent à la surface des laves fraîches révélant un volcanisme très abondant. Sur les continents, les dorsales naissantes, comme la zone des grands lacs africains, témoignent également d'une grande activité volcanique.

Les zones de subduction sont d'autres zones volcaniquement actives. On se souvient de l'activité volcanique du Japon, des Philippines, des îles de la Sonde ou encore du Chili, du Pérou, du Mexique ou de l'Amérique centrale. Seules les zones de failles transformantes sont volcaniquement inactives. Ainsi se trouve clarifié le fameux problème de la liaison entre volcans et séismes : toutes les zones volcaniques sont sismiquement actives, mais la réciproque n'est pas vraie. Il n'y a pas de volcans actuels en Turquie, en Yougoslavie ou en Grèce du Nord, pas plus que dans la zone de la faille de San Andreas en Californie. Seules les limites de plaques où il existe des mouvements de matière à composante verticale portent des volcans, que ce soit au niveau des dorsales, où le manteau vient fabriquer de nouvelles surfaces océaniques, ou dans les zones de subduction où de la surface océanique disparaît dans les profondeurs. Les failles transformantes, zones le long desquelles la surface est conservée, ne sont le siège que de mouvements horizontaux et sont donc *avolcaniques*. La répartition du volcanisme sur le globe semble ainsi en accord avec les principes de la tectonique des plaques.

Les chaînes de montagnes récentes

Les zones déformées de la surface du globe constituent les chaînes de montagnes. La surface terrestre s'y est plissée et cassée selon un mouvement correspondant à des rétrécissements locaux.

Regardons la disposition des chaînes de montagnes d'âge géologique récent (moins de 100 millions d'années). En prenant comme référence les limites des plaques lithosphériques, nous pouvons distinguer deux dispositifs :

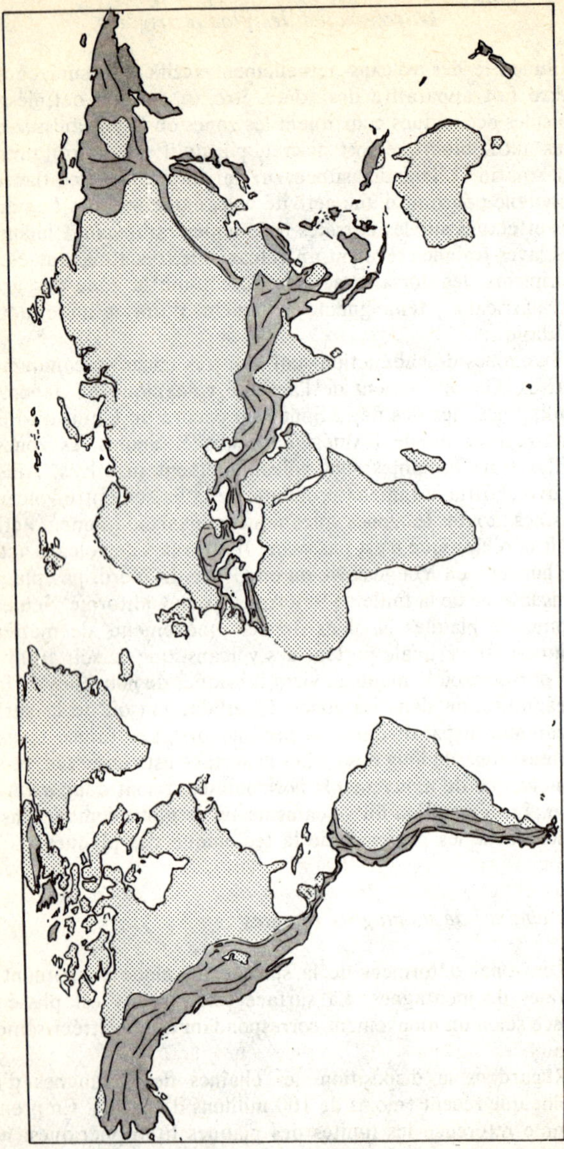

FIG. 47.– Chaînes de montagnes récentes.

L'un correspond aux Cordillères américaines qui, depuis l'Alaska jusqu'à la Terre de Feu, bordent le Nouveau Monde. Elles sont localisées à la limite océan-continent. Une série de zones de subduction s'enfonce sous le continent – à l'exception de l'intervalle californien pour lequel existe la faille transformante de San Andreas – et à l'aplomb de ces zones se situent des chaînes de montagnes plissées associées à des chapelets de volcans aux reliefs imposants. La cordillère des Andes est un exemple typique de cette topologie.

L'autre correspond à la série de chaînes qui, des Alpes à la Thaïlande en passant par la Grèce, l'Iran, l'Himalaya, la Birmanie, séparent la Laurasia des morceaux du Gondwana, et que l'on regroupe sous le vocable général de chaînes alpines. Ces plissements se situent à la rencontre des deux blocs continentaux.

Dans un cas comme dans l'autre, les chaînes de montagnes se forment à la frontière des plaques. La disposition topologique des chaînes de montagnes et du volcanisme ne fait ainsi que renforcer ce que les études séismologiques ont suggéré. L'activité géologique du globe est confinée aux frontières des plaques rigides.

La tectonique des plaques, logique formelle ou théorie physique?

A partir de ces développements, on a eu tendance à considérer qu'il était nécessaire de rassembler tous les résultats obtenus, de les synthétiser et de les formuler de manière compacte, en faisant de la tectonique des plaques une théorie scientifique. Voyons l'historique de cet effort pour créer une logique rigoureuse, et commençons par énoncer les *lois de la tectonique des plaques* :

1) La surface du globe est subdivisée en plaques rigides. Ces calottes sphériques ont une centaine de kilomètres d'épaisseur; c'est à cette unité structurale que l'on donne le nom de lithosphère. On parle de plaques lithosphériques.

2) Les plaques naissent au niveau des dorsales océaniques. Ces structures sont appelées zones d'accrétion.

3) Les plaques s'écartent sans se déformer. Elles glissent sur un substratum visqueux que l'on appelle asthénosphère.

4) Les plaques sont détruites au niveau des fosses océaniques, zones dites de subduction, par enfoncement dans le manteau; mais, dans ce processus, seules les parties océaniques des plaques sont englouties.

5) Les continents légers se déplacent avec les plaques qui les portent, mais sont insubmersibles.

6) Les frontières des plaques sont constituées des dorsales, des zones de subduction et d'une série de nouvelles failles dites transformantes. Elles ne coïncident pas, en général, avec les limites océan-continent. L'étude de la séismicité permet de les cartographier.

7) L'énergie interne du globe se dissipe aux frontières des plaques, soit de manière mécanique (séismes, formation des montagnes), soit de manière thermique (plutons, volcans).

8) Les mouvements relatifs des plaques rigides sont régis par les lois mathématiques de la cinématique sur la sphère. Ainsi le mouvement relatif de deux calottes sphériques rigides est complètement décrit si l'on en connaît le pôle de rotation, dit pôle eulérien, et la vitesse angulaire relative.

Dans l'optique plaquiste, la reconstitution de l'histoire géologique du globe consiste à définir les anciennes plaques, les pôles de rotation entre plaques, les vitesses angulaires relatives. A partir de là, on pourra calculer et reconstituer les géographies successives et, en particulier, les positions successives des radeaux continentaux.

Dans sa première synthèse globale, Xavier Le Pichon découpait le globe en sept plaques. Le travail systématique dans toutes les régions du globe, qu'il s'agisse de nouvelles observations ou mesures ou de réinterprétation d'anciens documents, conduit à enrichir et à compliquer grandement ce schéma initial. Au lieu des sept plaques, on en retient aujourd'hui une quinzaine. Mais, plus encore que cette complication quantitative, l'exploration montre une complexité, une variété de cas topologiques extrêmement surprenante. Les associations entre zones de subduction, dorsales, failles transformantes, limites océan-continent, présentent des géométries si variées qu'il est parfois difficile de ne pas chercher à développer une théorie explicative pour chaque exemple. Pourtant, ce n'est pas cette variété des conditions naturelles qui va dans un premier temps retenir l'attention, mais, à l'inverse, le caractère formel, rigoureux, de l'approche plaquiste, lié aux « théorèmes » que nous venons d'énoncer. C'est la détermination des pôles euleriens et des vitesses de rotation qui va passionner les plaquistes.

Pendant quelques années, une partie de la communauté scientifique géophysique a été comme fascinée par cette géométrie sur la sphère. Certains ont voulu à toute force mettre la géodynamique en *théorèmes rigoureux*, avec l'espoir de décrire toute l'évolution du globe à partir de quelques principes mathématiques ou topologiques simples. Les failles transformantes jouent un rôle fondamental dans cet exercice, puisque leur orientation correspond à un cercle de rotation. A partir de là, on peut déterminer le pôle de rotation entre deux plaques. Ainsi, avec les failles transformantes et les traces des zones de subduction, on peut se proposer de reconstituer l'histoire cinématique du globe.

Morgan et Le Pichon s'étaient livrés à cet exercice pour les cinquante derniers millions d'années, mais l'ambition de la nouvelle théorie dépasse ce cadre paléogéographique. L'aspect quantitatif et rigoureux de la tectonique des plaques permet de penser qu'elle a un potentiel prédictif. On peut par exemple se donner une topologie déterminée sur une sphère, avec disons trois plaques, une certaine répartition des divers types de frontières, des pôles instantanés de rotation, des vitesses angulaires relatives, et chercher à calculer quelle sera l'évolution d'un tel système, comment évoluera la surface et la géométrie de chaque plaque au cours du temps.

Un autre type d'exercice, tout aussi abstrait, auquel se sont livrés McKenzie et Morgan, consiste à étudier l'évolution des *points triples*. Un point triple est le lieu où se rencontrent trois frontières de plaques. Il existe donc divers types de points triples : Dorsale-Dorsale-Dorsale, Dorsale-Transformante-Subduction, Subduction-Subduction-Transformante, etc. Comment ces divers types de points triples évoluent-ils au cours du temps ? Sans nier l'intérêt et la difficulté intellectuelle de tels exercices, il faut bien reconnaître, avec le recul, qu'ils n'ont eu que peu d'influence sur l'évolution des sciences de la Terre...

Une autre catégorie d'exercices a consisté à considérer les cas limites où les principes plaquistes ne s'appliquent plus et où naît une discontinuité dans l'évolution du système. René Thom appelle de tels cas des *catastrophes*. Ainsi, que se passe-t-il lorsqu'une dorsale est entraînée dans une fosse ? Si elle cesse de fabriquer des plaques, on peut considérer qu'une plaque est alors immédiatement supprimée, mais aussi, à terme, la seconde

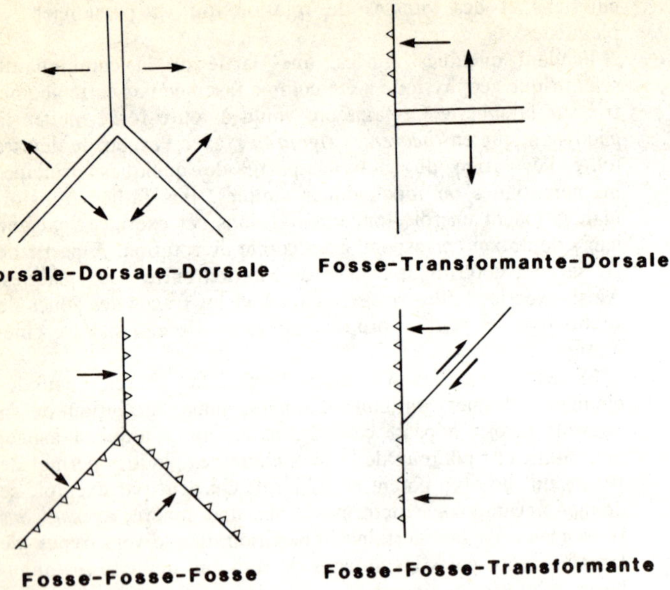

FIG. 48. – Disposition topologique de quatre types de points triples.

plaque adjacente. Poursuivant le scénario, on imagine ce qui pourrait se produire quand deux plans de subductions entrent en collision. Les continents étant insubmersibles, lorsqu'un continent arrive au niveau d'une subduction, le système doit se bloquer. De même lorsque deux continents entrent en contact. Chacun restant en surface, il s'ensuit un télescopage, une *collision continent-continent.*

L'examen de ces cas extrêmes fait prendre conscience des limites de la tectonique des plaques. Lorsqu'on atteint le blocage du système en un endroit, comment la compensation de masse s'établit-elle à l'échelle de La Terre entière? Ainsi, par exemple, si une subduction s'arrête par suite d'une collision continent-continent, comment ce phénomène va-t-il se répercuter sur la distribution des taux d'expansion, des vitesses relatives des dorsales, sur les pôles de rotation? Lorsqu'une dorsale s'engloutit dans une zone de subduction et y disparaît, que se passe-t-il à

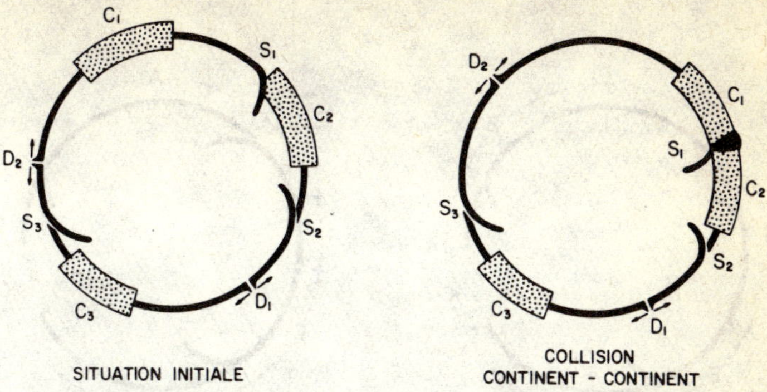

FIG. 49 a. – Schéma théorique montrant comment il est possible de concevoir une évolution « bloquée ». Sur une coupe méridienne dont nous avons à présent l'habitude, nous avons fait figurer trois continents C_1, C_2, C_3, deux dorsales D_1 et D_2 et trois zones de subduction S_1, S_2, S_3. Nous avons imaginé que l'océan correspondant à (D_2) s'étendant, le Continent C_1 arrive en position de subduction S_1 et ainsi entre en collision avec C_2. L'océan situé entre (C_1-C_2) disparaît, les continents C_1-C_2 sont soudés.

l'échelle du globe? Naît-il ailleurs une nouvelle dorsale? mais où? comment? Ou bien, à l'inverse, faut-il considérer comme définitive la perte de deux plaques? Mais ne faut-il pas s'attendre à ce que nous nous acheminions progressivement vers une Terre à une ou deux plaques? Il faudrait alors admettre que la tectonique des plaques ait débuté avec un grand nombre de plaques...

Nous savons que de telles discontinuités de comportement existent, puisque le continent Pangée qui, il y a 250 millions d'années, n'appartenait qu'à une seule plaque, s'est fragmenté et que ses morceaux appartiennent aujourd'hui à six plaques. Pourtant, nous ne comprenons pas comment ces discontinuités de comportement apparaissent, ni où, ni pourquoi.

Afin de relier les divers scénarios en un schéma cohérent, Wilson a imaginé la succession suivante :

Phase 1 : Fracturation d'un continent et formation d'un rift (l'exemple actuel est l'Est africain).
Phase 2 : Après quelque temps une dorsale océanique s'installe et l'épisode de *spreading* commence.

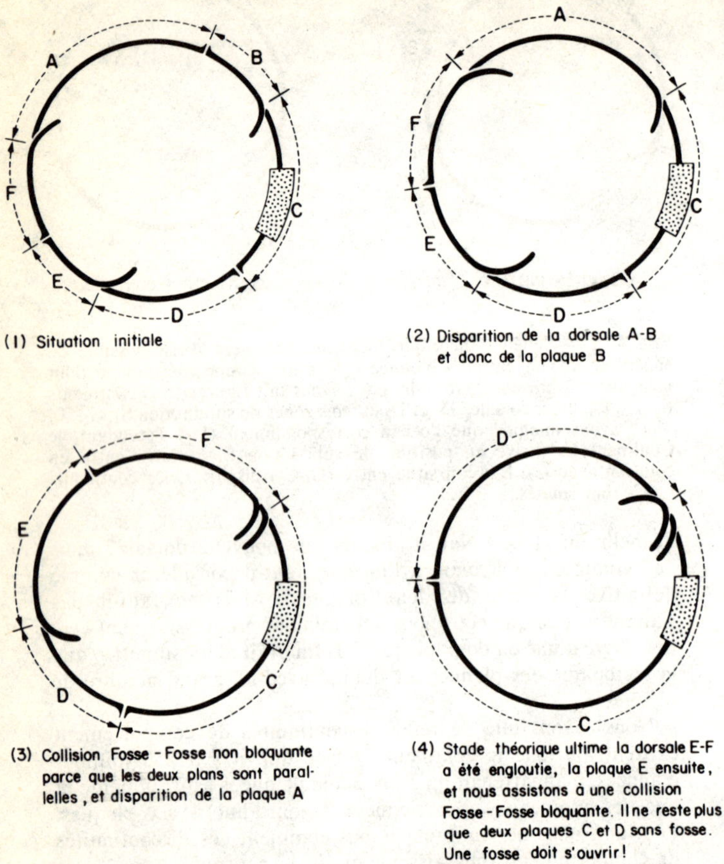

FIG. 49 b. – Cette série de schémas théoriques où la situation géodynamique est représentée par une coupe méridienne symbolique est destinée à montrer une suite d'événements qui conduisent forcément à une situation qui ne peut se débloquer que par une *création* d'un nouvel élément fondamental, ici une fosse.

Phase 3 : Un océan est créé avec une dorsale centrale et deux marges sans subduction, appellées pour cela inactives.
Phase 4 : Le plancher océanique s'enfonce sous une des marges donnant naissance à une nouvelle zone de subduction (marge active).
Phase 5 : Cette zone finit par absorber la dorsale elle-même.
Phase 6 : A partir de là l'océan s'engloutit tout entier dans la zone de subduction et les deux anciennes marges viennent en contact, entrent en collision, reconstituant l'ancien continent mais avec une chaîne de montagne au niveau de la soudure.

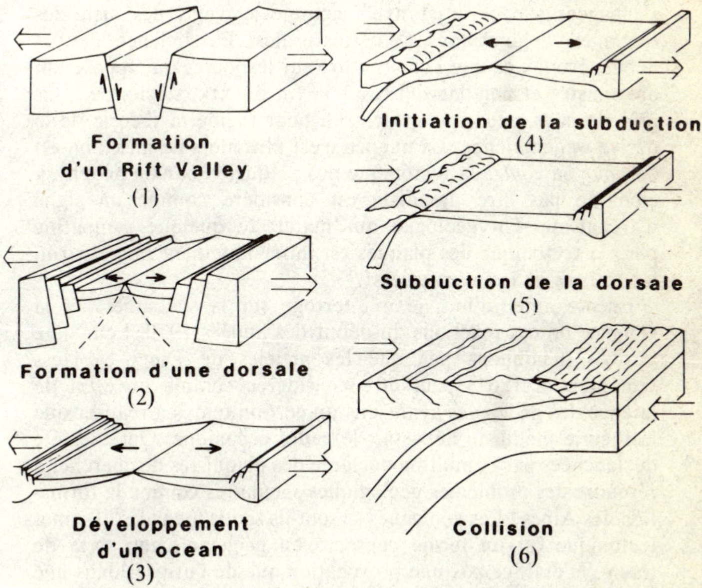

FIG. 50. – Succession de scénarios représentant le cycle de Wilson.

Le cycle une fois terminé en un endroit pourra se reproduire ailleurs. Dans cette vision, l'histoire géologique du globe se résume à une série de *cycles de Wilson,* successifs, espacés dans le temps et l'espace.

A partir de là, les plaquistes croyaient tenir la clef de l'histoire géologique du monde.

Les réactions géologiques antiplaquistes

La théorie de l'expansion des fonds océaniques avait provoqué une polémique somme toute assez brève parmi les océanographes, mais avait laissé les géologues quasi indifférents. C'était, à leurs yeux, une théorie d'océanographie pour océanographes.

La tectonique des plaques va déclencher au contraire, de la part de la communauté géologique, unc réaction de rejet extrêmement violente. Des débats passionnés et fanatiques s'engagent sur ce sujet avec, comme souvent, des attitudes extrêmes, dogmatiques et caricaturales. La violence de ces débats évoque ce que l'on a pu lire sur les joutes qui opposèrent darwinistes et non-darwinistes à la fin du XIXe siècle, ou, plus près de nous, ceux qui avaient eu pour thème la théorie de la dérive wegenérienne. La nuance n'est plus alors de mise : on est ou *pour* ou *contre* la tectonique des plaques. Pour un géophysicien, ne pas être mobiliste est considéré comme un signe d'archaïsme. Un géologue qui manifeste quelque sympathie pour la tectonique des plaques est immédiatement rangé parmi les traîtres et les aventuriers!

Encore aujourd'hui, je m'interroge sur la soudaineté et la violence de ces réactions du début des années 1970. Leur date tardive (n'oublions pas que les articles de Dietz et Hess remontent à 1961) peut être considérée comme un effet de latence, les géologues ayant mis un certain temps à réaliser que la théorie mobiliste dépassait le cadre océanique. Ont-elles été déclenchées par l'ambition déclarée des plaquistes de chercher à résoudre des problèmes géologiques séculaires comme la formation des Alpes? Les géologues se sont-ils sentis menacés? Le mot tectonique est un terme consacré en géologie[1], une sorte de totem. N'était-ce pas une provocation que de l'utiliser dans une acception non conventionnelle?

Difficile de répondre à cette question. Du moins peut-on chercher à examiner les manifestations de ce rejet, et d'abord passer en revue les arguments du « camp du refus ».

Il faut les classer en deux catégories, souvent mêlées dans les débats et les écrits, mais fondamentalement différentes sur le

1. Voir chapitre VI.

plan épistémologique : l'hostilité à l'égard des déplacements tangentiels, c'est-à-dire du mobilisme, et les critiques plus techniques adressées à l'application des règles rigides de la tectonique des plaques ou à tel ou tel de ces aspects particuliers. La première attitude marque un rejet global ; la seconde, un désaccord sur les modalités.

Les arguments antimobilistes sont, il faut le dire nettement, extrêmement faibles et inconsistants. Ils relèvent soit d'une mauvaise compréhension des nouvelles théories, soit d'une argumentaire philosophique éloigné des faits scientifiques concrets. Ainsi entend-on dire que l'Afrique, située entre une dorsale indienne en *expansion* et une dorsale atlantique en *expansion*, devrait être en *compression*. Or aucune chaîne de montagnes récentes ne parcourt l'Afrique centrale ! Nous avons fait justice, au chapitre précédent, de cette vision erronée due à une ignorance de la globalité du mobilisme. On entend dire encore que le raccord de l'Atlantique Nord est impossible, que la reconstitution du Pacifique ne peut se faire et que, d'ailleurs, la dorsale du Pacifique n'est pas médiane par rapport à l'océan. La cartographie magnétique des océans met souvent en évidence des structures extrêmement complexes : n'est-ce pas là la preuve que les figures simples et pédagogiques des anomalies symétriques par rapport aux dorsales, présentées par Vine et Matthews, ne sont que des exceptions sans signification générale ?

L'observation géologique des continents les montre plissés, cassés et déformés, au gré de chaînes de montagnes jeunes, mais aussi des terrains à faible relief que sont les vieilles chaînes de montagnes arasées. Comment concilier ces plissements avec la prétendue rigidité des plaques ?

En plein milieu de la plaque Pacifique existent des alignements de volcans, des chaînes volcanique ; les plus célèbres sont les archipels des îles d'Hawaii et de Tahiti. Or la datation absolue de ces îles montre que, contrairement à ce qu'affirmait Tuzo Wilson, elles ne sont pas nées sur la dorsale Pacifique Est, mais qu'elles se sont au contraire développées sur place, au milieu de la plaque Pacifique. D'ailleurs, certaines de ces îles portent actuellement un volcanisme actif, comme le volcan du Kilauea. Le phénomène volcanique n'est donc pas cantonné aux frontières des plaques, mais existe au centre même de la plaque Pacifique. De manière analogue, en plein milieu de la plaque Asie, en Chine, existe une activité sismique considérable. Le tableau des tremblements de terre meurtriers de l'Histoire met la Chine au premier rang. Là encore, on voit donc des manifestations mécaniques violentes à l'intérieur même d'une plaque. Les frontières des plaques n'ont donc pas le monopole des dissipations d'énergie!

Comment c'est souvent le cas, certaines critiques contiennent de vraies questions auxquelles il faudra répondre, mais aucune ne remet véritablement en cause la synthèse globale plaquiste, tant les poids respectifs des arguments développés sont inégaux. Dans les sciences de la Nature où les observations sont surabondantes, où l'apparente complexité des phénomènes est considérable, la hiérarchisation des problèmes est une nécessité absolue qui n'est pas toujours bien perçue. Ainsi les critiques radicales contre la réalité des mouvements latéraux vont rapidement s'émousser et la majorité de la communauté géologique va admettre la réalité du mobilisme. Mais, en même temps, *on admet* aussitôt que les principes qui en découlent ne sont applicables que pour les océans et n'affectent pas l'« espace géologique » continental. *Sea floor spreading* et tectonique des plaques apparaissent comme des synthèses spécifiques qui ne s'appliquent qu'aux océans et sont déconnectées de la réalité géologique traditionnelle. C'est la théorie que l'on peut appeler des *deux géologies* : celle des océans et celle des continents, sans relation entre elles. Certains géologues pourront ainsi déclarer qu'ils ne sont pas concernés par la tectonique des plaques.

Mais ces opinions moyennes sont naturellement variables et ont notamment varié suivant les communautés géologiques concernées. Les contextes culturels nationaux jouent un rôle important dans les résultats de ce grand débat d'idées.

La communauté géologique américaine est sans doute la plus conservatrice du monde dans le domaine du mobilisme. Les sentiments antidérivistes y sont alors farouches. P. J. Wyllie écrit que si, avant 1960, un candidat professeur d'université avait manifesté quelque sympathie pour les thèses dérivistes, cela aurait suffi pour éliminer sa candidature. Mais l'attrait des Américains pour ce qui est nouveau fait brutalement basculer ces positions sous l'influence de Dietz, de Dewey et de Bird, auteurs sur lesquels nous reviendrons encore au chapitre « Tectonique ». En deux ans, la quasi-totalité des géologues américains adoptent la tectonique des plaques et en deviennent des partisans fidèles et mêmes zélés. Aujourd'hui, un candidat professeur qui se déclarerait antiplaquiste se verrait rapidement éconduit! Ses adversaires irréductibles, tels les Meyerhoff (A. et

B.), seront rapidement isolés, quoique protégés et vénérés comme des reliques, témoins du libéralisme philosophique du Nouveau Monde, ainsi qu'on observe et protège les coelacanthes...

Au Japon, si les géophysiciens sont très rapidement des adeptes et des acteurs convaincus, les géologues opposent à la tectonique des plaques une fin de non-recevoir absolue. Il faudra attendre le retour au Japon du pétrologue I. Kushiro pour voir enfin la tectonique des plaques enseignée au département de Géologie de l'université de Tokyo!

En Europe, la lutte est beaucoup plus difficile, car les géophysiciens ne représentent qu'une faible minorité. Les géologues européens sont convaincus, depuis Staub et Kosmat, qu'un mobilisme modéré est nécessaire à l'explication des Alpes; ils ont une tradition tectonique vivace qui se satisfait fort bien de ce cadre raisonnable, d'où une hostilité très grande au mobilisme grandiose qui apparaît comme un excès caricatural tout à fait superflu. Pour ne citer que l'exemple de la France, il faudra attendre 1970 et l'autonomie pédagogique reconnue aux universités pour que, dans un département de géologie de la nouvelle université de Paris-VII, créé ex nihilo, sans héritage encombrant, on puisse enseigner officiellement la tectonique des plaques! En 1971, soit dix ans après l'article de Hess, on ne trouve en France aucun « grand patron » de la géologie, à l'exception de Maurice Mattauer, qui accepte, même à titre d'hypothèse, la dérive des continents. En 1978, au Congrès national réuni à Orsay, soit dix ans après les articles de McKenzie et Parker, de Morgan et Le Pichon, on verra encore plus de la moitié des géologues français hostiles à la théorie des plaques! Les conflits prendront partout des formes aiguës, violentes et la communauté scientifique se scindera en plaquistes et antiplaquistes. Pendant plus de dix ans, la page scientifique du journal *Le Monde* sera une source d'informations sur la tectonique des plaques plus riche que les manuels scolaires ou universitaires, voire que beaucoup de cours professoraux!

Les autres pays d'Europe ne seront guère mieux lotis que nous, à l'exception de la Grande-Bretagne où la pénétration linguistique américaine induira une évolution beaucoup plus douce, notamment grâce à l'activité des départements de géophysique de Cambridge, autour de Teddy Bullard et de ses élèves, Drumond Matthews, Fred Vine, Dan McKenzie, John

Sclater, et de manière moins spectaculaire à Newcastle où enseignent des hommes comme Keith Runcorn et Dave Tözer. Pourtant, les géologues anglais ne seront guère plus réceptifs que leurs collègues du continent européen.

L'Union soviétique constitue, dans cet anti-palmarès, l'archétype de l'attitude statique et réactionnaire. La recherche, surtout réalisée dans les laboratoires de L'Académie des Sciences, est déconnectée de l'enseignement et de la contestation intellectuelle étudiante. L'académicien Beloussov, grand responsable de la géologie soviétique, est un adversaire acharné du mobilisme, et l'ensemble de la communauté géologique soviétique restera hostile aux idées dérivistes jusqu'aux années 1980. Jusqu'à ce que de jeunes scientifiques courageux entreprennent une reconquête patiente des esprits! Ainsi, un grand pays scientifique, riche d'une longue tradition géologique et de nombreux talents, demeurera plus de dix ans à l'écart de la révolution mobiliste.

Mais, finalement, toutes les oppositions au mobilisme vont être rapidement dépassées ou ignorées. Wegener était naguère un homme presque seul face à une communauté géologique hostile. Dans l'affrontement des années 70, il s'agit du face à face de deux communautés. La communauté plaquiste est jeune, nombreuse, active. Les étudiants s'y rallient en masse. Comme une vague déferlante, l'idée de mobilisme va tout submerger.

La dérive des continents est aujourd'hui un fait scientifique aussi bien admis que la structure de l'atome ou la formule chimique de l'ADN. Le cadre mobiliste est le cadre obligatoire dans lequel doit se replacer toute recherche géologique, et cela n'est plus contesté par personne. Ce cadre est sans doute plus flexible que celui qu'avaient développé les théoriciens de la tectonique des plaques rigides, mais il reste fondamentalement celui défini par Hess et par Isacks, Oliver et Sykes. Cette approche mobiliste va dès lors générer dans les sciences géologiques une révolution qui emprunte deux voies complémentaires : d'une part, va se créer une nouvelle méthode d'étude du globe, par référence à ce que telle ou telle région représente dans le scénario des plaques (nous appellerons cette approche la « géologie plaquiste »); d'autre part, elle va profondément transformer les disciplines traditionnelles de la géologie.

Certains appellent cette manière nouvelle d'aborder la Terre la *géologie globale.* Globale, elle l'est par son approche à

l'échelle planétaire, mais elle l'est aussi par son approche multidisciplinaire. Comme au temps de Wegener, toutes les disciplines des sciences de la Terre cherchent ensemble à comprendre le fonctionnement d'un objet d'étude commun : la Terre. Ce rôle fédérateur que la tectonique des plaques va jouer dans les géosciences est sans doute aussi important que la théorie elle-même.

V

La naissance de la géologie des océans

Avant la tectonique des plaques il existait certes une géologie des océans mais elle se résumait à une accumulation de mesures, de cartes, d'échantillons, sans liens théoriques entre eux.

Les concepts mobilistes vont lui donner à la fois les bases théoriques permettant de développer une logique propre mais également des outils extrêmement puissants d'analyse et au premier chef la cartographie magnétique.

A partir de là va naître un nouveau chapitre de la géologie du globe. La géologie, longtemps confinée aux continents va s'ouvrir aux océans, c'est-à-dire aux deux tiers de la surface de la Terre. Voyons-en les premières étapes et aussi les fondements.

La peau de zèbre chiffonnée et l'histoire des océans

Le fond des océans est constitué de basaltes recouverts de sédiments. Le basaltes portent en eux la signature magnétique. Cette signature porte deux messages : l'un est *chronologique* et permet de dater telle ou telle zone de l'océan par rapport à l'échelle des inversions, l'autre est *géométrique.* Les anomalies étant parallèles à la dorsale, elles sont parallèles entre elles. Si ce parallélisme est détruit, il indique l'existence d'une modification des conditions d'expansion océanique, changement d'orientation, changement de vitesse, existence de glissements différentiels le long des failles transformantes, la naissance ou la disparition d'une dorsale, etc. La peau de zèbre magnétique est la mémoire de l'histoire géologique des océans. Les règles de la géométrie sur la sphère permettent de formaliser l'utilisation de la peau de zèbre « froissée ». On a pu ainsi reconstituer en détail l'histoire des divers océans du globe. Nous avons déjà rencontré ces méthodes, nous les retrouvons ici dans un cadre encore plus détaillé. Elles ont montré qu'en fait, l'histoire des océans était variée et variable et que de multiples modifications avaient eu lieu au cours des deux derniers millions d'années. Xavier Le Pichon avait montré l'efficacité de la technique plaquiste dans un cas global relativement simple, il va être suivi dans le déchiffrage de cas plus complexes; John Sclater, Dan McKenzie, Roland Schlich et Philippe Patriat pour l'océan Indien, Walter Pittman ou Tanya Attwater pour l'Est-Pacifique.

L'histoire de l'océan Indien et les interactions dorsales transformantes

Il est aujourd'hui clair que l'Inde a « traversé » l'océan Indien pour aller se souder à l'Asie mais ce cheminement n'est pas simple. Il y a 55 millions d'années, la dorsale océanique indienne

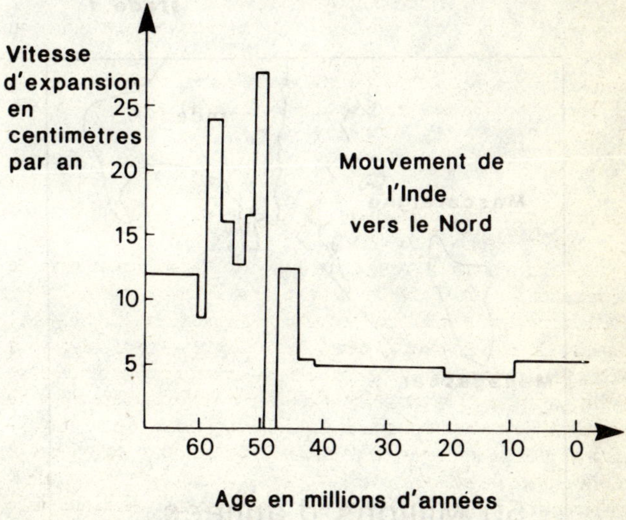

FIG. 51 a. – Variations de la vitesse d'expansion de la dorsale indienne au cours du temps (on notera les variations considérables qui contredisent en fait l'hypothèse d'Heirtzler p. 107).

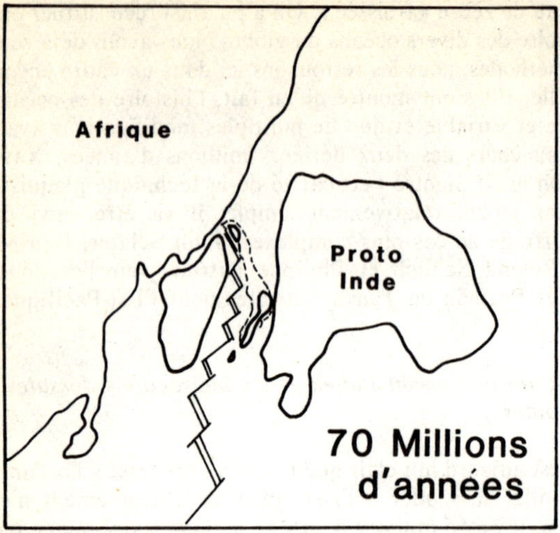

stade 1

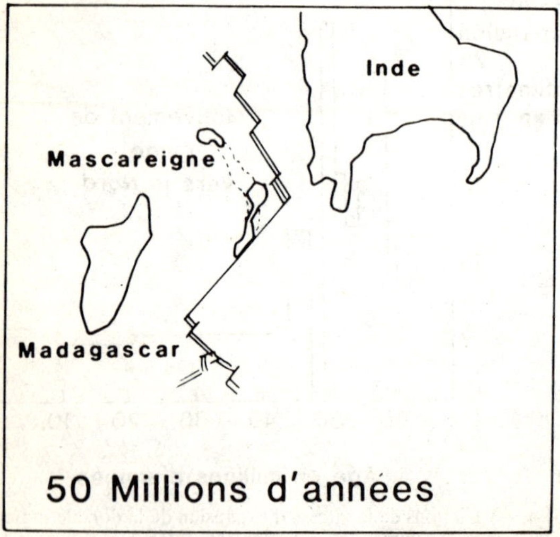

stade 2

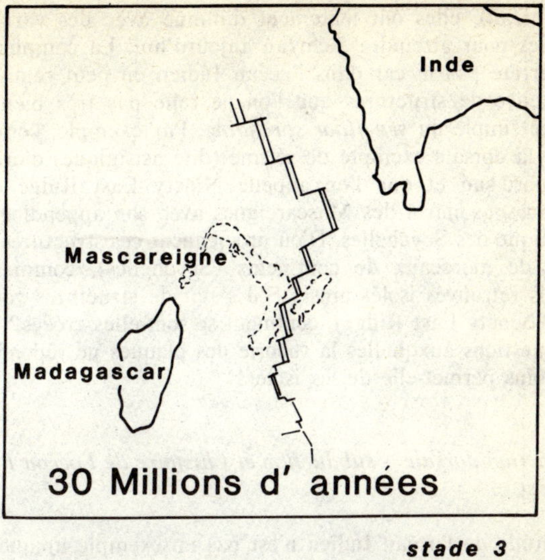

FIG. 51 b. – Mouvements de l'Inde vers le nord à différentes époques montrant la combinaison failles transformantes-dorsales. (1) Il y a 70 millions d'années l'Inde vient de se détacher de l'Afrique ; une petite dorsale sépare l'Inde de Madagascar (alors liée au continent). (2) Il y a 50 millions d'années une partie de la dorsale a brusquement eu un taux d'expansion très élevé (25 centimètres par an) et a agrandi une faille transformante, la faille de Chagas. (3) Vers 30 millions d'années, alors que le taux d'expansion s'est ralenti, que l'Inde a déjà percuté l'Asie, la faille de Chagas subit une rotation et se décompose en une série de petits éléments de dorsale..

était orientée est-ouest. Une gigantesque faille transformante nord-sud (la faille de Chagas) s'est créée séparant deux parties de l'océan Indien. L'Inde a commencé à dériver plein nord. Puis, il y a 35 millions d'années, la faille de Chagos s'est décomposée en une structure complexe constituée par une série de petites dorsales coupées par des failles transformantes. L'ensemble constituant une dorsale en échelon d'orientation NO-SE. L'Inde s'est mise alors à changer de direction et à dériver vers le NE. Le morcellement de la dorsale indienne s'est poursuivi pour atteindre la continuité et le degré de complexité que nous lui connaissons aujourd'hui (Fig. 51). En outre, les vitesses d'expansion ont varié. Très rapides il y a 55 millions d'années

(16 cm/an), elles ont lentement diminué avec des variations brutales pour atteindre 5 cm/an aujourd'hui. La complication ne s'arrête pas là car dans l'océan Indien on peut remarquer l'existence de structures que l'on ne relie pas très bien à la théorie simple du *sea floor spreading.* Par exemple, comment situer la dorsale exempte de séisme (dite asismique) d'orientation nord-sud et que l'on appelle Ninety East Ridge ou le plateau sous-marin des Mascareignes avec son appendice, l'île granitique des Seychelles. D'où proviennent ces structures? S'il s'agit de morceaux de continents (Seychelles), comment se sont-ils retrouvés isolés ainsi? S'il s'agit de structures volcaniques (Ninety East Ridge), comment se sont-elles créées? Voilà des questions auxquelles la théorie des plaques ne répond pas, du moins permet-elle de les isoler!

Interaction dorsale – subduction et l'histoire de l'océan Pacifique Est

L'étude de l'océan Indien n'est pas un exemple unique. Bill Menard et Tanya Atwater, travaillant alors à la Scripps, ont étudié les anomalies magnétiques au large des côtes américaines. Avec minutie, ils ont reconstitué les mouvements des plaques traduits par la distribution des anomalies magnétiques et montré que les dorsales changent d'orientation et de forme. La structure magnétique du fond des océans traduit ces changements continuels. Walter Pittman et Jim Hayes du Lamont, étudiant les anomalies du golfe d'Alaska, ont montré également l'existence de variations d'orientation importantes, mais aussi l'existence d'une migration de la dorsale par rapport à la côte continentale. Or au niveau du continent se situent deux zones de subduction, la zone d'Alaska et celle de Colombie britannique; on commence donc à concevoir le cas limite où la dorsale arrive au niveau d'une zone de subduction et s'y engloutit. Ce phénomène a des conséquences fondamentales à l'échelle globale puisque on supprime d'un coup une frontière de plaque créatrice de surface.

En fait, ce phénomène d'interaction dorsale-zone de subduction existe sur toute la côte Ouest de l'Amérique du Nord. L'étude détaillée de cette interaction et de l'évolution de l'Est-Pacifique va conduire Tanya Atwater à une remarquable reconstitution de l'histoire géologique de la région ouest-améri-

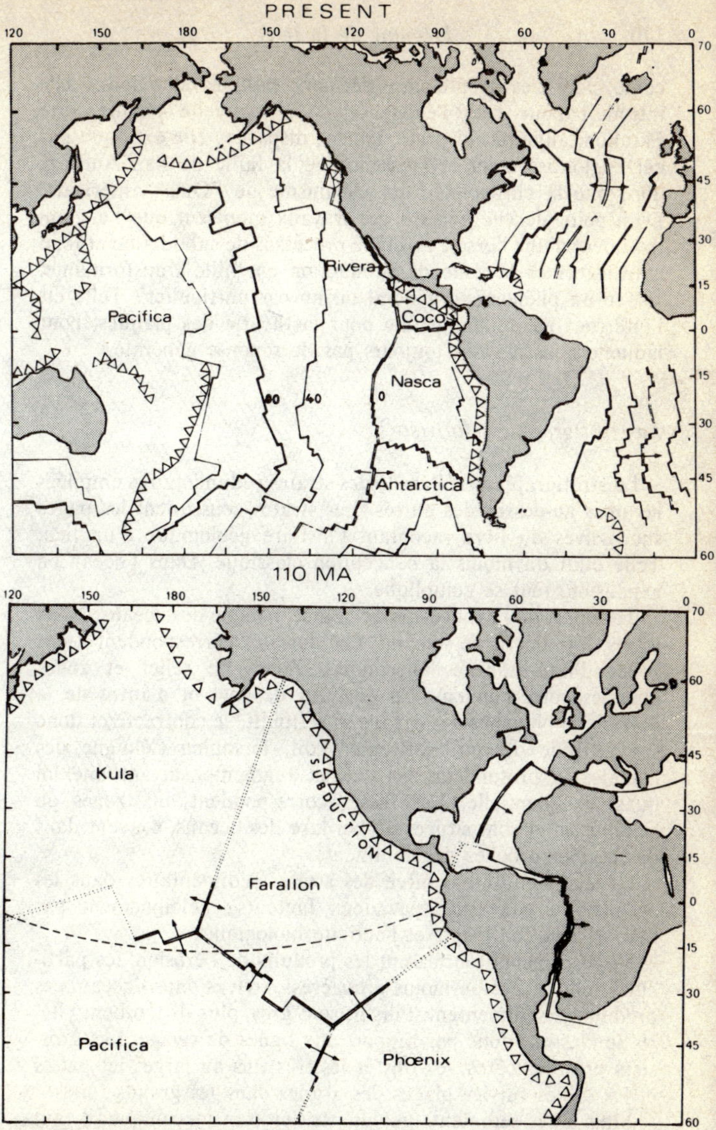

FIG. 52. – Cette figure est une extension des deux figures précédentes à l'évolution de l'ensemble du Pacifique. La figure (a) est la situation présente avec la forme de la dorsale et les anomalies magnétiques 40 et 30. La figure (b) est la situation il y a 110 millions d'années (d'après J. Francheteau).

caine pour les trente-cinq derniers millions d'années. Elle introduit pour cela l'existence d'une nouvelle plaque, dite Farallon, aujourd'hui pratiquement disparue; elle explique par cet engloutissement la naissance de la faille de San Andreas ainsi que la chronologie du volcanisme de l'Ouest américain. D'un point de vue général ces travaux montrent que l'engloutissement d'une dorsale arrête le processus de subduction et tend à transformer la zone de subduction en faille transformante. Est-ce un phénomène général ou un cas particulier? Telle est l'interrogation fondamentale pour la théorie des plaques, pour laquelle nous n'avons toujours pas de réponse générale.

La stratigraphie relativiste

La stratigraphie est l'étude des strates sédimentaires empilées les unes au-dessus des autres. Les strates constituent les pages successives du livre racontant l'histoire géologique d'un lieu. Telle était du moins la conception classique. Dans l'océan en expansion, tout se complique.

Tout part de l'explication de la morphologie des océans. Nous avons déjà décrit ce schéma. Les dorsales correspondent à des zones d'intumescence thermique. Zones de relief et zones chaudes correspondent. En dérivant de part et d'autre de la dorsale, le plancher des océans se refroidit, se contracte et donc son altitude décroît. Autrement dit, lorsqu'on s'éloigne des dorsales la profondeur des océans augmente suivant une loi quasi exponentielle. Les fosses correspondent aux zones de subduction et sont situées en bordure des océans, souvent dans des régions proches des continents.

La sédimentation, source des strates sédimentaires dans les océans, est gouvernée par deux facteurs : l'éloignement par rapport aux continents et l'activité biologique.

Les continents fournissent les produits de l'érosion, les particules solides plus ou moins grossières. Arrivés dans l'océan, ces produits se sédimentent. Plus ils sont gros, plus ils tombent vite. Ils se classent donc par rapport aux lignes de rivage. Les grossiers près des côtes, les fins et les très fins au large; les galets et les sables sur les plages, les argiles dans les grands fonds.

Mais à ces sédiments guidés par l'érosion mécanique, il faut adjoindre un autre type de sédiments d'origine biochimique. L'activité biologique marine est entièrement guidée par l'existence du plancton qui fournit la nourriture de base des espèces animales marines. Ces espèces fabriquent pour la plupart des coquilles et des tests qui sont soit calcaires, soit siliceux. Lorsque les organismes meurent, les tests tombent au fond, créant par leur accumulation des sédiments calcaires ou siliceux. L'activité biologique des organismes à tests est centrée sur la zone intertropicale où la vie marine luxuriante donne naissance à une grande quantité de tests calcaires. Dans les zones froides les tests calcaires ne se fabriquent pas, les tests siliceux continuent à se former. Bien que l'activité biologique globale soit moindre, la différence de sensibilité à la température des deux types d'espèces donne l'impression d'une prolifération siliceuse (diatomées). La productivité des tests biologiques est donc zonée : tests calcaires vers l'équateur, plus siliceux vers les pôles.

Mais la sédimentation ne reflète que très imparfaitement cette zonalité. Il se superpose en effet un autre phénomène qui est la redissolution. Le carbonate de calcium est en effet soluble sous pression, donc dans les grandes profondeurs marines. Les tests calcaires sont formés vers la surface. Les rayons lumineux, source de photosynthèse donc de plancton, donc de vie, ne pénètrent que peu profondément et l'activité biologique se concentre en fait dans les deux cents premiers mètres près de la surface. Après la mort de l'animal, le test tombe vers le fond. Si ce dernier est situé à une profondeur faible, le test se redissout avant d'atteindre le fond. La sédimentation ne sera donc calcaire que sur les hauts fonds; dans les plaines profondes, seules les argiles se déposeront. La profondeur limite n'est pas seulement fonction de la pression, donc de la profondeur, mais dépend aussi de la productivité biologique. Pour donner une image, disons que si la productivité biologique est forte, l'océan « aura du mal » à dissoudre tout le calcaire et donc la limite de compensation sera plus profonde. Ainsi, la limite de compensation du Pacifique est plus profonde que dans l'Atlantique et, fait très important, atteint pratiquement la limite des grands fonds au niveau de l'équateur. L'équateur est donc marqué dans la carte de sédimentation par une bande calcaire. Ces clés sédimentologiques ajoutées aux concepts issus du mobilisme vont nous permettre de décoder le message des séries sédimentaires océaniques.

Le plancher des océans est un tapis roulant. Les sédiments déposés à l'axe d'une dorsale océanique à une époque donnée se retrouvent quelques millions d'années après à quelques centaines de kilomètres de là. A l'aplomb de la dorsale il se dépose à présent d'autres sédiments qui à leur tour dérivent et ainsi de suite... Ainsi l'enregistrement d'une colonne sédimentaire est un enregistrement continu mais à géographie variable. Nous avons déjà dit que cette conséquence du *sea floor spreading* avait été vérifiée en montrant que l'âge du premier sédiment en contact avec la croûte océanique basaltique augmentait lorsqu'on s'éloignait de la dorsale.

Pour vérifier cela, il faut être capable de rapporter une carotte de sédiment allant de l'interface avec l'eau jusqu'à celui avec le basalte. Cette opération est techniquement difficile et a nécessité la mise sur pied d'un programme gigantesque de forage sous-marin. Appelé JOIDES et purement américain dans une première phase, il s'est internationalisé, dans une seconde phase, sous le nom d'IPOD (et a absorbé des sommes d'argent considérables, jusqu'à 35 millions de dollars par an). Il a mobilisé une communauté scientifique d'abord réticente et peu nombreuse puis de plus en plus enthousiaste et copieuse. Les informations recueillies systématiquement dans tous les grands océans du monde ont permi de bâtir la nouvelle stratigraphie océanique.

Histoire de l'Atlantique

Ainsi, la datation des premiers sédiments de l'océan Atlantique a permis de vérifier qu'Atlantique Nord et Sud ne s'étaient pas « ouverts » à la même époque, nous le savions grâce aux anomalies magnétiques, la stratigraphie marine avec ses datations à l'aide des microfossiles le confirme et le précise. La Laurasia s'est fragmentée avant le Gondwana. L'Amérique du Nord s'est séparée de l'Afrique au jurassique moyen (165 millions d'années). La naissance de l'Atlantique Sud n'a débuté qu'il y a 125 millions d'années. La dérive s'est complétée par l'ouverture de la partie nord il y a 80 millions d'années. On a pu en outre préciser les paysages successifs. La fragmentation a débuté par des phénomènes comparables à ceux que l'on connaît aujourd'hui dans le rift africain aux alentours de l'Éthiopie et des Afars; volcanisme, tectonique en extension, naissance de lacs salés en sont les manifestations permanentes. Près des marges continentales atlantiques naissantes se sont déposés, sous

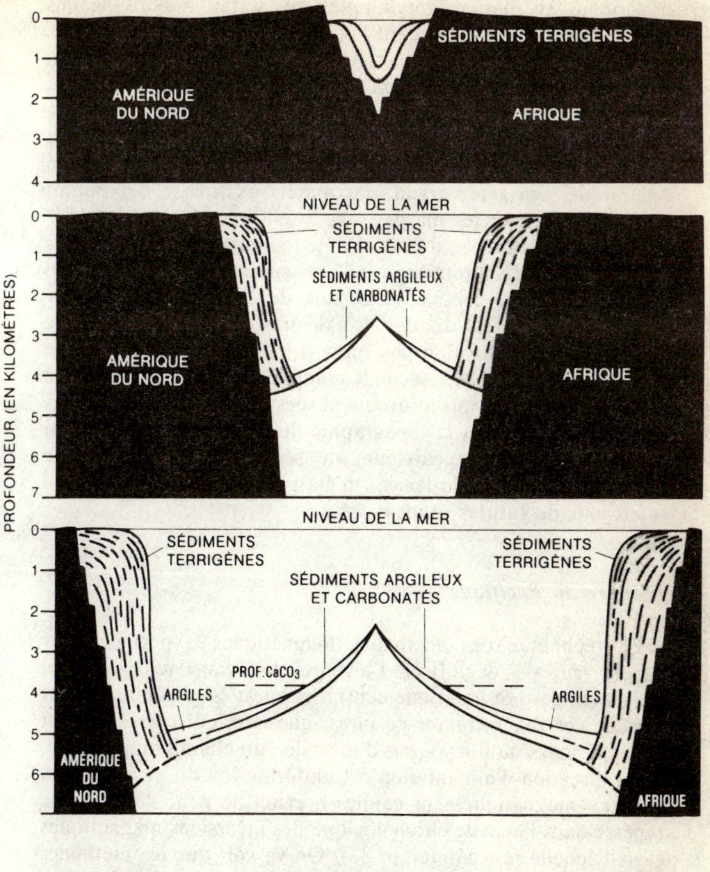

FIG. 53. – Série de coupes illustrant schématiquement l'ouverture de l'océan Atlantique. Le schéma du haut représente l'ouverture du rift, avec des dépôts de sel comme aujourd'hui aux Afars (180 millions d'années). Le schéma du milieu est dessiné au moment où une dorsale s'est déjà formée (150 millions d'années); sur les flancs de la dorsale se déposent des calcaires, alors que sur les bords des continents se déposent des sédiments détritiques. Le schéma du bas est la situation quasi actuelle, avec le dépôt aux dorsales des carbonates, des argiles dans les grands fonds, des sédiments terrigènes aux bords. L'échelle des hauteurs est multipliée par 1000 (d'après J. Selater).

faible profondeur d'eau, des dépôts salins, mais aussi des dépôts très riches en matières organiques qui seront à l'origine des champs pétroliers qui bordent l'océan Atlantique, comme ceux du Venezuela, ou ceux du Nigeria. L'ouverture de l'océan augmentant, le mécanisme du *sea floor spreading* opérant, la topographie du fond des océans évoluant sous l'influence de la contraction thermique, vont se sédimenter des calcaires vers la dorsale, des détritiques vers le continent. Puis, lorsque l'océan Atlantique sera assez grand, des matériaux fins se déposeront entre la dorsale et les marges.

A ce schéma simple, il faut comme toujours ajouter de petites complications. La première est l'existence de chaînes volcaniques secondaires, comme la dorsale de Walvis, qui par leur topographie suscitent des dépôts calcaires très loin de la dorsale principale. A la zonation par rapport à la dorsale s'ajoute une rupture de symétrie. La seconde complication est l'existence de failles d'extension qui provoquent des effondrements et des surrections modifiant la topographie du fond des océans ce qui se traduit dans les épaisseurs de sédiments déposés. Cette tectonique verticale de l'océan n'était pas attendue, elle est le sujet pour de futures études.

Histoire du Pacifique

La technique des anomalies magnétiques a permis, nous l'avons vu, de déchiffrer l'histoire de l'Est-Pacifique. Son utilisation dans le Pacifique central et ouest est difficile, car les âges de ces zones crétacé ou jurassique inférieur correspondent à des périodes où il n'y a pas d'inversion du champ magnétique, où la direction d'aimantation est uniforme (on dit en jargon de métier « magnétiquement calme »), et on ne peut donc pas se repérer dans l'échelle chronologique des inversions magnétiques (voir l'échelle magnétique p. 83). On va voir que les méthodes de stratigraphie des plaques a permis de comprendre l'histoire de cet océan.

Pourtant, dans le Pacifique, la situation est à priori difficile. Les forages réalisés mettent en évidence une histoire géologique beaucoup plus complexe que celle de l'Atlantique. Lorsqu'on effectue des forages en s'éloignant de la dorsale, les carottes prélevées font d'abord apparaître l'association attendue : calcaires surmontés de sédiments argileux. C'est le tapis roulant qui, après une sédimentation calcaire près de la dorsale, s'enfonce en se refroidissant et s'éloigne des sources continentales. Mais dans des régions éloignées aujourd'hui de la zone intertropicale, on découvre au milieu des argiles une poussée calcaire extrêmement importante. Est-ce le témoignage d'une dorsale secondaire volcanique ayant remonté le niveau du fond? Rien dans la topographie et dans l'extension du phénomène ne l'indique. Après diverses recherches infructueuses, l'hypothèse retenue est celle du changement de direction de l'expansion. L'expansion était avant 40 millions d'années dirigée vers le nord-ouest. A cette époque le tapis roulant coupait la zone intertropicale biologiquement fertile. Comme on l'a dit, la limite de compensation dans cette zone est très basse, et il peut s'opérer une sédimentation calcaire. D'où la récurrence calcaire. Par contre, depuis 35 millions d'années, la direction d'expansion est dirigée vers l'ouest et donc le tapis roulant ne coupe pas nécessairement la zone biologiquement fertile.

Nous avons vu avec les travaux de Pittman ou ceux d'Atwater la mise en évidence de changements de direction d'expansion de petite extension. Nous voyons là un exemple de changement de direction d'expansion à l'échelle de tout un océan, et quel océan! puisqu'il a près de 10 000 kilomètres de large. Mais nous voyons aussi que nous avons détecté puis reconstitué ce mouvement grâce à des méthodes de stratigraphie. La reconstitution proposée par l'étude des sédiments est corroborée par l'étude des chaînes volcaniques, comme nous l'évoquerons à propos de la théorie des panaches au chapitre VIII.

Sachons que toutes ces reconstitutions de l'histoire des grands océans du monde qui ouvrent des perspectives pour l'exploitation des richesses minières et pétrolières qu'ils contiennent est un produit direct de la tectonique des plaques. Ce chapitre de la géologie des océans est en pleine expansion mais il n'est pas clos avec ces études phénoménologiques; comme nous allons voir, il se prolonge par des recherches beaucoup plus nouvelles mais causales. Telles seront les études sur la géologie des dorsales océaniques et les failles transformantes, et les zones de subduction.

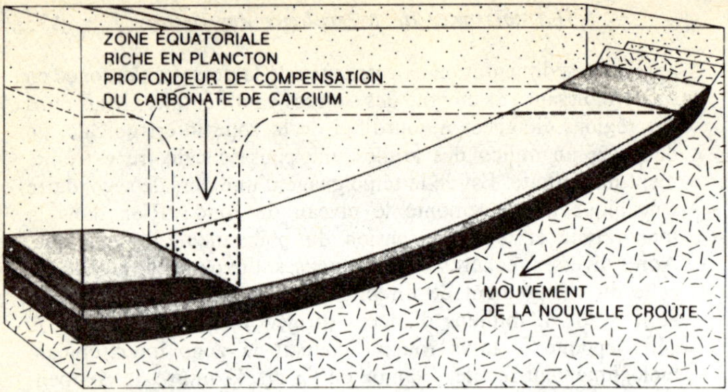
ZONE ÉQUATORIALE
RICHE EN PLANCTON
PROFONDEUR DE COMPENSATION
DU CARBONATE DE CALCIUM
MOUVEMENT
DE LA NOUVELLE CROÛTE

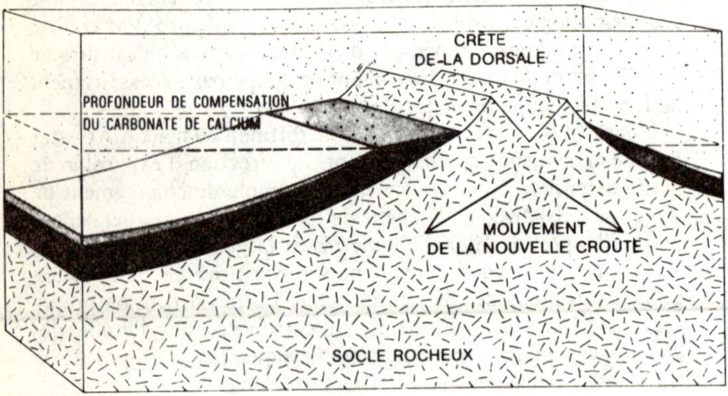
CRÊTE
DE LA DORSALE
PROFONDEUR DE COMPENSATION
DU CARBONATE DE CALCIUM
MOUVEMENT
DE LA NOUVELLE CROÛTE
SOCLE ROCHEUX

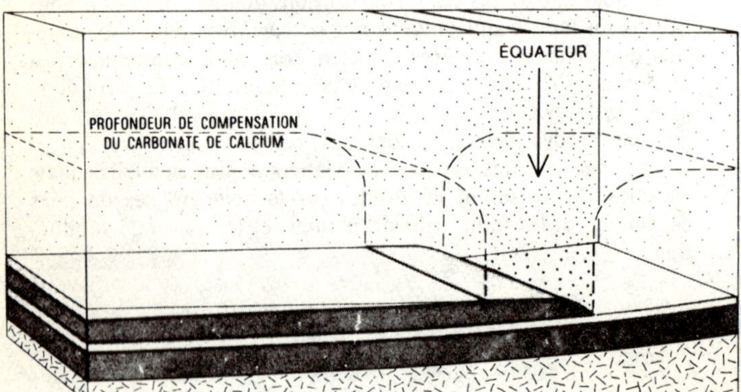
ÉQUATEUR
PROFONDEUR DE COMPENSATION
DU CARBONATE DE CALCIUM

FIG. 54. – A : modèle dynamique montrant comment les différents sédiments océaniques s'accumulent aux abords de la dorsale du Pacifique Est. La nouvelle croûte océanique apparaît dans la zone sommitale de la dorsale, puis s'en éloigne symétriquement tout en s'enfonçant. Tant que la croûte reste au-dessus de la profondeur de compensation du carbonate de calcium, la plupart des débris qui se déposent sont d'origine organique : il se crée une épaisse couche de vases organogènes. Quand la croûte atteint des eaux plus profondes, seuls des débris détritiques tombent sur le fond, formant une mince couche d'argiles abyssales.
B. : modèle modifié tenant compte du passage de la croûte océanique dans les régions équatoriales. A l'aplomb de ces régions, l'abondance du plancton dans les eaux superficielles provoque un enfoncement brutal de la profondeur de compensation du carbonate de calcium. La « pluie » intense des débris organiques crée une seconde couche de vases organogènes qui se dépose sur les argiles abyssales. Trois couches sédimentaires distinctes recouvrent alors la croûte océanique.
C : Une quatrième couche de sédiments se dépose dès que la croûte organique quitte les régions équatoriales. La croûte est de nouveau située au-dessous de la profondeur de compensation du carbonate de calcium, seuls les débris détritiques inorganiques atteignent le fond de l'océan. Une deuxième couche épaisse d'argiles abyssales recouvre la seconde couche de vases organogènes. Cette stratigraphie est caractéristique du Pacifique Ouest.

VI

La géologie des frontières de plaques

La tectonique des plaques nous a incité à étudier les limites de plaques comme étant le lieu où se déroule l'activité géologique. La géologie des plaques va donc être d'abord une géologie des frontières de plaques : géologie des dorsales, zones où se crée la lithosphère; géologie des failles transformantes, témoins des glissements des calottes sphériques; géologie des zones de subduction, lieux où les plaques disparaissent inexorablement dans le manteau. Le rôle de chaque frontière est, dans la logique plaquiste, bien défini, mais la manière dont chaque acteur joue son rôle n'est pas explicitée par la théorie. Le but que se fixe l'étude des frontières est de répondre à cette interrogation.

Les dorsales océaniques

Une dorsale est d'abord un relief allongé dominant de près de trois mille mètres les plaines abyssales sous-marines. Imaginons une chaîne alpine parcourant un pays de plaine et le séparant en deux provinces : telle est la vision que nous aurions de l'Atlantique s'il était possible de l'assécher. Ces montagnes forment un réseau qui parcourt la plupart des océans du globe. Mais, contrairement aux Alpes, la nature des dorsales est volcanique. Une dorsale océanique est une série de chaînes volcaniques où alternent coulées de laves et cônes volcaniques, fossés d'effondrement et escarpements abrupts.

Quel rapport y a-t-il entre cette structure géologique volca-

FIG. 55. – Carte montrant la répartition des dorsales océaniques (double trait) et des grands fonds sous-marins (trait simple).

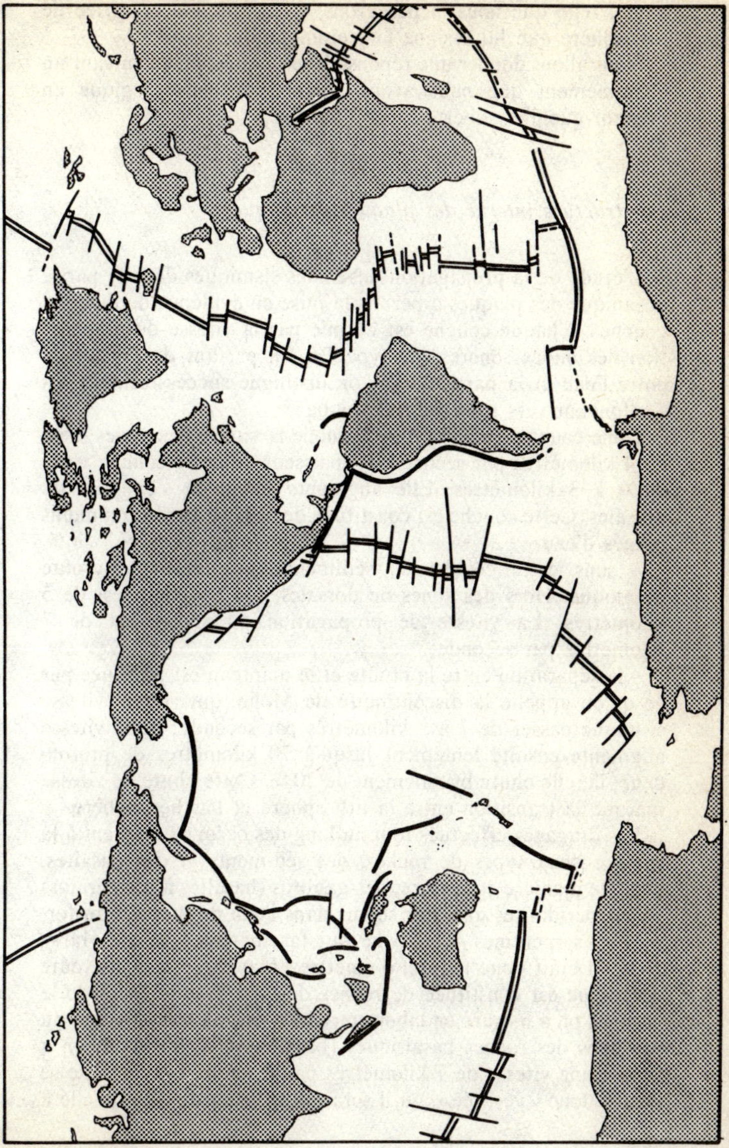

nique, telle que nous la percevons, et la fonction créatrice de lithosphère que lui assigne la tectonique des plaques?

Nous allons donner une réponse à cette question en suivant un cheminement que nous avons cherché à rendre logique en prenant quelques libertés avec l'histoire.

La structure interne des plaques océaniques

L'étude de la propagation des ondes sismiques dans la partie océanique des plaques a permis la mise en évidence de diverses couches. Chaque couche est définie par la vitesse de propagation des ondes sonores (de type P). En partant de l'interface entre l'eau et la partie solide, on distingue successivement, en s'enfonçant vers l'intérieur du globe :

– une couche « molle » dans laquelle la vitesse des ondes P est de 4 kilomètres par seconde. L'épaisseur de cette couche varie de 0 à 3 kilomètres. Elle augmente lorsqu'on s'éloigne des dorsales. Cette couche est constituée de sédiments plus ou moins gorgés d'eau;

– sous cette couche de sédiments, on définit la croûte océanique. Hors des zones de dorsales, son épaisseur est de 5 kilomètres. La vitesse de propagation du son y est de 7 kilomètres par seconde;

– la séparation entre la croûte et le manteau est marquée par ce qu'on appelle la discontinuité de Moho, qui voit la vitesse sismique passer de 7 à 8 kilomètres par seconde; cette vitesse augmente ensuite lentement jusqu'à 70 kilomètres de profondeur; là, elle chute brutalement de 20 %. Cette chute de vitesse marque la transition entre la lithosphère et l'asthénosphère.

Les dragages effectués tout au long des océans ramènent à la surface deux types de roches, des sédiments et des basaltes, puis, de manière accessoire, des gabbros (basaltes à gros grains) et des péridotites que leur séjour dans l'eau de mer a transformés en serpentines – la roche qui fascina toute sa vie Harry Hess. Il était donc naturel d'émettre l'hypothèse que la croûte océanique est constituée de roches de type basalte. Afin de le vérifier, on a mesuré en laboratoire la vitesse de propagation du son dans des roches basaltiques (basaltes ou gabbros) et on a trouvé une vitesse de 7 kilomètres par seconde. L'hypothèse se trouve donc « vérifiée », ou il serait plus exact de dire qu'elle a passé victorieusement le test imposé! Pour ce qui est du manteau, il est également naturel d'admettre qu'il est formé de péridotites, puisque le manteau sous-continental est de cette composition et que les vitesses sismiques y semblent identiques. On a donc finalement une structure simple pour la lithosphère océanique : 6 kilomètres de roches basaltiques surmontant 65 kilomètres de péridotites.

Ce modèle de structure à *deux couches* va être confirmé et précisé par une série d'études indirectes concernant des assemblages de roches très particuliers, nommés *cortèges ophiolitiques*, que l'on peut observer dans leur épaisseur sur les continents.

Les ophiolites

A la même époque où des études étaient entreprises pour comprendre la structure des dorsales océaniques, quelques géologues s'intéressaient à une association de roches qui, bien que se trouvant sur le continent, possédait des caractères ayant un « parfum » océanique. Ces associations sont connues sous le nom de massifs (ou cortèges) ophiolitiques. Elles vont jouer un rôle essentiel dans le développement de la nouvelle géologie.

Les massifs ophiolitiques sont connus depuis longtemps des géologues alpins : dans leur description structurale des « unités tectoniques déplacées tangentiellement », que l'on nomme nappes de charriage, ils reconnaissent l'existence d'unités ophiolitiques, c'est-à-dire de lames presque uniquement constituées par ces roches. Ce cortège ophiolitique est composé de trois unités. De la base au sommet, on distingue des péridotites, la plupart du temps très altérées et transformées en serpentines, des gabbros en position intermédiaire, et des basaltes dont la structure est en coussins (on parle en anglais de *pillow lavas*). Au-dessus des basaltes, ne faisant pas partie de l'ophiolite, on trouve des sédiments riches en fossiles siliceux, de types radiolaires, que l'on appelle radiolarites.

Le tout est en général très déformé, cassé, découpé, altéré. En fait, la reconstitution d'une succession ophiolitique régulière, telle que nous venons de la décrire, est une opération délicate car la tectonique fragmente toujours ces massifs en morceaux disparates, épars au milieu de nappes de charriage gigantesques. L'existence de « laves en coussins » de type basaltique

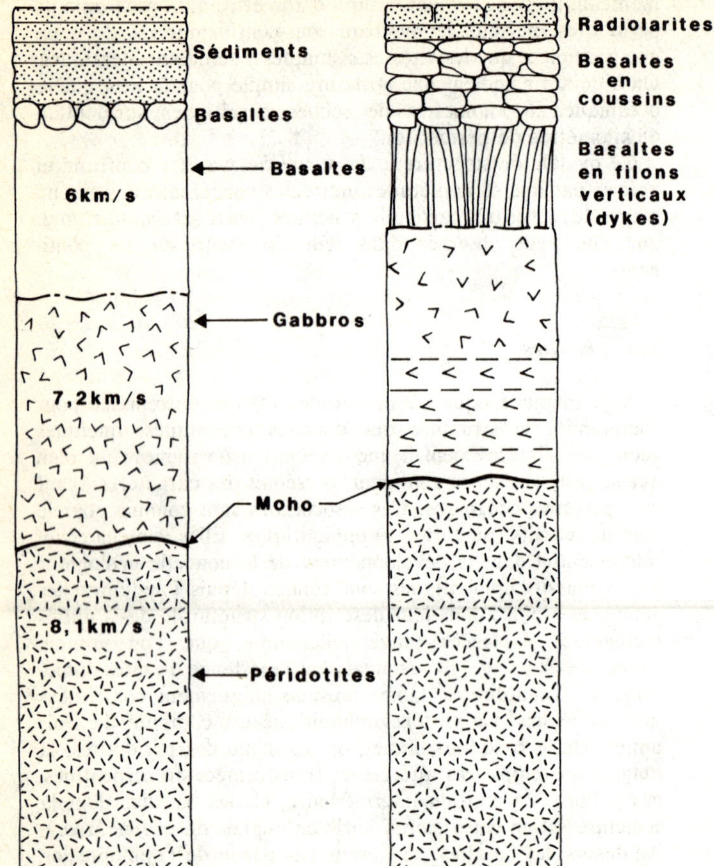

FIG. 56. – Nous avons représenté face à face deux sections verticales de la croûte océanique.
Celle de gauche résume les résultats des observations sismiques en mer et représente donc une coupe sismique de la croûte océanique. Les vitesses indiquées sont celles des ondes de compression (type P) et s'expriment en kilomètres par seconde.

évoque des épanchements sous-marins. C'est pourquoi des géologues européens avaient évoqué, dès 1950, une parenté entre ophiolites et roches océaniques, mais ils n'avaient pas tiré toutes les conséquences de cette parenté, et, de ce fait, leur interprétation était restée anecdotique. Et puis ces roches semblaient si spécifiques des chaînes alpines que leur signification plus générale était bien difficile à deviner.

L'avènement de la tectonique des plaques va marquer un regain d'intérêt pour ces roches. Divers géologues émettent à peu près simultanément, et en divers endroits du monde, la suggestion que les ophiolites sont des morceaux de croûte océanique transportés sur les continents au cours des phénomènes orogéniques. Cette idée est proposée par Ian Gass, de l'Open University en Angleterre, Eldridge Moore, de l'université de Californie, Bob Coleman, de l'U.S. Geological Survey, Joe Cann, alors à l'université d'East Anglia, Hugh Davies, travaillant en Papouasie, et John Dewey, Anglais transplanté aux États-Unis et dont nous verrons les efforts pour propager les idées plaquistes chez les géologues. Les travaux simultanés de ces divers chercheurs conduisent dans un premier temps à montrer que les ophiolites ne sont pas limitées aux chaînes alpines. Aux ophiolites alpines de Chypre, de Grèce ou de Turquie, s'ajoutent bientôt celles que l'on découvre en Papouasie, en Nouvelle-Calédonie, à Terre-Neuve, dans l'ouest des États-Unis, au Guatemala, bref, dans des contextes géographiques très variés mais toujours associés à des chaînes de montagnes et, dans ces chaînes mêmes, intimement liées aux plissements internes et aux grands charriages latéraux.

Si l'origine océanique des ophiolites est vraie, on dispose alors sur le continent, dans des conditions facilement accessibles, de coupes naturelles de la croûte océanique et d'une partie de la lithosphère. On peut donc tester et améliorer le modèle développé à partir des observations en mer. On comprendra l'intérêt qu'il y avait, pour ceux qui cherchaient des modèles de dorsales, à s'intéresser de près aux ophiolites.

Fig. 56 (suite)
Celle de droite est la coupe géologique établie directement par les observations de terrain effectuées sur les roches du cortège ophiolitique. Les mesures de propagation des ondes sonores dans les divers termes de la séquence permettent de faire correspondre terme à terme les deux coupes et par là même de donner une interprétation chimique des observations sismiques.

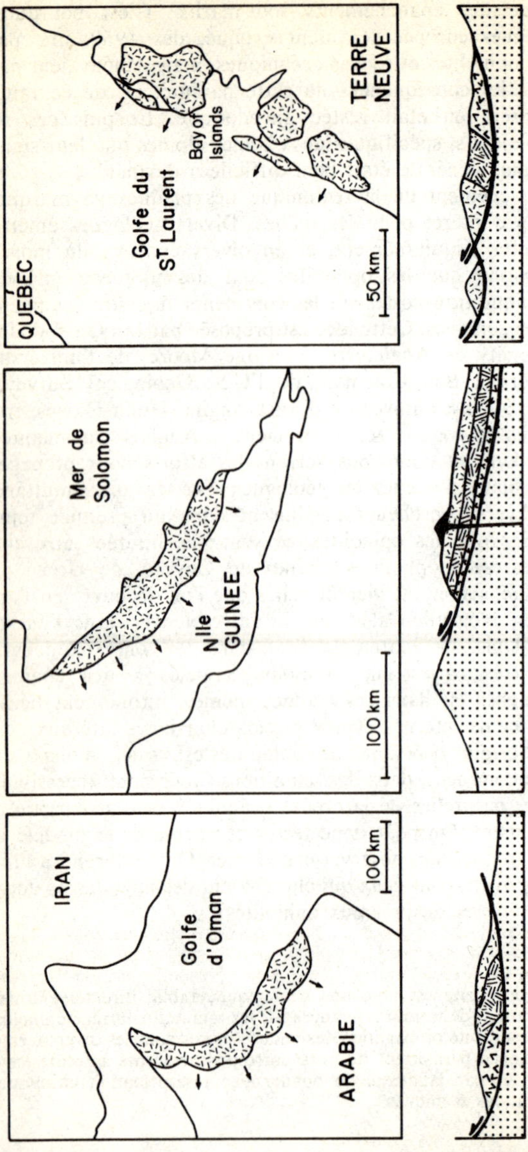
QUEBEC
Golfe du
ST Laurent
Bay of
Islands
TERRE
NEUVE
50 km
Mer de
Solomon
Nlle
GUINEE
100 km
IRAN
Golfe
d'Oman
ARABIE
100 km

Certains, comme Joe Cann ou Bob Coleman, s'y intéressent d'un point de vue pétrologique et structural; d'autres, comme Fred Vine, y chercheront sans succès des anomalies magnétiques, ou plus simplement des preuves de l'existence d'inversions. L'équipe parisienne que j'anime se concentra sur les aspects géochimiques. Les divers critères de comparaison utilisés (composition minéralogique, chimique ou isotopique) conduisirent tous à une conclusion commune : les roches du cortège ophialitique sont bien de la même « famille » que les roches draguées dans les océans. Un basalte ophiolitique ressemble à un basalte sous-marin, un gabbro ophiolitique à un gabbro dragué dans l'océan, une péridotite océanique aux péridotites ophiolitiques, jusques et y compris dans la serpentinisation extrême des deux types de roches. On comprendra sans peine que l'étude des cortèges ophiolitiques confirma l'idée des géologues du modèle à deux couches : une croûte basaltique (les basaltes vrais en haut, les gabbros en bas), et la partie mantélique de la lithosphère, composée de péridotites. Construire un modèle de dorsale océanique, comprendre l'opérateur qui fabrique la lithosphère océanique, consiste donc à trouver un mécanisme qui explique la genèse de ces deux couches; croûte basaltique et lithosphère péridotitique.

Le modèle dynamique de dorsale

Pour comprendre ces recherches, il faut savoir que la fusion d'un mélange de plusieurs minéraux de nature différente, d'où résulte une roche comme la péridotite, ne se fait pas simplement. Il n'y a pas, comme pour un corps pur, un point de fusion donné, mais il y a un *intervalle de fusions* correspondant à plusieurs étapes. Chaque étape est marquée par la fusion d'un

FIG. 57. – Ces trois schémas illustrent l'importance cartographique des massifs ophiolitiques pour certaines régions.
Il s'agit ici de trois masses ophiolitiques qui ont joué un rôle historique dans le développement des idées modernes au sujet de ces massifs.
De gauche à droite Oman, la Papouasie Nouvelle-Guinée, Terre-Neuve.
Les âges de ces trois massifs sont variés (Oman : – 120 MA, Papouasie : – 60 MA, Terre-Neuve : – 560 MA) montrant par là que le phénomène de transplantation continentale de la croûte océanique est un phénomène déjà ancien. En haut, les massifs sont représentés en carte, en bas, suivant une coupe romaine montrant la position « allochtone » des massifs.

assemblage minéralogique particulier. Ainsi les péridotites, mélange de quatre minéraux – l'olivine, l'orthopyroxène, le diopside et le grenat – fondent-elles d'abord en un assemblage grenat-diopside-orthopyroxène-olivine, dans une proportion donnée que l'on nomme eutectique. Puis, lorsqu'un minéral a disparu (celui qui est en minorité, ici le grenat), un nouveau mélange critique, cette fois ternaire, fond, et ainsi de suite. On parle donc, dans la fusion d'une roche, de fusions partielles successives. Il est ainsi possible de produire par *fusion partielle* des liquides qui n'ont pas la même composition chimique que le solide de départ. Ainsi, en fondant 10 % à 20 % d'une péridotite, on obtient un liquide basaltique.

Le second phénomène important est la relation existant entre la température de fusion des péridotites et la pression. La fusion d'un corps correspond à la désorganisation des atomes qui le composent. On sait que la température fournit l'énergie d'agitation des atomes et favorise donc leur indépendance; lorsque cette agitation est suffisante, les atomes acquièrent un certain degré d'indépendance correspondant à ce que l'on appelle l'état liquide, la température étant alors appelée température de fusion. La pression, au contraire, maintenant les atomes ensemble, s'oppose à leur indépendance. Lorsque la pression est élevée, il faut fournir plus d'énergie pour libérer les atomes et les faire passer à l'état liquide. Cela signifie que la température de fusion sous pression est plus élevée qu'à pression ordinaire. A l'inverse, si l'on est proche de la température de fusion sous pression et que l'on en vient à supprimer cette pression, les atomes prennent une certaine indépendance et le corps se met à fondre.

En géologie, pression et profondeur vont de pair. Plus on s'enfonce, plus la pression augmente; plus on remonte, plus la pression diminue. Appliquons ce principe à un morceau de manteau péridotitique que l'on ramène brutalement à la surface. La brutalité de la remontée empêche qu'il refroidisse en perdant de la chaleur sur les « bords ». S'il était peu éloigné de son point de fusion en profondeur, il va donc fondre spontanément par décompression. Comme la péridotite est un mélange de minéraux, le principe de la fusion eutectique va s'appliquer et un liquide basaltique va alors prendre naissance. Le morceau de manteau montant vers la surface et qui était initialement à l'état solide, va se transformer en une éponge gorgée de liquide. La proportion de liquide va augmenter lors de la remontée. Supposons que, vers la surface, cette éponge se trouve pressée : elle va éjecter le liquide vers le haut et laisser se tasser vers le bas le solide que l'on appellera résiduel – il est ce qui reste après extraction du liquide.

C'est le mécanisme de fusion-percolation-ségrégation que Yan Bottinga et moi-même avons proposé pour expliquer la formation de la croûte océanique au niveau des dorsales. Il renouvelait totalement la première vision dynamique des dorsales que Ron Oxburgh et Don Turcotte d'Oxford avaient proposée et intégrait dans un modèle quantitatif aussi bien les observations qualitatives de Joe Cann que les mesures géophysiques. L'« éponge » résiduelle correspond aux péridotites que l'on rencontre sous les gabbros des ophiolites et qui, effectivement, ont des caractères chimiques de résidus. Les éléments chimiques qui entrent préférentiellement dans la constitution du basalte sont absents de ces péridotites résiduelles. L'expulsion du liquide basaltique est à l'origine du volcanisme et de la naissance des laves en coussinets, si fréquentes sur le fond des océans. Sous le toit formé par l'empilement de ces laves reste prisonnier un liquide qui, bien qu'expulsé des péridotites, n'a pas atteint l'interface solide-eau de mer. On appelle une telle cavité, remplie de magma, une chambre magmatique. Elle refroidit lentement, laissant des cristaux se former. Comme son refroidissement est lent, les cristaux ont le temps de croître et l'on obtient ainsi des basaltes à gros grains que l'on nomme gabbros.

L'explication de la formation de la lithosphère océanique par ce mécanisme du « citron pressé » permet également de montrer pourquoi, sous les dorsales, existe un flux de chaleur important : cette chaleur est transportée à l'intérieur vers la surface, et brutalement transférée grâce à l'injection de magma. Le phénomène de montée du manteau, de fusion et d'expulsion du magma, est conçu comme un processus continu. Chaque nouveau morceau de lithosphère, une fois formé, dérive latéralement suivant le processus de *spreading*; il est immédiatement remplacé à l'axe par un nouveau morceau de lithosphère et ainsi de suite. Le modèle physique de dorsale trouve donc résolument place dans un cadre classique de la tectonique des plaques, à savoir que la dorsale fabrique continûment de nouveaux éléments de lithosphère, dans une région centrale extrêmement étroite, avec un taux de production constant, pour une région donnée, au cours du temps.

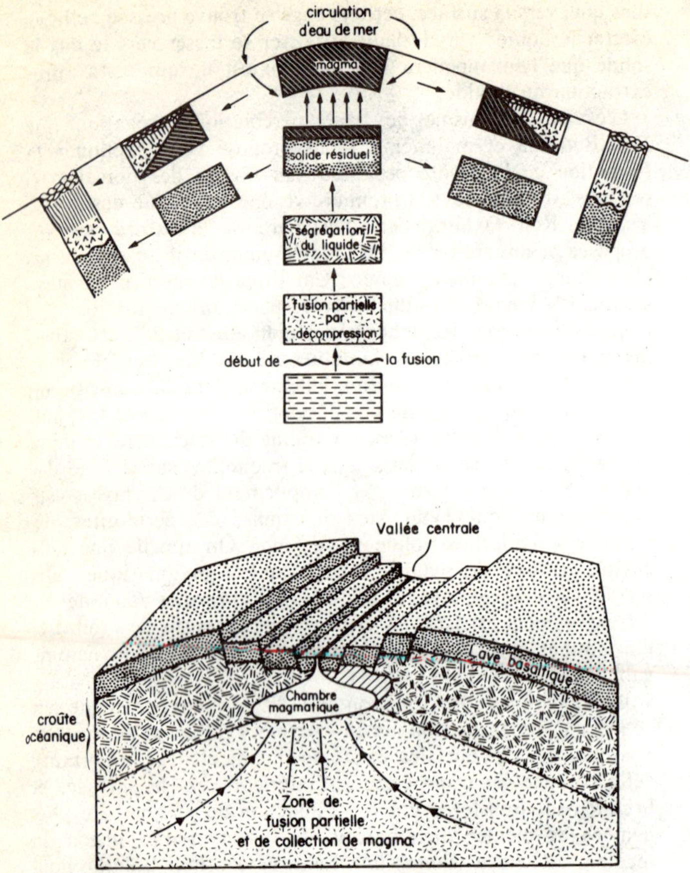

FIG. 58. – (a) Ce schéma cherche à rassembler l'ensemble des phénomènes qui donnent naissance à la lithosphère océanique. Au niveau de la dorsale, la matière subit un mouvement ascensionnel vertical, puis vers la surface, les deux bords s'écartent latéralement tout en se refroidissant par contact avec l'eau de mer. Au cours du mouvement ascensionnel une fusion se produit et le liquide ainsi formé monte plus vite et se sépare du résidu.
(b) Nous avons rassemblé sur un bloc diagramme le modèle de dorsale lente (c'est-à-dire à vitesse d'expansion de l'ordre de 2 cm par an) qui résulte du modèle précédent.

Mais cela n'est qu'un modèle qu'il va falloir confronter à la réalité des faits, c'est-à-dire aux observations détaillées des dorsales.

L'exploration des dorsales émergées

Il existe à la surface du globe une région émergée traversée par une dorsale océanique : l'Islande.

L'Islande est une île de 103 000 km² dont la structure géologique est essentiellement volcanique. La situation septentrionale et l'histoire de l'île limitant la végétation à de rares prairies et à quelques buissons, la structure géologique peut s'y observer aisément : elle n'est pas, comme dans les pays tropicaux, cachée par une épaisse végétation ou un tapis de latérite. Uniformément, à perte de vue, le paysage est volcanique. Le plus souvent, il s'agit de l'empilement de coulées de laves sur des épaisseurs de plusieurs centaines, voire de milliers de mètres. Mais ces coulées alternent dans la zone centrale avec de véritables volcans, avec cônes, scories et laves, créant des reliefs imposants. Dans la région Nord, non loin de la ville d'Akureyri, ou dans la région du lac Myvatn, on peut observer des assemblages de cônes volcaniques de dimensions variées. L'étude attentive de cette région montre que les cônes sont alignés sur des fissures. Dans la région Sud, plus près de Reykjavik, on rencontre des volcans extrêmement actifs comme l'Hekla ou l'Hemayae, dans l'île de Vestmannaeyjar. Au centre de l'île, l'existence de glaciers permanents donne naissance à des édifices volcaniques très spécifiques : des volcans sous-glaciaires. Comme c'est également le cas sous la mer, les laves prennent alors des formes en coussinets. La majorité de ces laves sont de nature basaltique.

La cartographie de détail réalisée par les géologues islandais, peu nombreux mais extrêmement dynamiques, a montré que le volcanisme *actif* se répartissait actuellement en une bande ouest-est, depuis la dorsale Nord-Atlantique de Reykjanes (dorsale où se font jour des anomalies magnétiques très pédagogiques!) jusqu'au glacier central de Vatnajökull, et une bande nord-sud allant de la zone de Mivayten jusqu'au volcan Hekla, ou même à l'île de Surtsey vers le sud. Le reste de l'île montre un volcanisme plus ancien.

Lorsqu'on examine en détail la zone active, on peut voir

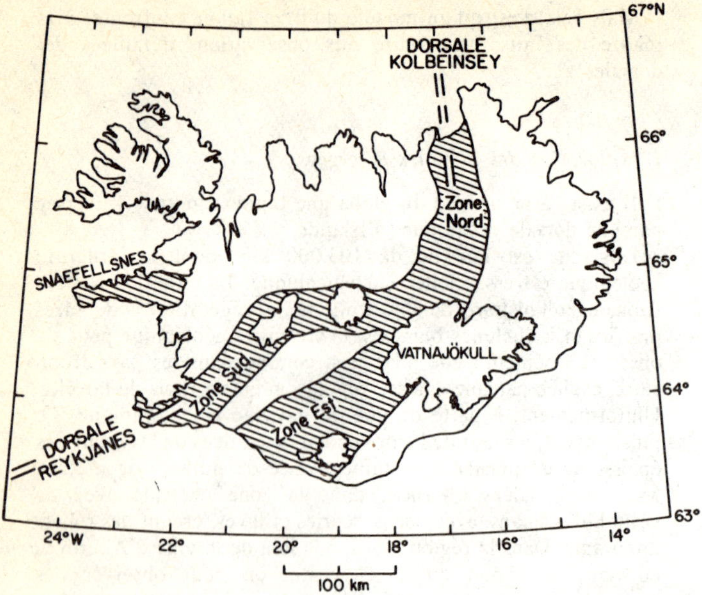

FIG. 59. – Carte de l'Islande.
En grisé sont représentées les zones jeunes à volcanisme actif. (Les trois taches blanches sont des glaciers permanents.) On constatera que la zone Sud se poursuit en mer par la dorsale de Reykjanes alors que la zone Nord se poursuit par une autre dorsale, celle de Kolbeinsey. La zone dite *Est* correspondrait à une dorsale avortée.

qu'elle est composée d'une vallée centrale limitée par des failles dites normales, dessinant des structures d'extension typiques. De façon plus précise, une étude récente a pu montrer qu'il existait une communication entre appareils volcaniques de formes coniques et coulées de laves fissurales. Le volcan semble alimenter des injections latérales qui s'épanchent ou non vers la surface. En somme, le volcan serait le cône approvisionneur, les laves constitueraient le trop-plein évacué sur les côtés. Telle est l'activité que l'on observe près du volcan Krafla.

Dans la vallée centrale, on ne distingue pas une seule fissure centrale par laquelle monterait continuellement de la lave qui écarterait les bords, comme une vision plaquiste naïve le suggérerait. Les relations entre appareils volcaniques et coulées

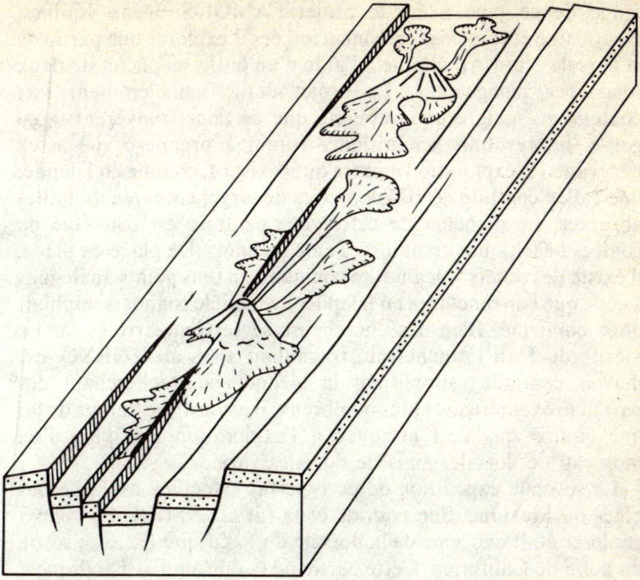

Schéma montrant l'association cône volcanique, coulée, faille normale en Islande.
En gris sont représentés les produits volcaniques jeunes.

sont extrêmement complexes, chaque nouvel appareil volcanique s'installe plus ou moins au hasard. La vallée centrale, de 10 kilomètres de large, apparaît comme étant la zone de frontière de plaque. A l'intérieur de cette zone, la frontière exacte est beaucoup plus difficile à déterminer.

A l'extérieur de la vallée centrale, les reliefs s'accentuent et l'âge des roches augmente. Cela est tout à fait conforme à l'idée que l'on peut se faire de l'expansion des fonds océaniques.

L'exploration des dorsales immergées

Ce n'est qu'avec le développement des technologies modernes, et en particulier des submersibles, qu'il va devenir possible d'étudier directement les dorsales océaniques. La première étude de ce type a été le projet FAMOUS. Deux équipes, américaine et française, se sont efforcées d'explorer une partie de la dorsale Nord-Atlantique à l'aide d'un bathyscaphe et de deux soucoupes plongeantes. Le projet était financièrement fort coûteux et, malgré une publicité que certains trouvèrent tapageuse, les résultats scientifiques furent à première vue assez décevants. L'exploration montra qu'il existait, comme en Islande, une vallée centrale de 10 kilomètres de large, entourée de failles abruptes. Le plancher de cette zone centrale est constitué de coulées basaltiques cristallisées en coussinets. De place en place, il existe des reliefs volcaniques coniques, en tous points analogues à ceux que l'on rencontre en Islande. Le modèle islandais semblait donc confirmé. Bien des chercheurs se seraient arrêtés là. Le mérite de Jean Francheteau, travaillant alors au CNEXO, est d'avoir continué : simplifiant la technologie, recherchant des partenaires américains plus nombreux, il a constitué autour de lui une équipe qui s'est attaquée à l'exploration non plus d'un morceau de dorsale, mais de dorsales variées.

La seconde expédition de ce type fut effectuée au large des côtes du Mexique. Son nom de code fut CYAMEX. La zone à explorer était une zone de la dorsale du Pacifique Est, à la sortie du golfe de Californie. Cette partie de la dorsale Est-Pacifique a un taux d'accrétion beaucoup plus rapide que la zone FAMOUS. Alors que dans l'Atlantique, il s'agissait d'une vitesse de 1,5 cm/an, on trouve, dans la zone dite RITA, des vitesses d'expansion de 6 cm/an. Il n'y a plus de vallée centrale. Les 10 kilomètres de large situés de part et d'autre de l'anomalie magnétique centrale constituent à présent un bombement. Les structures volcaniques deviennent beaucoup plus complexes et la distinction entre édifices volcaniques et coulées s'estompe, ou plutôt ces deux types de structures se mêlent plus étroitement. De plus, on découvre la présence de véritables lacs de laves sous-marins, témoignant d'épisodes volcaniques extrêmement productifs.

Mais ce qui va marquer cette expédition est incontestablement la découverte de sulfures métalliques déposés à l'interface entre les basaltes et l'eau de mer. L'existence de gisements métalliques, de véritables « mines », liée à des *pillow lavas*, est connue depuis l'Antiquité. L'île de Chypre est célèbre pour ses mines de cuivre, au point que le nom du métal est un dérivé de celui de l'île. Ces gisements sont constitués d'amas de sulfures associés à un gigantesque massif ophiolitique, celui du Troodos, les sulfures étant étroitement liés à la partie sommitale du massif, là où affleurent les laves en coussinets basaltiques. On retrouve donc, dans des conditions actuelles, ce que l'observation des terrains anciens (vieux de 180 millions d'années) nous avait fait espérer.

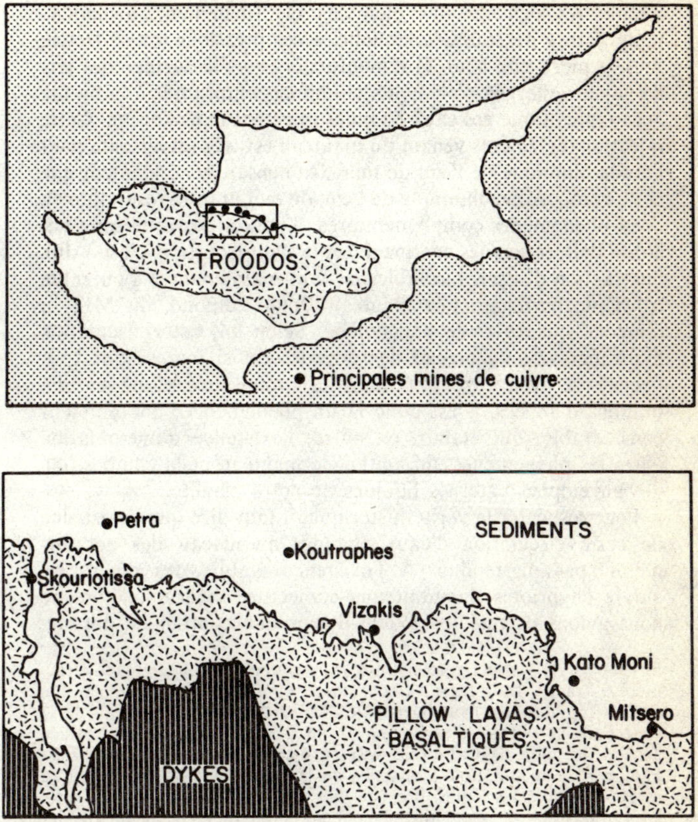

FIG. 60. – Carte de l'île de Chypre montrant l'extension du massif ophiolitique du Troodos. La carte du bas montre la répartition des mines de cuivre dans la partie sommitale. Ces mines dont le rôle politique est à la source de bien des conflits dont l'île de Chypre a été le théâtre sont localisées au niveau des laves et à l'interface laves-sédiments.

L'exploration systématique de ce phénomène va conduire des équipes américaines et françaises à mettre en évidence un processus beaucoup plus général, dont le dépôt de sulfure n'est qu'une manifestation : à savoir la circulation d'eau chaude à travers la croûte océanique dans la région des dorsales. L'eau de mer pénètre dans les basaltes nouvellement formés, s'infiltre, s'échauffe sous certains éléments et, finalement, atteint la température de 300 °C à laquelle, à ces pressions (on se trouve sous la mer), elle bout. Il remonte alors vers la surface des jets de vapeur chargée d'éléments chimiques empruntés à la croûte océanique et que ces eaux chaudes injectent dans l'océan. Cette injection d'éléments venant du manteau est très importante pour l'étude chimique de l'eau de mer. On pensait généralement que cette composition chimique de l'eau de mer était la résultante de deux phénomènes complémentaires : l'apport des rivières, c'est-à-dire l'altération des continents, et la sédimentation, c'est-à-dire l'extraction des sels insolubles. Il faut maintenant y ajouter un troisième partenaire : le manteau. John Edmond, du MIT, a tenté de quantifier ce phénomène. Selon lui, cette circulation hydrothermale au niveau des dorsales est si intense que tout l'océan se trouve recyclé dans la croûte océanique en dix millions d'années. C'est donc là un phénomène d'une ampleur considérable, qui établit, en outre, l'existence d'une relation entre les phénomènes qui agitent le manteau et la composition des enveloppes externes liquides de notre planète.

Pour respecter la vérité historique, il faut dire que l'existence de cette circulation d'eaux chaudes au niveau des dorsales n'était pas inattendue. A l'existence établie des dépôts de cuivre chypriotes s'ajoutait une conjecture théorique. Lorsque nous avions calculé le modèle dynamique continu de dorsale,

FIG. 61. – A) Cette figure montre trois coupes morphologiques effectuées à travers trois dorsales océaniques dont les vitesses d'expansion sont différentes. En haut la dorsale Nord-Atlantique, au niveau de la zone Famous (vitesse d'expansion : 2 cm/an), au milieu la zone située au sud du golfe de Californie (vitesse 6 cm/an), enfin, en bas l'East Pacific Rise au sud où la vitesse est de 10 cm/an. On notera que si, au niveau des dorsales lentes, il existe une vallée centrale effondrée, cette structure disparaît pour faire place à un bombardement au niveau des dorsales rapides. Par contre, dans tous les cas, les failles sont de type normal.
B) On a tracé l'histogramme de répartition des vitesses d'expansion des différentes portions de dorsales océaniques. Comme on peut le constater, les vitesses varient de 0,5 à 17 cm/an, soit une variation d'un facteur 35! (d'après J. Francheteau).

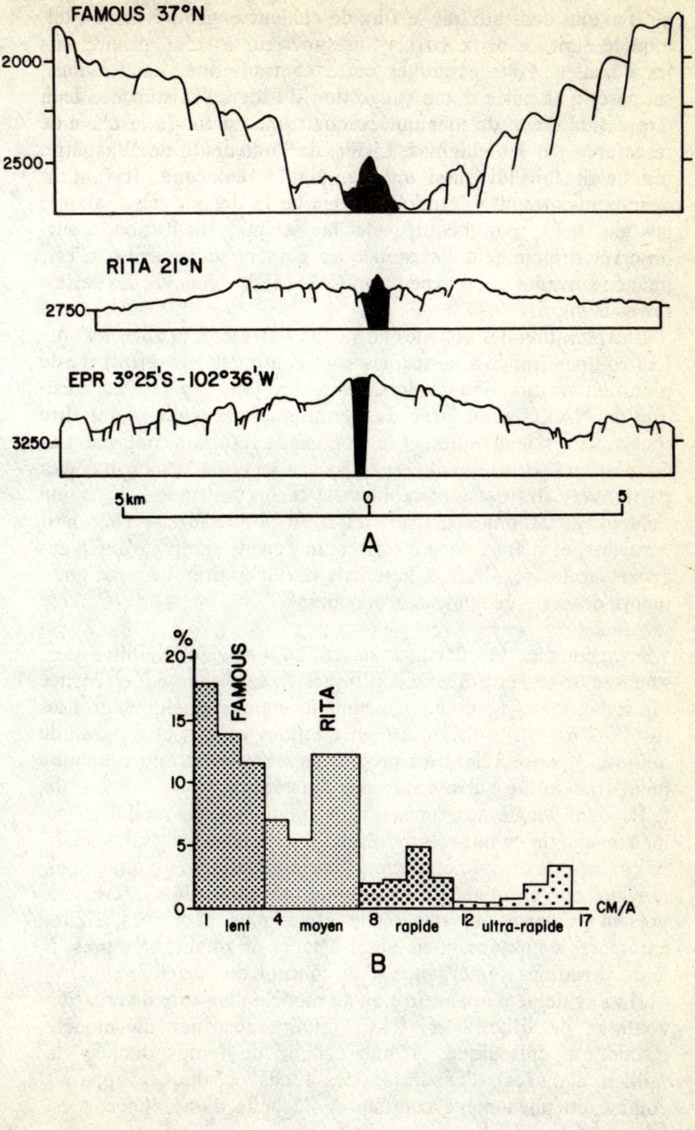
FAMOUS 37°N
2000
2500
RITA 21°N
2750
EPR 3°25'S - 102°36'W
3250
5 km
0
5
A
%
20
15
10
5
0
FAMOUS
RITA
1
lent
4
moyen
8
rapide
12
ultra-rapide
17
CM/A
B

nous avions constaté que le flux de chaleur engendré par un tel modèle était de deux à trois fois supérieur à celui mesuré sur les dorsales. Pour expliquer cette contradiction, nous avions supposé, à la suite d'une suggestion d'Elder, l'existence d'une circulation d'eau de mer qui évacuait une partie de la chaleur transférée par les magmas. Lister, de l'université de Washington, avait fait lui aussi une semblable remarque. Il faudra néanmoins attendre l'étude détaillée de la dorsale des Galapagos en 1977, par l'équipe de la Scripps Institution, pour observer directement l'existence de geysers sous-marins. C'est l'année suivante que l'expédition CYAMEX découvre les sulfures sous-marins.

L'exploration des dorsales ne va pas s'arrêter à la zone RITA. Les équipes franco-américaines vont continuer leur effort d'exploration en direction de dorsales encore plus rapides. La zone dite de NAZCA, au large du Pérou, va être explorée par des sous-marins scientifiques, et la moisson de résultats continue. La circulation hydrothermale est retrouvée ici et là, la morphologie particulière des dorsales rapides est bien confirmée.

Nous en sommes arrivés ici à la limite des recherches actuelles, et il faut encore laisser un peu de temps avant d'en apprécier les résultats. Cherchons plutôt à tirer les enseignements de cette géologie des dorsales.

La géologie des dorsales ouvre un nouveau chapitre des sciences de la Terre. Les scientifiques en sont encore à en écrire l'introduction. Cherchons pourtant à dégager quelques grands résultats parmi un foisonnement d'études variées et de grande qualité. A notre avis, trois progrès fondamentaux ont radicalement transformé notre vision des dorsales.

Pendant longtemps, nous avions pour but de modéliser le mécanisme de ce qui se produisait au niveau des dorsales, mais ce concept de dorsale était alors considéré comme unique : nous croyions en l'existence du paradigme universel. On s'intéresse à présent à diverses dorsales, réelles et non plus théoriques, à leurs caractères communs, mais aussi à leurs originalités propres, à leurs variations : émergence d'un concept de *variété*.

Il va également apparaître qu'au modèle plaquiste de création continue de lithosphère, il va falloir substituer un modèle discontinu, épisodique. A une échelle de temps donnée (le million d'années), l'expansion des fonds océaniques apparaît comme un phénomène continu. A l'échelle d'une année, c'est une succession de phénomènes rapides séparés par des périodes de quiescence. Épisodes de crise et épisodes de calme alternent à l'échelle humaine et au niveau de la région. A l'échelle du globe et à celle des temps géologiques, l'expansion apparaît comme continue, avec une vitesse *moyenne* de quelques centimètres par an. Ce n'est que l'accumulation de petites discontinuités qui finit à la longue par donner l'illusion d'une continuité. Les différences de vitesses d'expansion mesurées sur diverses dorsales ne témoignent pas de différences de vitesses dans la montée des matériaux à partir du manteau, mais bien davantage de l'existence de périodes de quiescence plus ou moins longues.

On conçoit l'importance de ces constatations tant pour les phénomènes chimiques qui ont lieu aux dorsales que pour le déclenchement des séismes ou le déterminisme tectonique.

La géologie des failles transformantes

Les failles transformantes sont les seules frontières à conserver la surface des plaques. Elles ne créent pas de surface comme les dorsales, elles n'en détruisent pas comme les zones de subduction. Leur orientation est directement liée à la position du pôle de rotation entre plaques adjacentes, et elles permettent donc de localiser un tel pôle. Il n'est ainsi pas étonnant que les géodynamiciens leur aient consacré une partie importante de leur activité afin de découvrir quelles étaient leurs caractéristiques géologiques à l'échelle sensible, celle de l'observation. En mer, de nombreuses campagnes se sont consacrées à l'étude de grandes failles transformantes comme celle de Gibbs ou celle de Vema, dans l'océan Atlantique, comme celle de Clipperton ou de Sequieros dans le Pacifique. Les programmes de plongées en submersibles, notamment le programme Famous, ont accordé à l'étude de ces failles une place importante. Malheureusement, il faut bien dire que rien de spectaculaire ou de très net n'est sorti de ces études. On aurait voulu voir le long de ces failles des zones de fissures assurant un volcanisme spécial; or il semble que si le phénomène existe, il est très discret et n'est pas lié aux zones de volcanisme spectaculaire. Certes, ces failles montrent des décalages verticaux considérables, rejets qui se combinent, comme c'est toujours le cas dans les failles, avec le rejet horizontal que nous avons déjà mentionné, et ces escarpements permettent de détecter les cassures profondes de la croûte océanique. Ce sont donc des structures bien utiles. Certes, leur mode de formation au niveau des dorsales a fait l'objet de modèles théoriques intéressants, mais aucune construction « englobante » ne s'est développée autour de ces structures. Ce n'est peut-être que partie remise.

Il est plus facile d'observer les failles sur les continents que par trois mille mètres de fond! L'étude détaillée des failles transformantes y a donc été beaucoup plus active, d'autant plus que, lors des premiers balbutiements de la tectonique des plaques, la faille de San Andreas, qui parcourt la Californie du sud au nord, faille classique de tous les manuels de géologie américains depuis des décennies, avait alors été classée parmi les failles transformantes. On a donc cherché des failles trans-

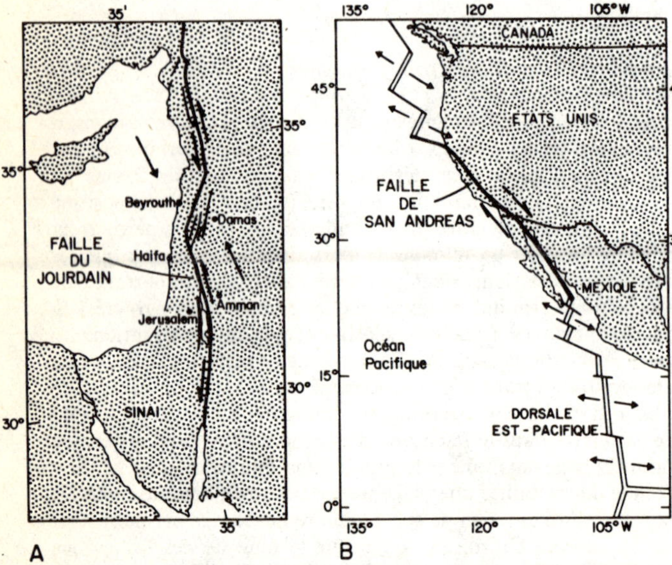

FIG. 62. – Voici deux failles transformantes continentales célèbres, en (A) la faille dite du Jourdain qui joint la dorsale de la mer Rouge à la zone de collision de l'Iran. Elle est responsable de la vallée du fleuve Jourdain. On notera que ce n'est pas une faille unique mais une série de relais. En (B) la faille de San Andreas en Californie qui joint la dorsale Est-Pacifique du golfe de Californie à celle de Juan de Fuca.

formantes partout; tous les grands décrochements du monde ont rapidement été rangés dans cette catégorie : de la faille du Jourdain en Palestine à celle de Altyn-Tagh en Asie, en passant par la faille Alpine de Nouvelle-Zélande, la faille du Chaman au Pakistan, ou le front nord-pyrénéen en France. Une véritable mode transformiste s'empara des géologues structuraux et il fut de bon ton, pendant toute cette période, de qualifier telle ou telle faille de transformante.

Or, tous les grands décrochements ne sont pas transformants et ne correspondent pas à une frontière de plaques actuelles. Beaucoup sont des frontières qui se sont réactivées, leur statut antérieur n'étant d'ailleurs pas en général celui de failles, mais plus souvent celui de limites océan-continent. Comme nous l'avons déjà noté une faille transformante n'est pas une faille quelconque. Elle doit mettre en contact deux types de frontières actives (voir p. 103). La plupart du temps, aucune de ces frontières de plaques n'avait été identifiée. Si, par exemple, la faille nord-pyrénéenne ou la faille de Chaman sont bien des failles transformantes – la première joignant la zone d'expansion du golfe de Gascogne à une zone de subduction située sous l'Italie, et la seconde joignant la zone de subduction himalayenne à la dorsale indienne –, la faille de Altyn-Tagh ne leur est en rien comparable.

La recherche active de ces failles transformantes n'a pas fait apparaître de propriétés nouvelles, pas plus ici que dans l'océan. Elle a néanmoins remis à l'honneur l'importance des décrochements en tectonique, et cela n'est pas un mince mérite. La faille a été longtemps négligée, mal cartographiée, mal observée : la structure géologique noble, c'était le *pli* et, plus généralement, les grands plis couchés, comme on en rencontre dans les Alpes. La faille semblait dépourvue de signification importante. Erreur qu'avait pourtant relevée et combattue tant Argand que Wegener, mais qui était demeurée une constante, bien sûr confuse et informulée, dans l'esprit de la plupart des géologues de terrain.

Les zones de subduction

Contrairement aux zones de dorsales ou de failles transformantes, l'étude des zones de subduction n'a pas débuté avec la tectonique des plaques. De tout temps, ces régions ont fait l'objet d'études géologiques et géophysiques très actives, car c'est dans ces zones que se localisent tremblements de terre et éruptions volcaniques spectaculaires. Certes, on ne parlait pas de subduction et on appelait plus volontiers ces régions « zones mobiles » ou « ceintures actives », mais tous les scientifiques s'occupant de la terre avaient conscience qu'il s'y passait des phénomènes importants pour la dynamique terrestre.

Cette curiosité générale était amplifiée par un fait sociologique particulier. Le Japon, grand pays scientifique, est situé à l'aplomb d'une zone de subduction; l'activité des géologues et des géophysiciens japonais s'est donc orientée depuis cent ans vers l'étude de l'opérateur « subduction ».

Dans l'optique de la tectonique des plaques, les zones de subduction sont les compléments des dorsales. Ce sont les régions où les plaques disparaissent pour s'engloutir dans le manteau. Pourtant, le mode de fonctionnement de ces zones avait été élucidé dès 1930 par le Hollandais Vening Meinesz. Ce géophysicien avait mis au point une méthode de mesure des anomalies du champ de gravité dans le domaine marin. Technique difficile, si l'on sait que l'étude de ces anomalies nécessite une précision supérieure au millionième et que l'environnement marin n'est pas particulièrement calme ni propice aux mesures minutieuses. Néanmoins, en utilisant des sous-marins, Vening Meinesz réussit à vaincre les difficultés et à réaliser ces mesures. Travaillant dans la région indonésienne, il constate que les zones des grandes fosses océaniques sont caractérisées par de gigantesques anomalies du champ de gravité. Il interprète ces anomalies en admettant l'existence de mouvements de convection dans le manteau, les zones de fosses étant des zones de courants descendants. Cette vision n'est pas très éloignée de celle de « plaque plongeante ». Griggs, géologue et géophysicien américain, reprit cette idée dès l'après-guerre.

D'un autre côté les géologues japonais étaient très préoccupés par la relation pouvant exister entre tremblements de terre et éruptions volcaniques, ou, plus généralement, entre sismicité et volcanisme. Tenter de clarifier une telle relation est une préoccupation bien compréhensible pour un Japonais, géologue ou non. Sugimura, jeune volcanologue japonais, puis Kuno, maître de la pétrologie volcanique, émettent l'hypothèse que l'origine des laves se situe sur le plan de Benioff-Wadati, lieu géométrique des tremblements de terre profonds. C'est ce que nous appellerons la conjecture de Kuno.

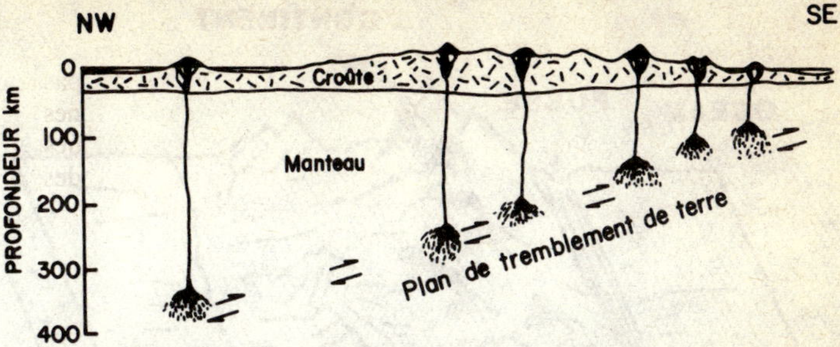

FIG. 63. – Cette coupe du Japon qui va de l'océan vers le continent asiatique est due à Kuno. Elle illustre l'idée que le pétrologue japonais se faisait de la liaison entre tremblements de terre et volcanisme. Pour lui les magmas prenaient naissance essentiellement dans la zone profonde sismiquement active (d'après H. Yoder).

Arthur Holmes reprendra toutes ces idées dans son livre et construira un modèle synthétique de zone de subduction que l'on n'a guère dépassé aujourd'hui, même si l'on feint souvent de l'oublier.

Les séismes traceurs de la plaque plongeante

Les zones de subduction ont une exclusivité sismologique, celle de tremblements de terre profonds, ceux dont la profondeur dépasse 150 km. La plaque océanique est froide, sa surface a passé plusieurs centaines de millions d'années au côté d'une eau de mer qui dans le fond est à 4°C au-dessus de zéro. Le manteau est chaud. L'enfoncement d'une plaque froide dans le manteau chaud va provoquer deux types de phénomènes :

– un phénomène thermique qui est le réchauffement de la plaque avec des « craquements » associés;

– un phénomène mécanique qui est lié à la résistance que le manteau oppose à la pénétration de la plaque lithosphérique. Ces deux phénomènes vont se conjuguer pour provoquer des phénomènes de rupture à l'intérieur exclusif de cette plaque froide, raide et cassante, qu'est la lithosphère en subduction. Les calculs thermiques montrent que même après plusieurs dizaines de millions d'années la plaque lithosphérique plongeante reste beaucoup plus froide que le manteau qui alors l'environne.

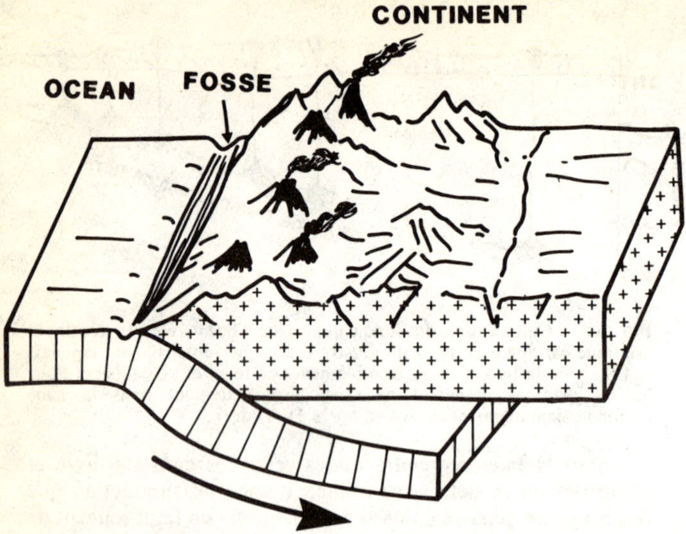

« SUBDUCTION OCEAN CONTINENT »

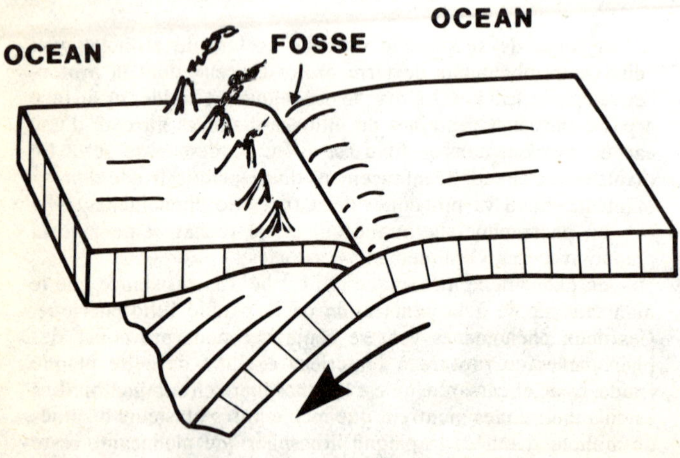

« SUBDUCTION OCEAN OCEAN »

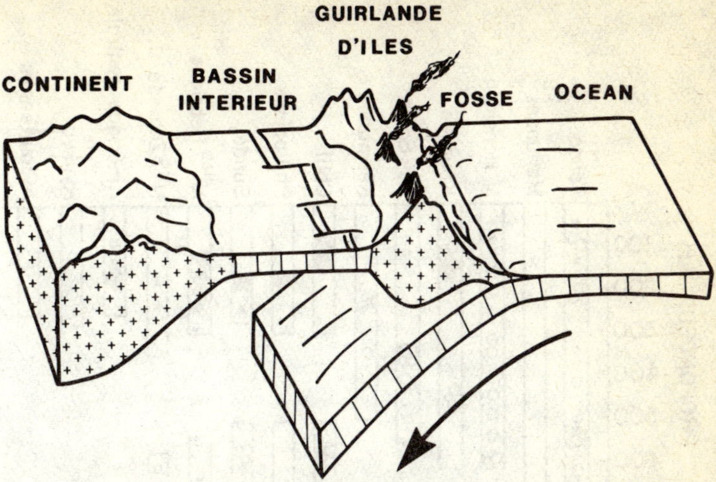

ARC INSULAIRE

FIG. 64. – Ces trois blocs diagramme illustrent les trois topologies fondamentales des zones de subduction. On notera la présence du volcanisme dans les trois cas.

A profondeur égale, le manteau environnant, plus chaud, est donc plus plastique, il ne réagit pas aux contraintes mécaniques en se cassant mais en se déformant lentement. Ce comportement différentiel explique pourquoi les plaques plongeantes, donc les zones de subduction, ont l'exclusivité des séismes profonds. Utilisant cette constatation à l'envers, la sismologie permet donc de localiser et d'étudier les propriétés des plaques plongeantes. On constate immédiatement que la position de la subduction par rapport aux grandes limites physiographiques du globe n'est pas uniforme :

– parfois la subduction a lieu à la limite océan-continent comme au Mexique, au Chili ou au Pérou;

– parfois, au contraire, la subduction a lieu en plein domaine océanique et on ne voit pas à première vue pourquoi la subduction a lieu à cet endroit. C'est le cas au niveau des Mariannes, dans la zone des Tonga et de Kermadec ou dans les petites Antilles;

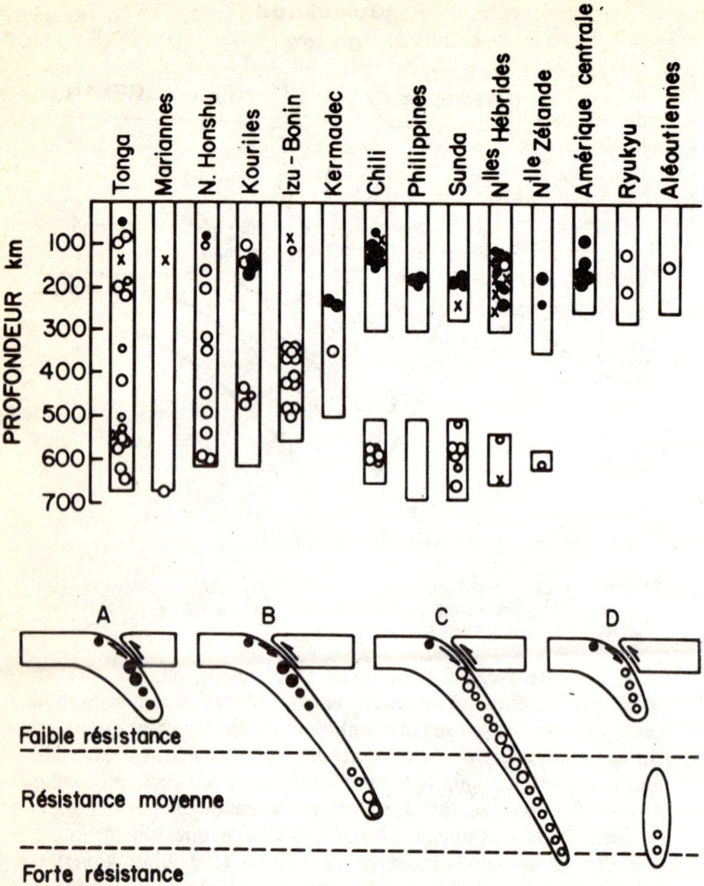

FIG. 65. – Répartition des tremblements de terre avec la profondeur d'après le travail de Brian Isacks et Peter Molnar. En haut, la répartition des séismes avec la profondeur dans diverses régions du globe où il existe des fosses et des plans de Benioff-Wadati (les points blancs en compression). En bas, les shémas interprétatifs tels que les proposent Isacks et Molnar. On notera en particulier le shéma dans lequel les deux sismologues du Lamont admettent qu'en profondeur la plaque se casse en morceaux.

– parfois enfin, dans un dispositif plus complexe, la subduction borde le continent mais dans une position médiane. Entre la subduction et le continent, il existe un bassin océanique assez développé. Dans ce bassin, il existe parfois un archipel d'îles ou de microcontinents. On appelle ce dispositif *arc insulaire.* C'est le cas de tout le pourtour ouest du Pacifique ou presque depuis les Aléoutiennes, les Kouriles et le Japon jusqu'à l'Indonésie, la Nouvelle-Guinée ou la Nouvelle-Zélande.

A partir de cette idée générale les sismologues du Lamont très actifs dans ce domaine de recherche et en particulier Bryan Isacks et Peter Molnar vont chercher à préciser cette sismologie des zones de subduction.

Ils constatent que suivant les régions les zones où se produisent des séismes, les plaques froides, ont des caractères géométriques variables.

Les tremblements de terre atteignent la profondeur maximale de 600-700 km en quelques régions du globe (Tonga, Mariannes, Japon, Kouriles). Ailleurs la profondeur maximale est moindre, 300 km en Amérique centrale, 450 km en Nouvelle-Zélande, 250 km dans l'arc des Aléoutiennes.

L'angle que fait le plan de Benioff-Wadati avec l'horizontale est lui aussi variable, parfois faible, comme dans les Aléoutiennes, parfois très incliné comme près des îles Tonga ou dans l'arc des Mariannes.

Avec des études plus complexes que constituent les mécanismes au foyer des séismes, Isacks et Molnar ont montré que lorsque la plaque commence à s'enfoncer, les séismes résultent surtout de la pliure de la plaque, lorsque au contraire la plaque a atteint 500 km, les séismes sont la conséquence de la résistance à la pénétration. Ils sont de type compressifs. Ces constatations vont être mises à profit pour comprendre le mécanisme de subduction elle-même.

Volcanisme

Avec les tremblements de terre, les éruptions volcaniques et donc le volcanisme sont des constantes des zones de subduction. Le volcanisme des zones de subduction est très différent du volcanisme des dorsales océaniques. Il s'agit d'un volcanisme très brutal, émettant des produits de manière explosive ou suivant le système des avalanches de cendres que l'on appelle nuées ardentes et qui ravagea Saint-Pierre de la Martinique en 1902 faisant de nombreux morts.

Les éruptions les plus meurtrières de mémoire d'homme sont toutes le fait de volcans situés dans des zones de subduction, que ce soit le célèbre Krakatoa qui engloutit une île indonésienne en 1934, le Santorin qui détruisit sans doute la civilisation crétoise en 1400 avant Jésus-Christ, ou, plus près de nous, le Chichon qui a changé la circulation océanique depuis trois ans, par la modification que ses cendres ont apportée au climat.

Les volcans des zones de subduction sont la plupart du temps très spectaculaires par leur forme en cône accusée mais aussi par la régularité de leur espacement qui pour une zone donnée prend une allure vraiment périodique (l'espacement étant de 30 à 60 kilomètres).

La nature des produits émis, bombes, laves, cendres, est pour une grande majorité très différente des zones de dorsales. Il s'agit de produits beaucoup plus riches en silice, plus proche donc des matériaux qui caractérisent la croûte continentale. La roche la plus commune et qui en volume domine l'ensemble des produits émis s'appelle l'andésite. Sa composition chimique est voisine de la moyenne de la croûte des continents.

A partir de ce dualisme sur la nature des produits volcaniques, il n'y a qu'un pas que beaucoup franchissent sans hésiter et qui consiste à dire que :

– le volcanisme des dorsales produit des basaltes et fabrique du même coup la croûte océanique;

– le volcanisme des zones de subduction produit des andésites et fabrique donc la croûte continentale.

Mais tout cela n'explique toujours pas pourquoi il y a volcanisme dans les zones de subduction.

Dans la topologie dorsale, nous comprenons bien qu'un morceau de manteau, montant vers la surface, se trouve décomprimé et aura tendance à fondre. Mais ici il s'agit au contraire d'un morceau de manteau froid, qu'on enfonce, donc qu'on comprime. Tout semble s'opposer à la fusion, la température et la variation de pression et pourtant il y a volcanisme!

Il faut se souvenir qu'au niveau des dorsales il s'est fabriqué un « sandwich ». Une tranche de basalte a été formée rapidement, hydratée et « coincée » entre des sédiments marins audessus et un morceau de manteau résiduel au-dessous. Or, la température de fusion du basalte et des sédiments est très inférieure à la température de fusion des roches du manteau.

Le scénario s'esquisse. La tranche (basalte + sédiment) s'enfonce dans le manteau, donc se réchauffe (lentement certes mais inexorablement). Lorsqu'elle atteint la température de fusion du mélange (basalte + sédiment + eau) la tranche fond donnant naissance au magma volcanique. Le liquide magmatique étant moins dense donc plus léger que le manteau qui l'entoure tendra à monter vers la surface et à donner naissance à des volcans.

Ce mécanisme explique bien pourquoi la zone où apparaissent des volcans est toujours située à une certaine distance de la fosse, du plongement de la plaque. Il faut un certain temps, donc une certaine distance (parcourue à quelques centimètres par an) pour que la plaque et ses sédiments puissent se réchauffer, pour atteindre les températures de fusion. La croûte océanique s'est imprégnée d'eau pendant son trajet sous-marin, les sédiments sont eux-mêmes gorgés d'eau. Les magmas produits par cette fusion sont donc très riches en eau, vite transformée en vapeur à cette température. Ainsi comprend-on facilement le caractère explosif et meurtrier des volcans andésitiques. La conjecture de Kuno trouve donc une explication physique logique et cohérente.

A y regarder de plus près l'andésite n'est pas la seule roche volcanique des zones de subduction. Il existe aussi en proportion moindre des basaltes, d'une part, des granites fondus appelés rhyolites, d'autre part. De cette symétrie naquit l'idée simple qu'il y a basalte lorsque la plaque fond seule, qu'il y a rhyolite lorsque les sédiments fondent seuls, et andésite lorsque la fusion affecte le mélange basalte + sédiment. Pourtant cette idée est loin de faire l'unanimité et donne naissance à des joutes passionnées entre pétrologues.

Si, comme pour les séismes, on s'intéresse aux caractères volcanologiques comparés de plusieurs zones de subduction, on s'aperçoit qu'ils sont très variés. La proportion des diverses roches est variable, les distances du front volcanique varient, les fréquences d'éruption aussi. Il faut donc admettre que la fusion se produit sous des formes qui diffèrent selon les conditions locales. Parmi ces dernières vient immédiatement une question : celle du régime des contraintes. Les zones de subduction sont-elles en compression ou en distension?

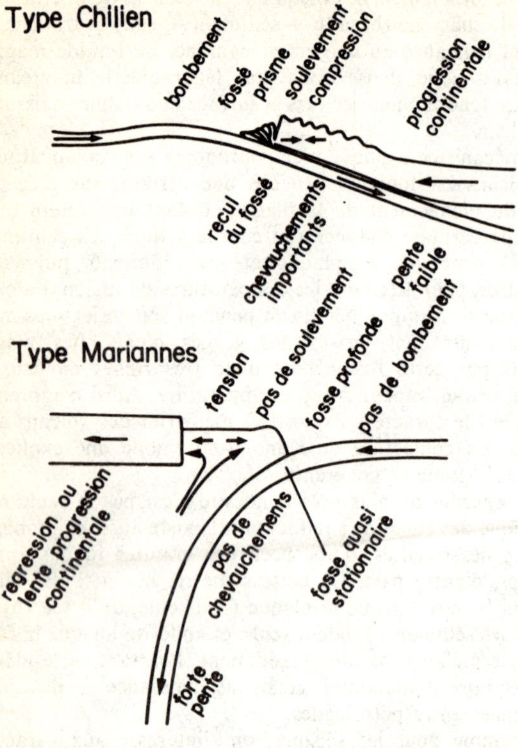

FIG. 66. – Ce shéma est emprunté à Uyeda et Kanamori. Il fait le lien entre ce que nous avons dit sur les zones de subduction et les mécanismes qui sont en jeu dans la tectonique des plaques. Ce shéma permet d'expliquer d'une manière unifiée la variété observée entre les divers types de subduction.
A gauche, sont représentés les deux types extrêmes de subduction. Le type Chili dans lequel se produit une compression au niveau de la fosse et le type Mariannes qui montre au contraire une distension au niveau de la fosse. On notera que dans le premier cas le plongement du plan de Beniof-Wadati est faible alors qu'il est très marqué dans le second cas.

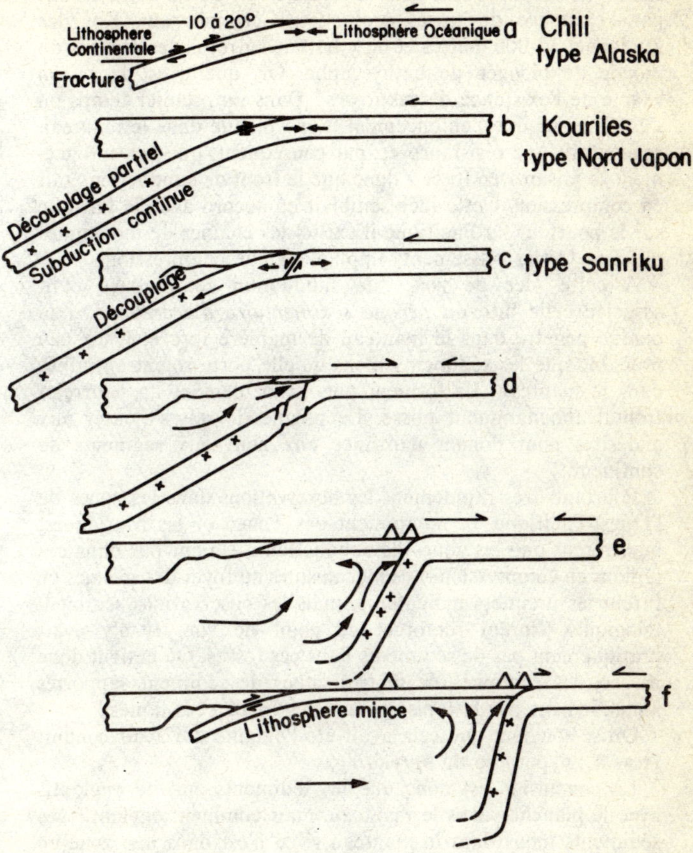

Cette série de shémas montre comment on peut passer d'un type à l'autre.
Il faut considérer ces shémas comme une hypothèse de travail destinée à relier d'une manière logique les diverses observations et les théories actuelles sur les mécanismes moteurs.

Le régime de contraintes des fosses de subduction

Comme nous l'avons dit à plusieurs reprises, les zones de subduction se marquent dans la morphologie du fond des océans par l'existence de fosses profondes. Certaines aux Kouriles atteignent 11 000 mètres et on y battait autrefois les records du monde de plongée de bathyscaphe. Or, quelle est la raison exacte de l'existence de ces fosses? Dans un premier temps on s'est imaginé que l'enfoncement d'une plaque dans le manteau rencontrait une résistance et, par conséquent, que cet enfoncement se faisait « en force » donc que le front de subduction était en compression. Cette idée semblait en accord avec le fait que sur le pourtour du Pacifique il existe des chaînes de montagnes plissées. Or les plissements impliquent une compression.

A cette idée de zones de subduction compressive était associée celle dite du *prisme sédimentaire d'accrétion.* Si la plaque pénètre dans le manteau de manière forcée, il est peu probable que les sédiments mous qu'elle porte soient entraînés dans le manteau. Ils forment plus probablement un bourrelet frontal abondamment plissé. Le prisme devrait s'ajouter aux andésites pour donner naissance aux nouveaux segments de continent.

Pourtant, très rapidement les observations dans les zones de l'Ouest-Pacifique, et notamment des Tonga et les Mariannes, montrèrent que les zones de subduction n'étaient pas dans ces régions en compression. Les mécanismes au foyer des séismes en furent les premiers indicateurs, mais les observations sédimentologiques vinrent renforcer ce point de vue. Il n'y avait pratiquement pas de sédiments dans ces fosses. Où étaient donc passées les centaines de mètres cubes de sédiments apportés annuellement par le tapis roulant des fonds océaniques?

On se souvient que cela avait été l'énigme qui avait conduit Hess à l'hypothèse du *spreading.*

La conclusion est donc que les sédiments ont été engloutis avec le plancher dans le manteau, mais comment engloutir ces sédiments mous dans le manteau si ce n'est dans une zone en extension? Il semblait y avoir incohérence entre les études. Pour concilier les points de vue, le Japonais Seya Uyeda proposa alors de considérer qu'il y a évolution dans les types de subduction.

La subduction débute, comme au Chili aujourd'hui, par un enfoncement forcé; l'angle du plan de Benioff-Wadati est alors faible, la fosse est bordée de sédiments plissés. Puis au fur et à mesure que la plaque s'enfonce, elle se plisse et un peu comme un nageur de crawl, tend à « tirer vers l'arrière ». Petit à petit la fosse devient une zone d'extension. En somme, la zone de subduction s'effondre dans le manteau emportant avec elle dans les profondeurs les sédiments qu'elle a sur son dos. Au cours du temps cet effondrement ne fait que progresser et donc la zone de subduction marquée par la fosse océanique a tendance à reculer, accentuant par là même le caractère extensif de la zone. Tel serait le cas des Mariannes aujourd'hui. Uyeda peut alors situer toutes les zones de subduction connues entre ces deux pôles extrêmes. On voit là avec ce modèle toute la richesse géologique potentielle de la subduction. Les dorsales sont des zones de transfert unidirectionnelles du bas vers le haut. Les zones de subduction sont des zones d'échange bidirectionnelles. Du haut vers le bas pour la plaque et les sédiments, du bas vers le haut pour les magmas; en outre, elles ont des modalités de variation latérale suivant leur stade d'évolution.

Flux de chaleur et ceintures métamorphiques

La répartition du flux de chaleur dans les zones de subduction est extrêmement caractéristique. Au niveau de la fosse océanique, on note la présence d'un flux extrêmement faible qui augmente brutalement dès qu'on s'approche de la zone où le volcanisme est actif. Dans cette zone, le flux de chaleur est très élevé : plus de quinze fois la valeur moyenne terrestre. Il redevient peu à peu normal au fur et à mesure qu'on s'éloigne de la fosse et que le volcanisme s'estompe. On comprend bien une telle distribution si on se souvient que la fosse correspond à un transfert de la plaque froide vers l'intérieur, alors que la zone volcanique correspond à l'arrivée d'un magma chaud vers la surface.

La première utilisation géologique de cette observation va être développée par Miyashiro au Japon et Gary Ernst aux États-Unis pour expliquer le métamorphisme des zones orogéniques. Le métamorphisme, au sens géologique du terme, est le phénomène par lequel une roche donnée, sédimentaire ou plutonique, se transforme par cristallisations ou recristallisations à l'état solide en une nouvelle roche. La roche primaire s'est cristallisée en roche métamorphique. Un grès feldspathique se transforme en gneiss, un calcaire en marbre, une roche argileuse en schiste. Cette métamorphose a lieu sous l'effet des modifications de température et de pression auxquelles les roches sont soumises. Mais, à l'inverse, la nature des minéraux qui prennent ainsi naissance révèle les conditions de température et de pression qui ont induit ces transformations, grâce au code minéralogique du métamorphisme que nous avons déjà évoqué.

Miyashiro et Gary Ernst remarquent qu'au Japon et en Californie, on peut définir deux ceintures de roches métamorphiques. La ceinture proche de l'océan est caractérisée par un métamorphisme qui se développe dans des conditions de pression élevée mais de température relativement basse (300 °C). La ceinture située plus à l'intérieur du continent correspond à un métamorphisme chaud (300-600 °C), de pression intermédiaire. Ernst et Miyashiro attribuent le métamorphisme « froid » à l'enfoncement des sédiments dans la fosse océanique. Sous l'effet de l'accumulation des sédiments, la pression augmente mais la température reste relativement basse, puisque les sédiments sont au contact de la plaque plongeante froide. A l'inverse, la ceinture métamorphique située dans le continent serait liée au réchauffement, associé à l'intrusion des magmas basaltiques et andésitiques. Ces sources de chaleur multiples provoqueraient la cuisson de la croûte continentale adjacente.

Ainsi l'étude des ceintures métamorphiques permet de reconstituer les régimes thermiques anciens, qui se trouvent en quelque sorte fossilisés par l'agencement spatial des divers minéraux de métamorphisme et de reconnaître l'existence d'anciennes zones de subduction lorsque toute seismicité a disparu. La présence des doubles ceintures et des roches volcaniques andésitiques permet donc au géologue d'utiliser la tectonique des plaques dans les reconstitutions du passé. Nous en verrons des applications.

Les bassins marginaux

Vers les années 1975, le centre d'intérêt s'est rapidement focalisé sur une structure qui, au premier abord, n'avait pas beaucoup intéressé les tenants modernes du mobilisme et qui avait pourtant retenu l'attention de Wegener : les bassins situés en arrière des arcs, encore appelés bassins marginaux. La plaque plongeante avait tenu le devant de la scène, le « coin » situé au-dessus d'elle va désormais prendre de l'importance. Deux scientifiques ont attaché leur nom à cette phase : Dan Karig, jeune étudiant à la Scripps Institution de San Diego, et Seva Uyeda. Karig et Uyeda vont s'intéresser aux arcs insulaires que nous venons d'évoquer et qui sont constitués par des zones où alternent îles et bassins localisés dans l'espace compris entre un plan de subduction et un continent, tel le pourtour ouest du Pacifique.

Karig découvre que dans les bassins situés à l'arrière des arcs, existe un plancher basaltique semblable au plancher des grands océans. Il montre, en outre, que ces bassins révèlent une tectonique et une sédimentation qui évoquent une structure d'extension accompagnée d'un grand développement du volcanisme. Il émet l'hypothèse que ces bassins marginaux sont nés grâce au fonctionnement de dorsales océaniques secondaires situées parallèlement à la fosse, mais à l'arrière de l'arc. Holmes avait déjà imaginé un tel dispositif. Uyeda montre rapidement que ce dispositif n'est pas particulier au bassin de Lau, mais qu'il est général. Il découvre dans le bassin arrière de l'arc des Mariannes des anomalies magnétiques qui ressemblent à des anomalies de type Vine-Matthews-Morley. Il montre, en outre, que ces dorsales sont parfois jeunes, et, dans ce cas, qu'elles sont marquées par des anomalies de flux de chaleur. Parfois, au contraire, elles sont anciennes, leur volcanisme est éteint, leur flux de chaleur faible, leur détection géophysique est, de ce fait, rendue plus difficile.

De ces développements, il faut conclure qu'à l'aplomb des zones de subduction où les plaques lithosphériques s'enfoncent dans le manteau, il existe des structures de type dorsale océanique avec création secondaire de plaques, volcanisme et transfert thermique importants. Ce volcanisme est de nature très différente de celui qui est lié au plan de Benioff, dont nous avons souligné la zonalité, et tout à fait semblable à celui des dorsales océaniques typiques. Il existe donc un volcanisme dont la source n'est pas la plaque plongeante mais le *coin supérieur* situé au-dessus d'elle.

On imagine alors des mécanismes pour expliquer ce phénomène : mécanismes physiques mettant en œuvre l'existence de rouleaux convectifs; mécanismes chimiques, en postulant que la plaque plongeante perd son eau, que cette eau migre verticalement et favorise une fusion dans le coin supérieur, etc. Mais, à

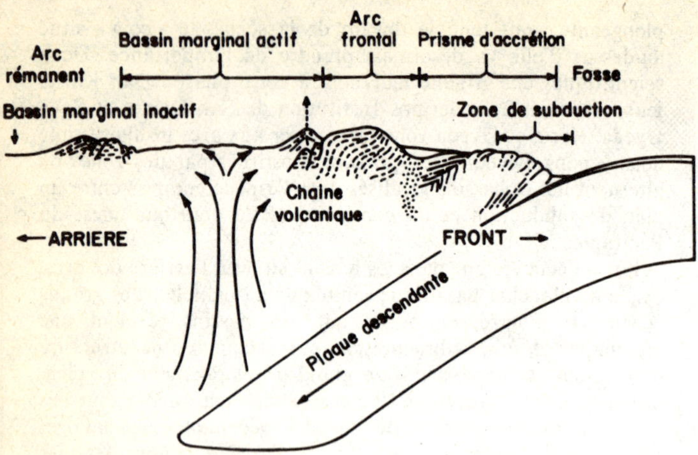
Arc
rémanent
Bassin marginal actif
Arc
frontal
Prisme d'accrétion
Fosse
Bassin marginal inactif
Zone de subduction
Chaine
volcanique
ARRIERE
FRONT
Plaque descendante

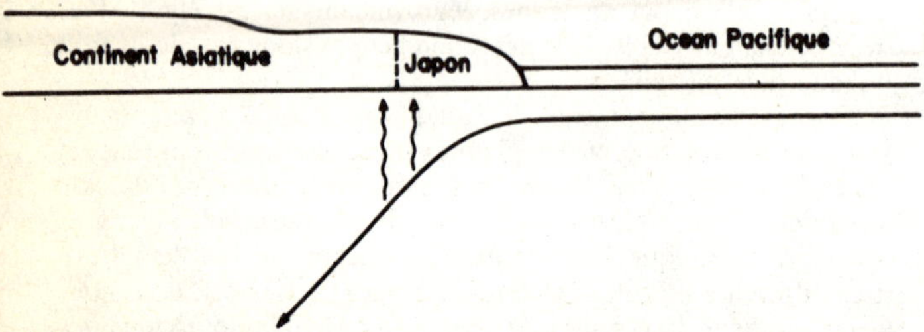
Continent Asiatique
Japon
Ocean Pacifique

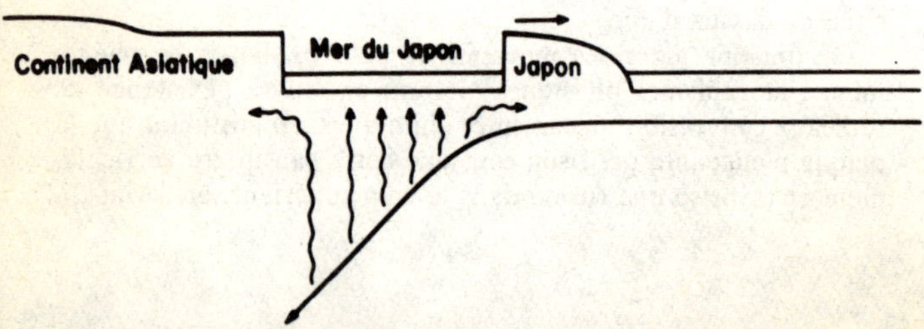
Continent Asiatique
Mer du Japon
Japon

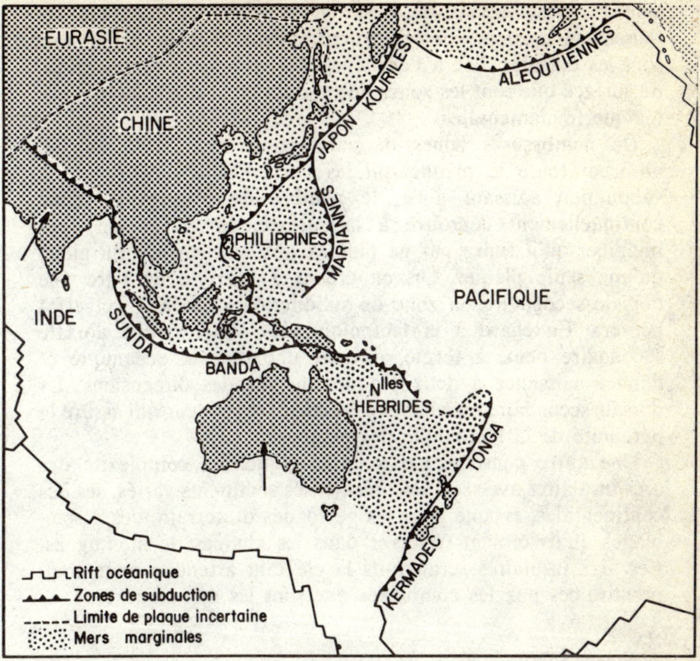

FIG. 68. – Cette carte du pourtour du Pacifique occidental nous montre les principaux arcs insulaires de cette région. Les principales zones de subduction sont figurées par le symbole habituel, les principales mers marginales sont soulignées.

FIG. 67. – Les deux figures a) et b) illustrent l'approche complémentaire de Dan Karig et Seva Uyeda concernant le concept de mer marginale. La figure a) est dessinée d'après Karig. Géologue, il nous présente une coupe où les observations de surface constituent l'essentiel. Les structures profondes ne sont dessinées que dans la mesure où elles expliquent les observations de surface.
La figure b) est le schéma d'Uyeda pour expliquer la formation de la mer du Japon. On notera l'extrême schématisation, l'absence de détail de surface. Les mécanismes géodynamiques prennent le pas sur l'observation.
On pourrait presque parler pour ce deux figures de géodynamique déductive (a) et inductive (b). Elles illustrent bien les deux tendances extrêmes de la géologie moderne.

ce stade, le mécanisme de détail importe peu. Ce qui importe, ce sont les observations de base et les liens logiques qui les unissent. L'existence de ces structures créatrices de surface que sont les dorsales, liée à l'existence des structures destructrices de surface que sont les zones de subduction, a une conséquence logique fondamentale :

De nombreuses zones de subduction vont, à la longue, absorber toute la plaque qui les porte. Toutes les zones de subduction agissant ainsi, le nombre de plaques va donc continuellement décroître à la surface du globe. On peut imaginer qu'il finira par ne plus exister à la surface du globe qu'une seule plaque. Or, en créant à l'arrière de l'arc une dorsale secondaire, la zone de subduction « corrige » cet effet pervers. Eu égard à la tectonique des plaques, une dorsale secondaire peut, à terme, devenir une dorsale océanique et donner naissance à deux plaques de grandes dimensions. La dorsale secondaire est-elle le phénomène régulateur qui assure la pérennité de la tectonique des plaques?

Une autre conséquence est géologique. La complexité des arcs insulaires avec son volcanisme, ses sédiments variés, ses îles continentales, évoque pour les géologues de terrain, des assemblages qu'ils croient observer dans les chaînes de montagnes. Les arcs insulaires seraient-ils la clé tant attendue pour comprendre ces puzzles complexes que sont les montagnes?

VII

Le couple subduction-collision et la formation des chaînes de montagnes

La tectonique

« Tectonique des plaques », « tectonique » : il y a là plus qu'une convergence de langage. Le mot *tectonique,* employé au sujet de la construction plaquiste, est sans nul doute un abus de langage promotionnel.

La tectonique est la science qui étudie les chaînes de montagnes. Le mot porte un message extrêmement prestigieux pour toute la communauté géologique. Dans la géologie traditionnelle, cette discipline s'oppose à la stratigraphie qui, par habitude plus que par nécessité, étudie les bassins sédimentaires dans lesquels les strates sont à peu près horizontales. La tectonique, elle, s'attaque au complexe, à l'indéchiffrable, aux chaînes plissées et cassées dont la compréhension défie l'esprit rationnel de l'époque. Hardie dans ses buts, elle va, à la fin du XIXe siècle, s'avérer révolutionnaire dans sa démarche. Elle ne cherche pas seulement à décrire la structure complexe des chaînes de montagnes, mais aussi à reconstituer les étapes qui, au cours des âges géologiques, ont façonné ces importantes constructions naturelles. Comme l'exprime si bien Émile Argand, la tectonique cherche à reconstituer par une cinématique tridimensionnelle les plissements, cassures, déplacements latéraux qui ont conduit à donner naissance aux structures complexes que nous observons aujourd'hui dans les chaînes montagneuses. On dit en langage géologique que la tectonique a pour but d'étudier l'orogenèse (genèse des reliefs).

Pourtant, l'ambition de la tectonique est plus que cela. Elle est bien de devenir la science géologique globale et explicative.

Aux environs des années 1950, elle avait déjà détrôné la stratigraphie en tant que discipline centrale des sciences géologiques. Les meilleurs étudiants voulaient être tectoniciens, les meilleurs géologues l'étaient, la grande majorité revendiquait cette appellation. Les causes de ce succès dépassent largement la simple motivation rationnelle.

Les montagnes exercent de tout temps un attrait sur les hommes. Certains veulent les vaincre en les escaladant, d'autres veulent les dominer en comprenant leur histoire et leur structure. Cet attrait pourrait expliquer à lui seul le succès de la tectonique. Le mystère des montagnes s'épaissit encore lorsqu'on découvre que sur des hauteurs de 3 000 ou 5 000 mètres, il subsiste des fossiles d'animaux marins. Il existe donc des « forces » susceptibles de soulever le fond de la mer pour le porter à trois mille mètres? Quelles sont ces forces?

D'un point de vue beaucoup plus technique, ces chaînes de montagnes offrent au géologue la possibilité de voir la structure du globe en trois dimensions. Une vallée himalayenne, par exemple, dont le dénivelé est de 7 kilomètres, est une entaille dans les profondeurs terrestres qui équivaut à un forage de même profondeur (et non pas à un forage ponctuel, mais à un forage en continu!). Aucun bassin sédimentaire, plat ou vallonné, n'offre de pareilles conditions d'observation. Très rapidement, les tectoniciens n'hésiteront pas à affirmer que, malgré les complications structurales, les chaînes de montagnes permettent de faire de la stratigraphie dans des conditions bien supérieures à celles des bassins sédimentaires.

Ce rôle exceptionnel de l'orogenèse et des montagnes s'est encore accru lorsqu'on a constaté que, hors des bassins, la totalité des terrains géologiques, même sans relief accentué, sont plissés, et que, d'après leurs datations, ils ont été plissés au cours de périodes orogéniques bien définies. Ainsi, en dehors des bassins de Paris et d'Aquitaine, les terrains du territoire français ont été plissés, granitisés, métamorphisés au cours des orogenèses calédoniennes (– 480-420 MA), hercyniennes (– 320-260 MA) et « alpines » (– 100-20 MA). Si les chaînes de montagnes anciennes sont plus discrètes que les chaînes jeunes, c'est que l'érosion les a rabotées, limées, usées, inexorablement ramenées au rang de pénéplaines, élevées de quelques centaines de mètres au-dessus du niveau de la mer. Sous les bassins de Paris et

Dans l'esprit des auteurs, ces deux types de chaînes sont surtout liés à un concept de style des structures, *de style tectonique.* Les chaînes intracontinentales sont caractérisées par la présence en profondeur d'un bâti rigide, fait de matériaux continentaux anciens : granites, roches métamorphiques, sédiments durs. Ce bâti est recouvert d'une pellicule de sédiments jeunes que l'on appelle couverture. Les matériaux de fond ne se déforment que difficilement, ils sont assez rigides, et leur déformation donne naissance soit à des plis à grands rayons de courbure, soit à des failles inverses ou normales, résultats d'un comportement cassant. La couverture sédimentaire est au contraire très plastique et peut soit se déformer en moulant exactement les structures du socle, soit se décoller de son substratum et donner naissance à une tectonique indépendante, glissant sur le socle comme une nappe peut glisser sur une table.

A l'inverse, les chaînes géosynclinales ne surmontent pas un socle rigide, leurs plissements ne vont donc pas être guidés par celui du sous-bassement, mais vont être en quelque sorte autonomes. Comme il n'existe pas de socle rigide, les raccourcissements de ces bassins vont être très importants, les plissements extrêmement intenses. Pour rester dans des exemples proches, le Jura ou les Pyrénées sont des exemples types de chaînes intracontinentales, les Alpes sont au contraire l'archétype d'une chaîne géosynclinale comprise entre deux continents, les Appalaches étant celui d'un géosynclinal en bordure d'un continent.

Nappes, charriages et déplacements tangentiels

Le second concept tectonique fondamental développé au cours des trente années postwegenériennes a été celui de déplacements latéraux modérés, construit autour du concept de nappe de charriage. Ce n'est pas une notion nouvelle, puisque c'est entre 1884 et 1899 que Marcel Bertrand eut l'idée de recouvrements tectoniques avec déplacement latéral, en étudiant successivement la région du Beausset, au nord de Toulon, les Alpes de Glaris et le bassin houiller franco-belge. C'est autour de cette notion de nappe que les grands géologues alpins, d'Argand à Pierre Termier, ont construit leurs modèles successifs pour l'ensemble de la chaîne alpine, mais c'est une notion qui aura beaucoup de mal à s'imposer en tant que concept général.

Une nappe de charriage, au sens général du terme, est un déplacement mécanique de terrains sur plusieurs dizaines de kilomètres. Les terrains constituant la nappe ont pour patrie une région très éloignée de celle où on les trouve à l'affleurement. La genèse de ces déplacements tangentiels latéraux a donné lieu à des modèles variés. Citons-en deux extrêmes, qui traduisent là encore deux attitudes à l'égard du mobilisme.

La théorie du serrage est née des travaux de Kosmat, Termier

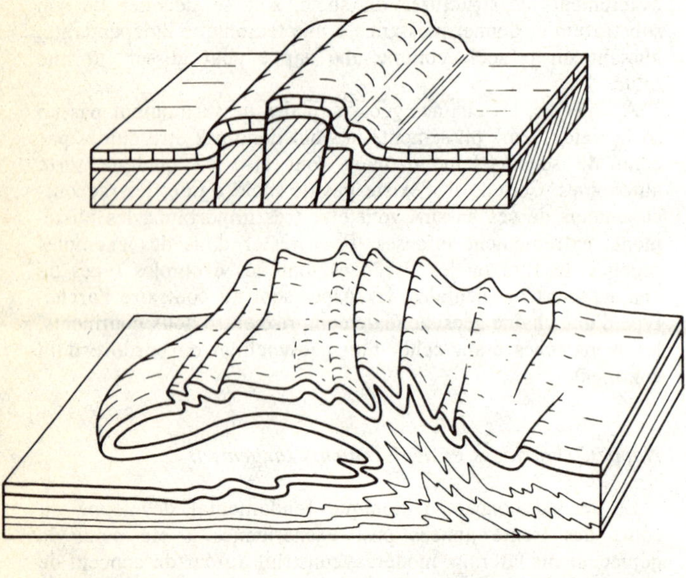

FIG. 70. – Nous avons schématisé dans deux coupes théoriques les deux types de plissement tels que les concevait Stille. En haut, les plissements de la couverture sédimentaire supposée être la seule partie « plissable » sont guidés par les mouvements en « touches de piano » du socle. C'est le cas dans les chaînes qui ont un substratum rigide, solide, donc continental. En bas, les plissements affectent une série sédimentaire déposée sur un fond océanique mou et lui-même plissable. La fosse se rétrécissant, son contenu se renverse, donnant naissance à de gigantesques plis déversés, souples et d'ampleur considérable.

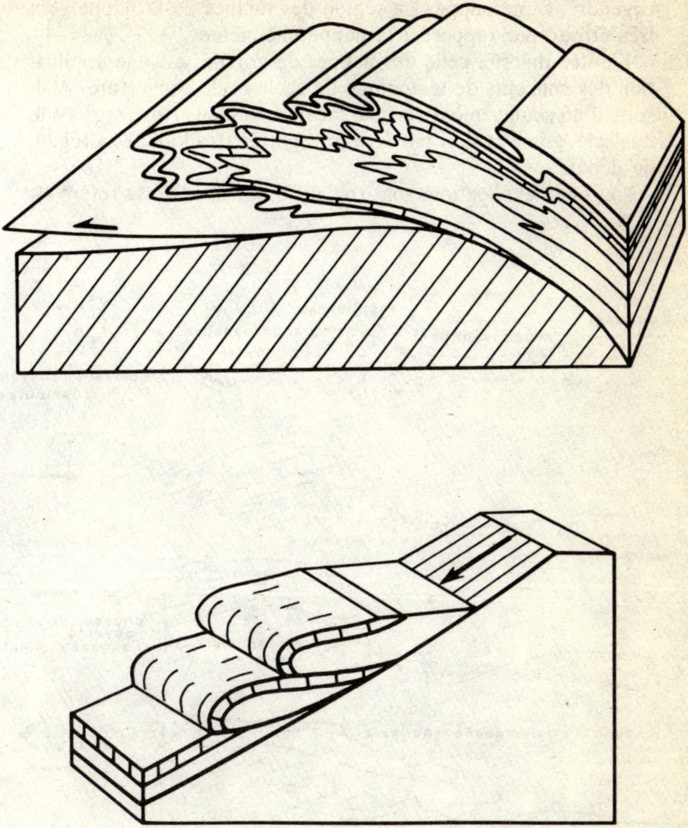

FIG. 71. – Sous forme ultrasimplifiée nous avons représenté les deux conceptions rivales destinées à expliquer les déplacements latéraux de terrains plissés que l'on appelle nappes de charriages. Dans la conception « alpine », en haut, la zone de racine expulse le contenu de sa fosse par suite d'un serrage. Dans la conception par glissement, en bas, un mouvement vertical crée une dyssymétrie morphologique puis la gravité décolle la nappe de substratum et provoque son glissement.

et quelques autres géologues alpins. Deux bords continentaux se rapprochent, serrant à l'extrême la fosse qui les sépare. Ce mouvement « retourne » la fosse et la projette sur l'un des blocs, engendrant une nappe. La région des racines de la nappe sera très étroite par rapport à la nappe elle-même.

L'autre théorie, celle des nappes de gravité, est une application des concepts de tectonique de socle et de couverture. A la suite d'un soulèvement vertical localisé, la couverture se décolle du socle, glisse et finit par être transportée très loin de sa région de dépôt.

Ces deux explications sont très différentes si l'on se réfère au

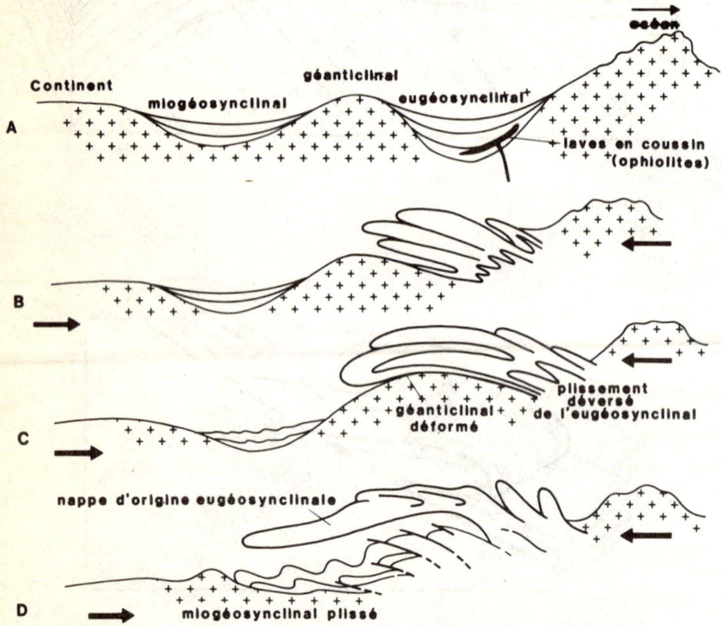

FIG. 72. – Schéma évolutif du couple miogéosynclinal-eugéosynclinal au cours de l'orogenèse tel que l'avait conçu Stille et qu'Aubouin l'a développé et systématisé. On notera que la fosse miogéosynclinale est à substratum continental, rigide et réagit en obéissant à une tectonique de couverture alors que la fosse eugéosynclinale, à soubassement océanique souple, se plisse en donnant des nappes de charriage.

mobilisme : la première implique obligatoirement un rapprochement des continents responsables du serrage, donc un mobilisme latéral de ces derniers; la seconde se conçoit très bien dans un cadre de mouvements continentaux exclusivement verticaux.

Les années d'après-guerre ont vu se développer des discussions passionnées autour de ces concepts de nappes de charriages. Pour simplifier, on peut dire que les Européens, dans leur grande majorité, vont admettre la réalité des nappes et même leur universalité, que les Russes et les Japonais vont être résolument opposés aux idées nappistes, et les Américains très réservés, certains voulant bien admettre la réalité des nappes pour les Appalaches, mais certainement pas pour les Cordillères de l'Ouest.

Telles sont les questions qui agitaient la communauté géologique des tectoniciens avant l'avènement de la tectonique des plaques.

Pour intégrer les observations de terrain de plus en plus nombreuses qui s'accumulaient, notamment en Europe, les géologues s'étaient de plus en plus intéressés à la structure. Ils cherchaient surtout à déchiffrer la manière dont les chaînes de montagnes s'étaient plissées. Ainsi en est-il du modèle géosynclinal à fosses multiples que développe Jean Aubouin vers les années 1960. Ainsi en est-il des efforts de Matsumoto au Japon ou de l'école hollandaise en Europe.

Organisation et orogenèse

Débats entre partrisans et adversaires des nappes, débats sur l'interprétation de la structure de telle ou telle chaîne de montagnes, une orogène. L'orogène était le but de la recherche, l'orogène devient le centre du débat. A l'époque de Hall et Dana, la contraction thermique du globe était le moteur responsable des plissements, et il fallait en comprendre les modalités. Mais, à la période que nous évoquons, la contraction du globe est déjà une idée défunte, et rien ne l'a remplacée. Pourtant, ce problème des causes ne passionne pas les géologues. Cette attitude d'esprit va éloigner les géologues de la pensée causale, de la modélisation dynamique qui avait pourtant si bien passionné les fondateurs de la tectonique.

Les « forces tectoniques » sont ignorées de la plupart des géologues. Ces derniers considèrent qu'il existe un certain nombre de forces essentiellement verticales, et que toutes peuvent jouer un rôle : par exemple la gravité, capable de faire monter des diapirs, c'est-à-dire des bulles de matériaux légers, dont le type est le dôme de sel (sur ce principe, le Suédois Hans Ramberg reproduira en laboratoire, dans une centrifugeuse, de nombreuses structures tectoniques).

Il faut pourtant souligner que certains, comme Veinig Meinesz ou Griggs ou Holmes, continuent à proclamer l'existence de courants de convection, de déplacements latéraux de continents, de serrages, dans un style très proche de celui de Wegener. Ils continuent de proposer des modèles de formation de chaînes de montagnes mais, ces exercices sont considérés comme du domaine de la théorie, autrement dit, pour les géologues de l'époque, comme du domaine du rêve, de l'irréel – à la limite, du non-scientifique!

C'est dans cet état d'esprit très tourné vers la structure et vers l'analyse que va faire irruption la tectonique des plaques, avec la causalité comme approche de base, et le modèle cinématique comme outil.

Les chaînes de montagnes dans le cadre de la tectonique des plaques

Les premiers efforts pour rapprocher tectonique et tectonique des plaques vont être l'œuvre de Robert Dietz et Warren Hamilton, mais surtout de John Dewey et John Bird. Nous allons en suivre les péripéties.

– Dietz se place radicalement dans l'hypothèse géosynclinale.

FIG. 73. – Schéma illustrant la manière dont on se représentait la genèse des montagnes dans la conception dynamique de Griggs en 1939. Cet auteur avait des vues extrêmement avancées pour son temps et admettait, nous l'avons dit, l'existence des courants de convection dans le manteau. Ces courants auraient créé des fosses dans les zones où ils s'enfoncent vers l'intérieur du globe. Les fosses attirant la sédimentation, donc les sédiments, se seraient creusées, plissant du même coup les sédiments.
En outre, ces fosses s'enfonçant vers l'intérieur du golfe auraient subi un réchauffement induisant dans la pile sédimentaire, métamorphisme et fusion donnant naissance aux séries métamorphiques et aux granites. Il est bon de noter que, mise à part l'origine des forces, la théorie de la contraction thermique du globe conduisait à une vision peu différente quant au scénario, comme on pourra le constater en regardant à nouveau la figure 72.

A
B
C
D

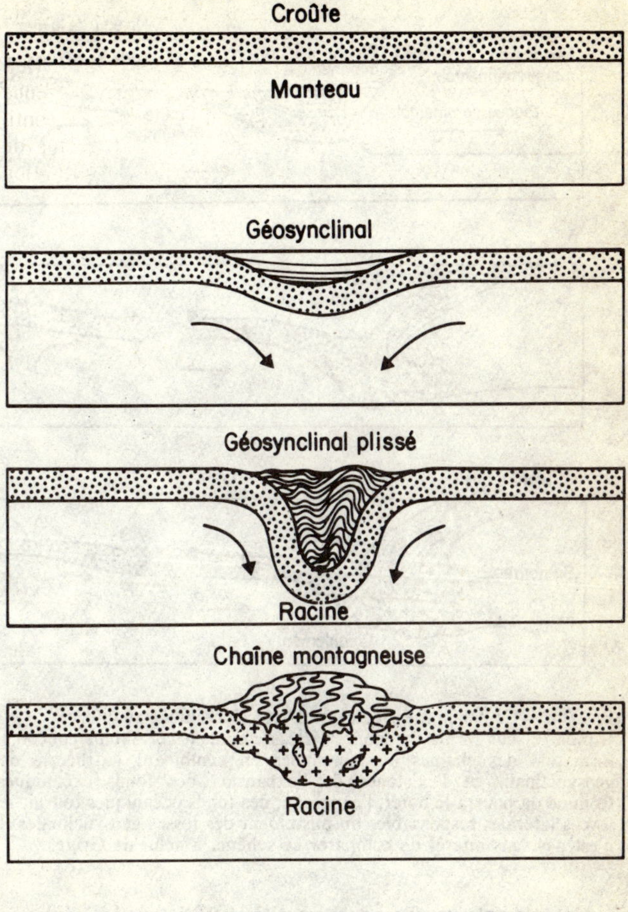
Croûte
Manteau
Géosynclinal
Géosynclinal plissé
Racine
Chaîne montagneuse
Racine

Reprenant l'exemple qui avait été celui de Dana puis de Marshall Kay, à savoir celui du plateau continental américain, il l'adapte à la nouvelle théorie.

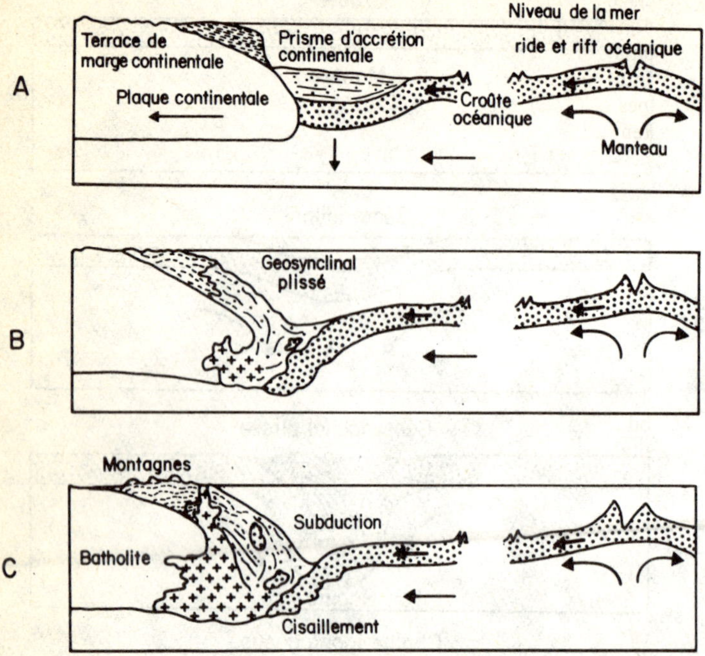

FIG. 74. – Ce schéma est celui de Dietz légèrement adapté.
Il montre sous forme de coupes sériées comment cet auteur conçoit la formation des chaînes de montagnes en combinant la théorie des géosynclinaux et l'existence de l'expansion des fonds océaniques. Comme on pourra le noter, l'expansion des fonds océaniques fournit les forces latérales responsables du plissement des fosses géosynclinales. Il n'est pas sans intérêt de comparer ce schéma à celui de Griggs.

Cet exemple va cependant paraître naïf à tous les géologues européens.

– L'entreprise de Dewey et Bird est beaucoup plus riche, parce que beaucoup plus cosmopolite. Ces auteurs, travaillant ensemble à l'université de l'État de New York à Albany, cherchent à expliquer les grandes chaînes de montagnes du monde à l'aide du mobilisme et de la topologie plaquiste, en s'appuyant sur deux concepts essentiels : la subduction et la collision continentale.

Leur point de départ est simple. La répartition des chaînes de montagnes jeunes à la surface du globe correspond à une ceinture péripacifique et à une chaîne est-ouest qui s'étend des Alpes à l'Himalaya. Adoptant un point de vue actualiste, ils notent que les chaînes péripacifiques sont localisées sur des zones où ont lieu les phénomènes de subduction, alors que la chaîne des Alpes est-ouest correspond à une gigantesque série de collisions continentales : Afrique-Europe = Alpes, Arabie-Asie = Iran, Inde-Asie = Himalaya. Adoptant le point de vue plaquiste suivant lequel l'activité doit avoir lieu à la frontière des plaques, ils décident de lier la topologie observée à l'existence de deux types de frontières : la subduction et la collision.

1. Ils admettent, un peu à la manière de Dietz, qu'une subduction s'intalle généralement à partir d'une marge continentale de type Atlantique (sans subduction) qui se transforme en marge de type Pacifique (avec subduction). Dans la fosse ainsi créée se produisent des phénomènes d'accumulation de sédiments, mais aussi de serrage donc de plissements et d'« écaillage » tectonique. Des morceaux de croûte océanique se trouvent ainsi mélangés tectoniquement aux sédiments plissés. On obtient alors l'association classique des chaînes de montagnes entre ophiolites (témoins de la croûte océanique) et sédiments marins, dans une situation dite de mélange tectonique.

Dans ces types se rangent les cordillères américaines, les Appalaches et les Andes.

2. Le second type de chaînes est, selon eux, la chaîne de collision continentale. Les continents ne peuvent s'enfoncer dans le manteau; la subduction s'arrête donc lorsqu'un continent est en situation d'être enfoncé dans le manteau, et cela s'accompagne d'un phénomène qualifié globalement de collision, dans lequel ils distinguent deux cas : celui où la collusion a lieu entre un continent et un arc insulaire, et celui, beaucoup plus spectaculaire, qui a lieu lorsque deux continents

se rencontrent. Le premier cas correspondant aux chaînes de Nouvelle-Guinée, le second au cas typique de l'Himalaya. La collision plisse les terrains et donne donc naissance à des montagnes.

Cet article va être fort bien accueilli par les géophysiciens, déjà convaincus par la tectonique des plaques, et très mal accueilli par la communauté géologique. Les raisons des géologues sont on ne peut plus honorables : les modèles proposés par Dewey et Bird ne correspondent pas aux faits d'observation précis. Sans nous livrer à un examen systématique, nous allons prendre quelques exemples.

Le sens de déversement des structures tectoniques des Appalaches proposé par Dewey et Bird est inverse de ce qu'il est réellement. Les Andes, archétype d'une chaîne de cordillère, ne contiennent pas d'ophiolites ni de double bassin. La haute chaîne de l'Himalaya, archétype de la collision, est en fait une chaîne intracontinentale : la collision a lieu au niveau du fleuve Yarlung Tsangpo c'est-à-dire plus au nord.

On ne peut construire de théories scientifiques sur des observations fausses! Pourtant, l'article de Dewey et Bird est méthodologiquement très important, car il introduit des concepts fondamentaux qui dépassent le cas de tel ou tel exemple. Ils invitent les géologues à utiliser leurs méthodes et observations pour bâtir cette *nouvelle géologie.*

La méthode proposée consiste donc à faire correspondre à une unité géologique définie un site géodynamique d'origine, bien situé dans le cadre des grandes divisions de la tectonique des plaques. L'approche de Dewey et Bird est donc fondamentale, mais encore insuffisante pour convaincre une communauté géologique réticente. Il va falloir encore assouplir le dogme avant d'emporter l'adhésion des géologues.

La tectonique de l'Asie

C'est dans ce contexte de scepticisme ou d'hostilité vis-à-vis de la tectonique des plaques qu'il faut replacer le travail de Paul Tapponnier et Peter Molnar sur l'Asie. Nous allons nous y arrêter quelque peu.

Le point de départ est double : l'existence de gros tremblements de terre à l'intérieur des plaques, en particulier en Asie, et la réalité d'une collision continentale au niveau de la zone himalayenne. On se souvient que le séisme de Tangshan, ville située au nord de Pékin, a fait en 1976 près d'un million de morts (600 000 officiellement). Cette séismicité de la Chine n'est pas nouvelle. C'est en Chine que fut inventé le premier sismographe en 1084, c'est également en Chine qu'existent d'abondantes annales sismiques, les mieux documentées du monde. La Chine est, en effet, un des pays les plus sismiques; les tremblements de terre ayant lieu dans ce pays très peuplé constituent de véritables fléaux. Non seulement il y sont nombreux mais leur intensité est très grande. Or, ces séismes ne sont pas localisés sur une frontière de plaque, mais se situent à l'intérieur même de la plaque Asie. Donc tous ses tremblements de terre contredisent l'un des postulats de la tectonique des plaques, celui qui affirme que l'énergie sismique ne se dissipe que sur les bords des plaques rigides.

Paul Tapponnier et Peter Molnar vont proposer une théorie pour expliquer ces observations : c'est la théorie des lignes de glissement. Peter Molnar, jeune professeur au MIT, est un sismologue spécialiste des mécanismes au foyer des séismes. Élève d'Isacks, d'Oliver et Sykes, c'est un pur produit de l'enseignement plaquiste du Lamont, et il croit à la tectonique des plaques comme à un dogme. Paul Tapponnier est alors un jeune étudiant français, élève de Maurice Mattauer; il passe une année au Massachussets Institute of Technology pour s'initier à la mécanique des roches. Lors de son séjour au MIT, Tapponnier découvre une analogie entre la distribution des grandes fractures de l'Asie, telles qu'on peut les voir sur les photos prises de satellite, et les figures qui sont produites lors des phénomènes de poinçonnement en laboratoire, dans des milieux rigides-plastiques comme le sont certains métaux ou certaines matières plastiques. Il propose donc de considérer la collision de l'Inde avec l'Eurasie comme le poinçonnement d'un coin rigide – l'Inde – dans un milieu rigide-plastique : l'Asie. A partir des modèles théoriques établis par le calcul et par des expériences de laboratoire, il va déterminer la distribution des fractures et, plus encore, les types de failles auxquels elles doivent correspondre (faille normale, inverse ou décrochement).

Peter Molnar étudie alors les mécanismes au foyer des séismes localisés sur les diverses failles détectées par Tapponnier sur les photographies prises de *satellite*. Ces mécanismes correspondent effectivement à ceux prédits par la théorie des lignes de glissement.

En fait, la théorie proposée par Tapponnier et Molnar reprend, sous une forme plus moderne et plus physique, une vieille idée proposée par Argand en 1930 et qui admettait l'existence d'une plasticité de l'Asie. Argand y dessinait des lignes d'écoulement de la matière et défendait l'idée que les plis de fond affectant les grandes portions continentales avaient plus d'importance que les plis spectaculaires affectant les fosses géosynclinales. Traduit en langage moderne, cela signifiait que d'un point de vue tectonique, les mouvements géologiques intraplaques sont plus importants que ceux qui sont localisés à la frontière des plaques.

Tapponnier et Molnar reprennent en fait ces idées, mais, par là même, vont à l'encontre de l'un des dogmes plaquistes, celui de la rigidité des plaques. Certaines plaques, ou tout au moins leur partie continentale, ne se comportent pas de manière rigide. Un tel principe, qui dépasse largement la simple théorie des lignes de glissement, va rencontrer un accueil très différent selon la catégorie des récepteurs. Les plaquistes orthodoxes, comme Dan McKenzie ou Xavier Le Pichon, vont recevoir les nouvelles idées avec beaucoup de froideur, sans y opposer d'arguments convaincants, si ce n'est celui du viol du principe fondamental de la tectonique des plaques. Peter Molnar, très attaché à la confrérie plaquiste, en sera fort triste et adoptera une attitude scientifique intermédiaire, ambiguë, publiant à la fois des articles plaquistes et des articles adoptant la théorie des lignes de glissement. Les géologues, par contre, vont accueillir les nouvelles idées avec beaucoup de ferveur. Tout d'abord, il faut bien le dire, parce que ces idées ne sont pas plaquistes, et qu'elles justifient leur résistance à la tectonique des plaques. Récupération *a posteriori*, dirons-nous! Mais ils avancent aussi des raisons scientifiquement très valables : par exemple, comment expliquer les chaînes intracontinentales comme le Haut Atlas marocain ou l'Himalaya si les plaques sont rigides? Comment expliquer les grands décrochements intracontinentaux comme la faille de l'Altyn-Taghou ou celle de Turquie si l'on admet que les plaques sont rigides? L'existence d'une certaine « déformabilité » intraplaque doit en effet permettre d'expliquer la géologie des grandes chaînes de montagnes du globe. Mais on peut alors renverser les propositions et se demander si toutes les plaques n'ont pas un comportement fragile-rigide et

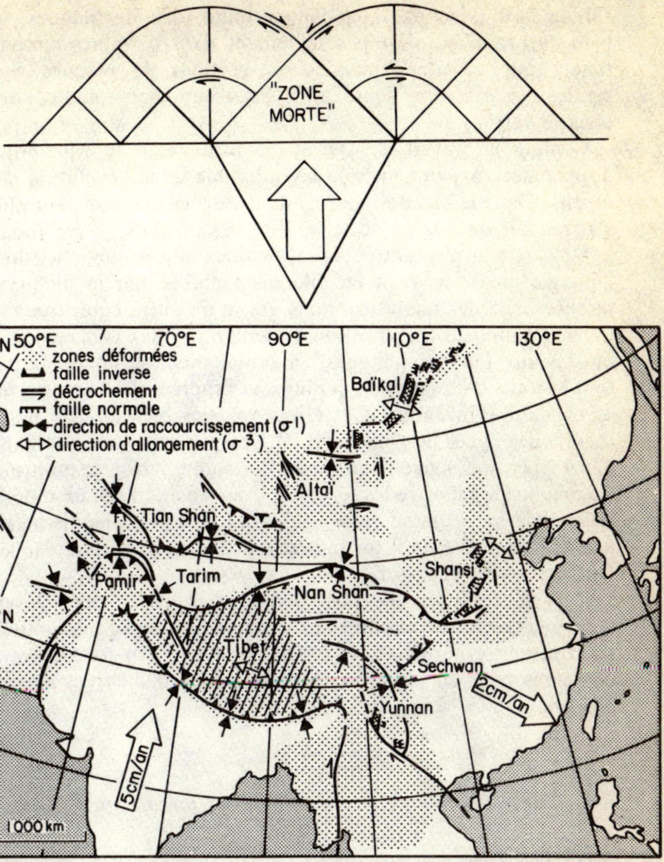

FIG. 75. – Ce schéma illustre la vision de Tapponnier et Molnar concernant la tectonique de l'Asie.
Le schéma a) est un schéma théorique montrant comment se déforme et casse un milieu rigide-plastique lorsqu'on enfonce un poinçon latéralement sur une plaque (par exemple de plastique).
Le schéma b) est la transposition du schéma théorique au cas de l'Asie. Le rôle du poinçon est tenu par l'Inde, le rôle de la plaque rigide-plastique est l'Asie.
On notera que, comme c'est toujours le cas dans les sciences de la nature, il existe une certaine distance entre schéma théorique et observation des faits réels (d'après P. Tapponnier).

s'il ne faut donc pas abandonner toute idée de plaques, ou bien encore si ce n'est pas seulement dans certaines circonstances que certaines plaques ou portions de plaques sont rigides... C'est sans doute aller beaucoup trop loin, comme nous le verrons.

Comme le travail de Dewey et Bird celui de Molnar et Tapponnier va jouer un rôle considérable dans l'évolution des esprits. Dans le cas des continents il est désormais possible de s'affranchir du dogme de la rigidité des plaques.

La partie la plus active de la communauté géologique, dont l'énergie créatrice avait été bloquée, inhibée par la dictature intellectuelle des analystes, mais qui, d'un autre côté, trouvait un peu simpliste l'application systématique des concepts plaquistes aux faits géologiques, va brutalement se libérer. Utilisant les faits d'observation qui lui sont propres, elle va retrouver sa capacité d'invention. Cet effort va aller bien au-delà de la théorie des lignes de glissement, et c'est à partir de là que va se développer une nouvelle géologie, florissante, vivante, multiple. Le mobilisme lui offre les forces de poussée que l'abandon de la théorie de la « pomme cuite » lui avait ôtées, le plaquisme lui propose un cadre qu'il lui faut savoir accepter, mais aussi, de temps à autre, dépasser.

Dans le contexte que nous venons d'esquisser, nous allons désormais tenter de montrer l'orientation des recherches actuelles. Entreprise périlleuse, car nous ne bénéficions pas du recul du temps pour en juger, et bien des points demeurent encore obscurs.

Les chaînes de montagnes : topologies et mécanismes

On doit distinguer deux concepts distincts, bien que liés : la disposition topologique de la chaîne de montagnes et les mécanismes responsables des plissements et des transferts de matière.

Il existe quatre dispositions topologiques :

– les chaînes de cordillère dont le type est la cordillère des Andes et les cordillères nord-américaines : elles sont caractérisées par l'existence d'un plan de subduction plongeant sous le continent, la chaîne étant située à l'aplomb de la subduction;

– les chaînes d'arcs insulaires dont le type est la chaîne

indonésienne, caractérisée par un intervalle océanique entre le plan de subduction et le continent, et par l'existence d'une activité géologique située dans la zone que nous avons évoquée, appelée zone d'arrière-arc;

– les chaînes de collision continent-continent, dont le type est le Tibet (et non l'Himalaya au sens strict);

– les chaînes intracontinentales dont le plissement et la formation des reliefs se développent au plein milieu d'un continent; ces chaînes comprennent des montagnes pas du tout négligeables comme les Pyrénées, le Tien Chan et la haute chaîne de l'Himalaya.

Toutes les chaînes récentes du monde, c'est-à-dire toutes celles pour lesquelles on possède des informations suffisantes, peuvent être classées – ou plus exactement certaines de leurs parties – dans l'un de ces types.

Les mécanismes élémentaires proposés *a priori* pour rendre compte de la genèse des reliefs et des plissements sont multiples. Plutôt que de nous y attarder dans un débat académique, nous allons étudier deux cas concrets. Ceux des deux plus grandes montagnes du monde. De là nous en tirerons quelques conclusions sur les mécanismes.

La chaîne Himalaya-Tibet

Voici l'histoire de cette chaîne de montagnes, la plus grande du monde, telle que les études modernes ont permis de la reconstituer. Nous la raconterons en décrivant le déroulement des événements d'une manière didactique, sans beaucoup nous soucier des arguments avancés ici et là devant telle ou telle interprétation, car c'est l'enchaînement des événements qui nous préoccupe, plus que le détail de chacun.

Plaçons-nous il y a 120 millions d'années. L'Inde commence alors à se détacher de l'Afrique et à dériver vers le nord. A partir de cette période, une subduction s'installe en bordure du Tibet actuel, plongeant vers le nord. Liée à cette subduction, se développe une chaîne plissée de type andin, c'est-à-dire analogue à la cordillère des Andes. Cette situation semble se poursuivre jusqu'à 45 millions d'années, avec des péripéties diverses sur lesquelles nous acceptons de passer dans un souci de simplification. Il y a 45 millions d'années, l'Inde s'est enfoncée

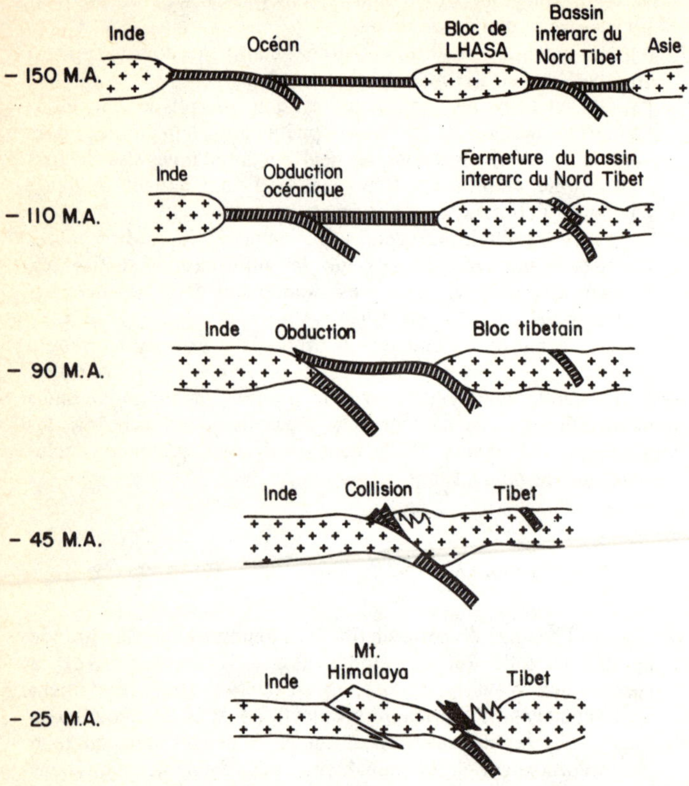

SCHEMA EVOLUTIF DE LA CHAINE HIMALAYA TIBET

FIG. 76. – Cette série de coupes géologiques illustre comment on conçoit la formation de la chaîne Himalaya – Tibet (les schémas antérieurs à 90 MA sont encore l'objet de discussions et de critiques et ne font pas l'unanimité).

sous le Tibet, entraînée par la subduction. Mais les continents ne peuvent s'enfoncer dans le manteau. La subduction se trouve donc bloquée. Ce blocage, cette collision provoquent des plissements intenses, surtout sur la plaque indienne. Ainsi, à la chaîne andine se superpose une chaîne de collision. La situation ne se modifie sensiblement pas jusqu'à 25 millions d'années, époque à laquelle se produit une grande cassure dans la plaque indienne. Cette cassure induit un chevauchement de la partie Nord sur la partie Sud, conduisant à une chaîne purement intracontinentale : la chaîne de l'Himalaya. L'Everest est la trace de ce chevauchement intracontinental. Ainsi, entre Lhassa et Katmandou, soit sur moins de 300 kilomètres, se sont succédé trois types de chaînes en moins de 70 millions d'années !

La chaîne des Alpes

On sait qu'au trias (– 200 MA), l'Europe et l'Afrique ne faisaient qu'un seul continent, le continent de Gondwana. Il y a – 160 millions d'années, au jurassique, s'est ouvert un océan, l'océan alpin. Il séparait un continent européen, sur lequel s'étendaient des bras de mer épicontinentale, et un continent sud-alpin qui portait l'Italie du Nord actuelle. Au crétacé inférieur, il y a – 120 millions d'années, un événement important s'est produit sur le bord sud de cet océan, conduisant à la formation d'une chaîne côtière encore mal définie. Au crétacé supérieur, il y a – 80 millions d'années, se produit une obduction océanique sur le continent européen, accompagnée d'une tectonique intense. Cette obduction, il y a – 40 millions d'années, est suivie d'une obduction continentale (collision) conduisant à la formation des grandes nappes alpines, déversées d'Afrique vers l'Europe. La suture est marquée par l'abondance des roches mantelliques (péridotites, comme celles de Lanzo). Enfin, dans les périodes tardives, les mouvements relatifs des plaques Europe et Afrique continuant, la suture alpine est « réutilisée » et vont se manifester en cet endroit un décrochement important en même temps qu'un redressement des structures.

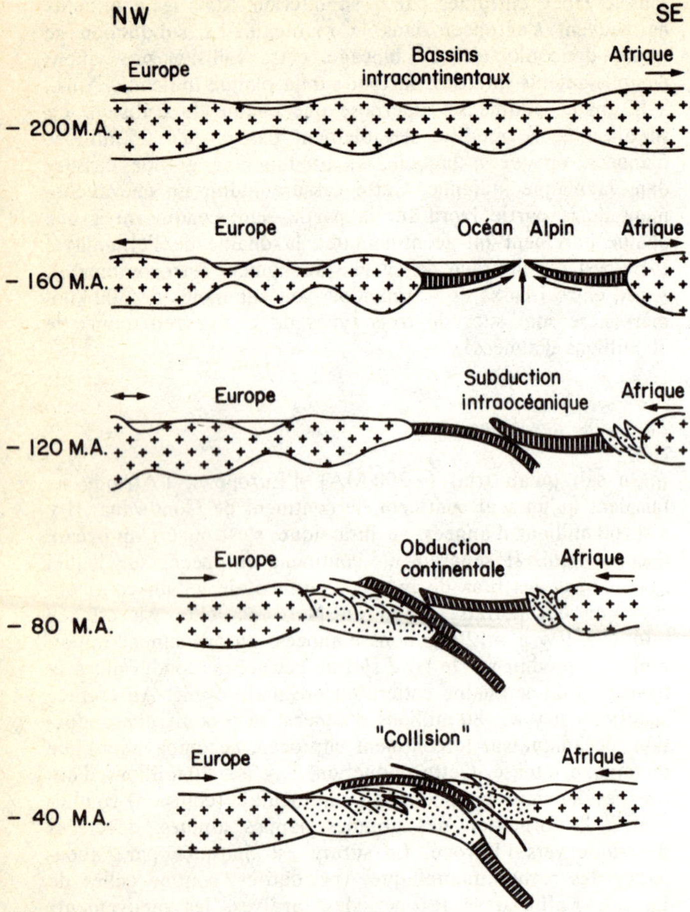

SCHEMA EVOLUTIF DES ALPES
AU NIVEAU DES ALPES SUISSES
(d'après M. Mattauer)

La variété tectonique et la tectonique multiple

Ces deux reconstitutions de l'histoire des deux chaînes de montagnes les plus célèbres du monde ont montré un fait fondamental, mis en évidence par Maurice Mattauer.

Toutes deux résultent de la superposition dans le temps de plusieurs mécanismes successifs.

– La chaîne tibéto-himalayenne a été successivement une chaîne liée à la subduction, une chaîne de collision océan-continent, une chaîne de collision continent-continent, une chaîne intracontinentale.

– Les Alpes suisses ont été successivement une chaîne de collision océan-continent, puis une chaîne de collision continent-continent.

Du fait qu'une chaîne de montagnes n'appartient pas à *un* type donné, mais à la superposition en un même lieu de *plusieurs* mécanismes se succédant dans le temps, on peut déduire que les multiples combinaisons des mécanismes de subduction et de collision de Dewey et Bird vont pouvoir créer une myriade de cas. Il faut donc rompre avec la typologie ou classification des chaînes de montagnes trop figée.

Le concept de base est celui de *variété.* L'ancienne idée d'un seul mécanisme ou d'un seul type pour expliquer ou classer les chaînes de montagnes est morte. Chaque chaîne est originale et spécifique. Mais cette diversité, ces scénarios variés semblent pourtant toujours se terminer par la combinaison dans l'espace et dans le temps de deux mécanismes fondamentaux, la collision soit océan-continent, soit continent-continent. (La cordillère des Andes semble être l'exception à cette règle.) La complexité résulte de la combinaison et de la superposition de ces deux mécanismes simples dans des conditions géodynamiques variables.

Mais à la variété créée par la combinaison temporelle des processus tectoniques, il faut ajouter celle qui résulte des formes particulières de telle ou telle géographie : forme des côtes, orientation de telle zone de subduction, etc. La nature nous propose une série infinie de variations géométriques.

FIG. 77. – D'une manière analogue au cas du Tibet, on a représenté une série de coupes illustrant la formation des Alpes au niveau des Alpes suisses. Les coupes correspondent grossièrement à une transversale Lausanne-Plaine du Pô (d'après M. Mattauer adapté).

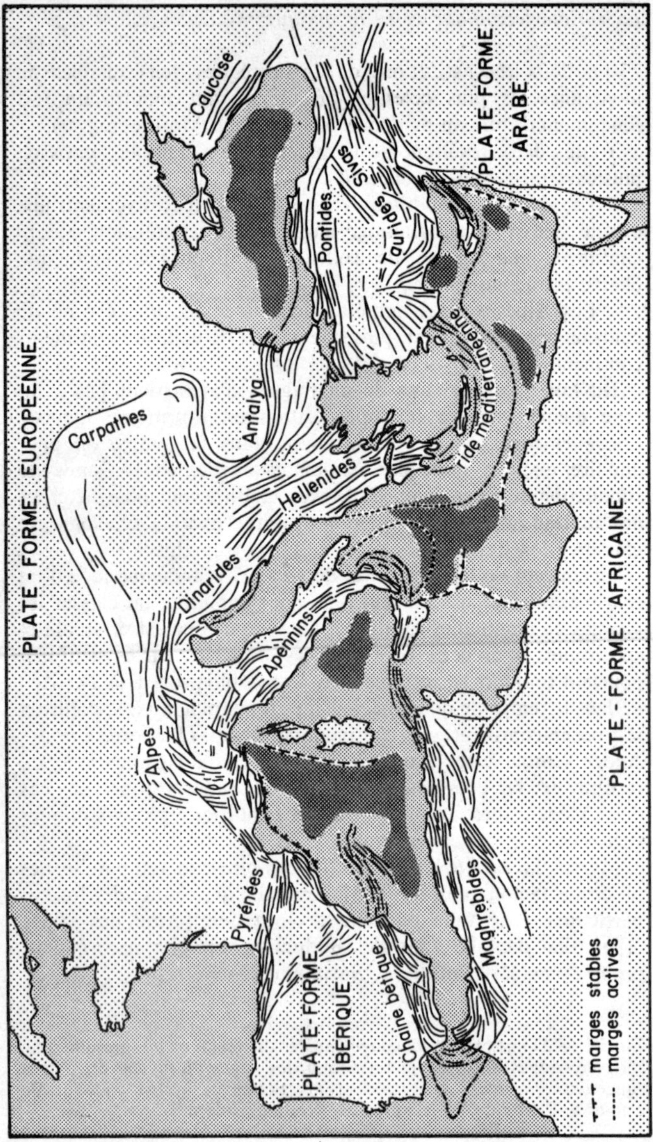
PLATE - FORME EUROPEENNE
Caucase
Carpathes
Antalya
Pontides
Sivas
Taurides
PLATE-FORME ARABE
Hellenides
ride mediterraneenne
Dinarides
Apennins
Alpes
Pyrénées
PLATE-FORME IBERIQUE
Chaine bétique
Maghrebides
PLATE - FORME AFRICAINE
marges stables
marges actives

Cette nouvelle optique redonne à la géologie sa liberté et son unité. La recherche des mécanismes élémentaires redevient le but. On cherche à distinguer des cas dans lcs exemples naturels : cas où le volcanisme andésitique est dans une zone de subduction océan-océan, par opposition au cas andin océan-continent; cas où une obduction océan-océan n'est pas perturbée par une tectonique de collision continent-continent trop importante, etc. Le mobilisme a ainsi donné à la tectonique le cadre susceptible de la faire sortir de la vision étroite des analystes et des règles trop rigides énoncées par les plaquistes. Le danger de l'étude de la variété est de voir la géologie retomber dans ses vieux démons : le catalogue régional!

Nous venons de voir, dans les derniers chapitres, deux conséquences fondamentales de la révolution mobiliste : la création d'une nouvelle géologie celle des océans des frontières, la restructuration des modes de pensée de la géologie traditionnelle, la tectonique. Dans un cas comme dans l'autre, les résultats actuels, que nous avons esquissés, ne doivent être considérés que comme de premières ébauches, de premiers modèles.

Il est probable que les études engagées aujourd'hui vont conduire à mieux comprendre les mécanismes élémentaires. Il est tout aussi probable que beaucoup de ce qui est considéré aujourd'hui comme plausible sera demain considéré comme dépassé, mais la méthode restera : celle qui accepte la diversité du monde tel qu'il est, mais qui cherche à découvrir les mécanismes de base dont la combinaison a assuré cette variété. En cela, la géologie moderne est bien proche de la biologie moderne.

FIG. 78. – Schéma montrant la distribution des chaînes plissées récentes de la Méditerranée. On notera que la distribution des plissements n'obéit pas à une logique simple mais traduit une multitude de situations particulières illustrant par là le concept de variété (le schéma est inspiré de celui dessiné par Biju Duval, Dercourt et Le Pichon).

VIII

Les continents, écume de la terre

Nous avons jusqu'à présent centré notre attention sur la mobilité des continents, sur les conséquences diverses de ce mobilisme, en évitant de nous demander comment ces continents, radeaux mobiles et insubmersibles, se sont formés. Quelle est donc la composition chimique particulière qui leur permet de flotter à la surface du manteau? Comment la Terre a-t-elle fabriqué cette matière? Quand cette fabrication a-t-elle eu lieu?

La composition du manteau et celle du noyau terrestre nous sont connues indirectement grâce à une série de mesures et de raisonnements complexes, car nous n'avons pas d'accès direct et continu à l'intérieur de la Terre.

Il n'en est pas de même pour la croûte continentale puisqu'elle est directement accessible à nos observations et que les grandes failles et les profondes vallées des chaînes de montagnes nous permettent de l'échantillonner sur des épaisseurs de plus de 10 kilomètres. Seules les parties les plus profondes ne nous sont pas accessibles directement.

L'étude des roches continentales nous a appris depuis déjà près de deux siècles que par-delà une diversité considérable, l'ensemble de ces roches avait en moyenne une composition chimique voisine de celle du granite.

Le granite est une roche composée de deux minéraux dominants, le quartz et le feldspath. Comparé aux deux autres roches qui constituent respectivement la croûte océanique et le manteau, à savoir le basalte et la péridotite, le granite est enrichi en silicium, aluminium, sodium et potassium. Pour marquer cet enrichissement, on qualifiait autrefois la croûte continentale de

SIAL alors que le manteau était appelé SIMA (silicium-magnésium).

Parmi les propriétés physiques qui distinguent le quartz et le feldspath minéraux de la croûte continentale, de l'olivine minéral du manteau il en est une qui est fondamentale pour nous : *la densité.*

L'olivine est un minéral lourd, le quartz et le feldspath sont des minéraux légers. C'est à cause de ce contraste de densité que les continents quartzo-feldspathiques flottent à la surface du manteau, qu'ils ne sont pas réengloutis dans le manteau au niveau des zones de subduction. Contrairement à la croûte océanique dont la durée de vie n'excède jamais 200 millions d'années, les continents une fois formés perdurent à travers les temps géologiques. *Écume de la Terre,* leur propriété de flottaison les protègent de la destruction mantellique. Les informations que leur structure contient et dont la lecture doit permettre la reconstitution de l'histoire de la Terre sont de ce fait préservées. La croûte océanique est donc la partie constamment renouvelée, l'éternelle jeunesse de la surface terrestre, la croûte continentale en est à l'inverse la partie éternelle et du même coup la mémoire.

Sans les propriétés fondamentales de flottaison des constituants chimiques de la croûte continentale, nous ne disposerions pas d'archives pour reconstituer l'histoire de la Terre. La Terre n'aurait qu'une mémoire limitée aux deux cents derniers millions d'années!

Une approche des processus fondamentaux qui régissent l'activité du globe terrestre serait donc fort incomplète si elle ne cherchait à comprendre comment s'est constituée cette mémoire, comment ont pu se différencier ces minces morceaux de coquille qui constituent la croûte continentale. Il convient alors de chercher à regarder la Terre comme une immense usine chimique qui transporte, transforme, modifie, mélange, différencie une série de composés chimiques complexes dont l'élément commun est le silicium et que l'on nomme les silicates. De même que dans la chimie de la Vie, toute l'évolution biologique est dominée par la chimie du carbone et de ses composés, la chimie de la Terre est celle du silicium et de ses composés qu'il forme avec les dix autres éléments chimiques qui abondent sur notre planète, et, en premier lieu, avec le plus abondant d'entre eux, l'oxygène. Ce n'est qu'en comprenant cette chimie que nous atteindrons à la compréhension des mécanismes intimes qui règlent toute l'évolution terrestre.

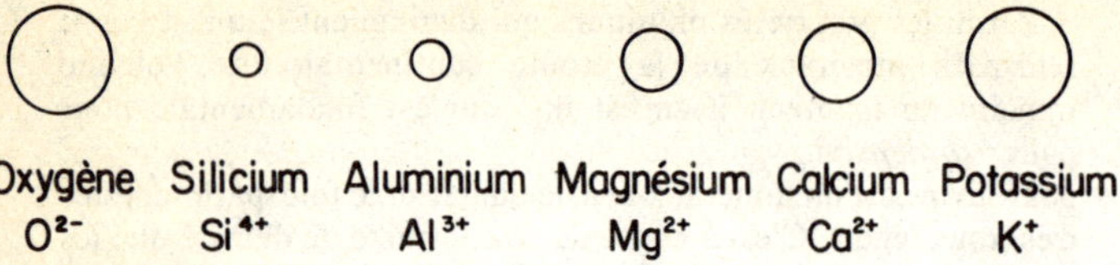

Taille relative des principaux ions constituant les silicates

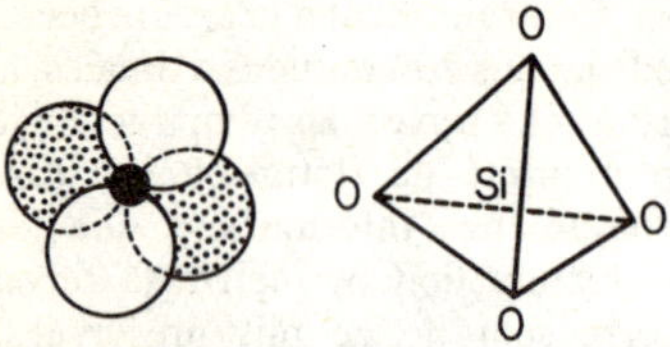

Motif élémentaire [SiO_4]
qui est le constituant essentiel des silicates

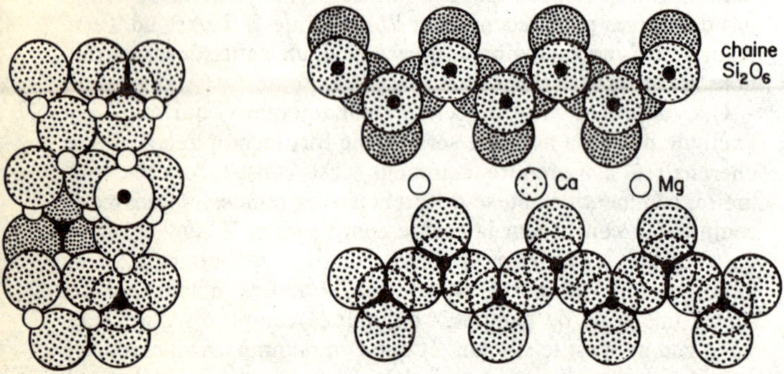

Olivine Pyroxène

Deux structures de minéraux simples à titre d'exemples

La chimie des silicates

Toutes les propriétés du manteau et de la croûte terrestre sont ainsi dominées par la chimie des silicates. Voyons-en la structure « moléculaire ».

La matière est constituée d'atomes. Les atomes s'unissent pour donner naissance aux molécules et aux motifs cristallins. Ces unités moléculaires assemblées des milliards de fois constituent les objets macroscopiques tels que nous les percevons.

Les propriétés physiques de ces objets (dureté, couleur, densité, forme même) dépendent de la structure intime, du mode d'assemblage des atomes. L'un des buts de la chimie est d'expliquer les propriétés macroscopiques des minéraux ou des molécules à l'aide des structures existant à l'échelle des atomes. Ainsi les propriétés des silicates découlent-elles de la structure atomique de ces minéraux.

Le silicium peut s'allier à quatre atomes d'oxygène pour former une structure tétraédrique (tout comme le carbone forme des tétraèdres grâce à sa liaison avec quatre atomes d'hydrogène) : le silicium au centre, les quatre atomes oxygène sur les bords. Imaginez trois balles de ping-pong jointives posées sur une table, la quatrième posée au milieu, et vous aurez la forme des quatre oxygènes et d'un tétraèdre SiO_4. Le silicium, minuscule, mais ciment indispensable de cette liaison, est situé au centre, dans la cavité laissée libre par les quatre sphères d'oxygène.

Les tétraèdres SiO_4, comme les tétraèdres CH_4, ont la propriété commune de pouvoir se polymériser, c'est-à-dire de se lier les uns aux autres et de former des assemblages complexes contenant une grande quantité de ces tétraèdres. La polyméri-

FIG. 79. – Sur cette figure sont rassemblés trois éléments nécessaires à la compréhension de la structure des silicates.
En (A) sont figurées les tailles relatives des principaux ions constituant les silicates. On constatera la taille dominante de l'oxygène. Lorsque seul Fe^{2+} ou Mg^{2+} ou Si^{4+} sont en cause on comprend que les structures des « sphères » d'oxygène puissent être très compactes, très serrées. A l'inverse dès que des gros cations comme Ca^{2+} et surtout K^+ entrent en jeu il est clair que les structures doivent être très lâches.
En (B) le motif élémentaire est le tétraèdre $(SiO_4)^{4-}$. On y voit clairement le rôle liant central de l'ion silicium.
En (C) deux structures de deux types de silicates sont représentées, l'olivine et un pyroxène, le diopside. On notera que lorsqu'on passe de l'une à l'autre de ces structures l'architecture est beaucoup plus lâche et donc beaucoup moins dense.

sation des tétraèdres de SiO_4 constitue le fondement de la chimie de la Terre.

Comme nous l'avons souligné, les dimensions des atomes de silicium et d'oxygène sont très différentes. L'atome d'oxygène est six fois plus gros que celui de silicium. Les polymères silicatés apparaissent donc comme des assemblages de grosses sphères d'oxygène dont la stabilité est assurée par les atomes de silicium centraux. En fait, l'assemblage SiO_4 n'est pas électriquement neutre et porte un excédent de charges négatives (4 –), c'est un ion complexe. De même, les polymères de SiO_4 ne sont pas électriquement neutres, ce sont des macromolécules ioniques. La neutralisation électrique de l'édifice est assurée, en plus du silicium, par des charges positives, les *cations.* Rappelons que les cations sont les ions chargés positivement, par opposition aux anions, chargés négativement. Ces cations se logent dans les cavités laissées ouvertes entre les gros oxygènes et neutralisent électriquement l'édifice. Dans les silicates naturels, les cations qui pourront jouer ce rôle seront ceux dont l'abondance sur Terre est suffisante. Ce seront ceux dérivant des éléments légers comme le sodium (Na), le magnésium (Mg), l'aluminium (Al), le potassium (K), le calcium (Ca) et l'élément lourd fer (Fe) qui, pour des raisons de stabilité nucléaire, est surabondant dans l'univers.

Ces cations ont des tailles et des charges différentes. Par exemple, l'ion Na^+ est chargé une fois positivement, l'ion Ca^{2+} l'est deux fois. Leur association avec la charpente silicatée ne pourra se faire que s'il y a adaptation de charge et de taille entre le motif silicaté et le cation.

Ainsi les ions petits comme le magnésium ou le fer peuvent s'immiscer dans les structures silicatées très compactes dans lesquelles tous les oxygènes sont étroitement liés les uns aux autres, se touchent, forment des assemblages compacts. Ces petits ions disposent d'assez de place dans les vides laissés par les oxygènes pour s'y loger. Une telle association d'oxygènes assemblés de manière compacte et de petits ions de magnésium et de fer donne naissance aux minéraux *olivines et pyroxènes.* A une telle structure compacte correspond une forte densité.

A l'inverse, les gros ions, comme le potassium ou le sodium, ne pourront se lier aux polymères silicatés que si les oxygènes ne sont pas trop serrés, si la disposition des oxygènes laisse des « trous », de larges cavités dans lesquelles ils peuvent se loger.

C'est le cas des feldspaths, dont les structures lâches ont des densités faibles.

Ainsi s'explique, d'une part, l'association entre la richesse en magnésium-fer et la forte densité de certaines roches, et, d'autre part, la faible densité des minéraux riches en potassium et sodium. La composition du manteau est dominée par l'olivine, minéral riche en magnésium et fer; celle de la croûte continentale par le feldspath, donc par l'importance du potassium et du sodium. Le quartz constitue une structure extrême sans cations autres que Si^{4+}, dont la formule SiO_2 traduit le degré de polymérisation à la fois extrême et très lâche. Ainsi certains éléments, comme le magnésium et le fer, sont des éléments du manteau alors que des éléments comme le potassium, le sodium, l'aluminium sont des éléments de la croûte. Cela signifie que manteau et croûte sont respectivement très enrichis en ces éléments.

Nous savons déjà que les roches du manteau ont, aux échelles de temps et d'espace qui sont les leurs, des comportements de fluide. Si l'on dépose à la surface d'un fluide un matériau plus léger, ce dernier flotte. Ainsi la croûte continentale formée de matériaux légers va-t-elle flotter sur le manteau. La densité du manteau supérieur est de 3,2, celle des roches de la croûte continentale de 2,8. On peut facilement calculer l'épaisseur « d'équilibre » de la croûte continentale en utilisant le principe d'Archimède. On trouve, tous calculs faits, 30 kilomètres, c'est-à-dire à peu près la profondeur que les sismologues déterminent comme étant la profondeur du Moho. L'idée de continents flottant sur le manteau, chère à Wegener, base de l'isostasie, fondement de cette pérennité, a donc une causalité chimique.

Tout se passe comme si, au cours du temps, le manteau se débarrassait des « intrus », expulsant vers la surface les gros ions potassium, sodium et aluminium qui n'entrent pas dans la structure compacte de l'olivine. Cette expulsion a pour conséquence de fabriquer à la surface de la Terre des structures moléculaires assez lâches pour accepter les gros ions. Ces structures sont donc légères et susceptibles de flotter sur le manteau, la structure de la trame silicatée dans ce périple ne faisant que traduire la taille des cations.

La question reste de savoir comment la Terre, dont la composition est surtout péridotitique, dont le matériau dominant est l'olivine, parvient à différencier, à fabriquer, à sécréter ce matériau léger, à dominante de quartz et de feldspath, qui forme les continents. Comme toujours en géologie, une telle question revêt un double aspect : par quel mécanisme? quand?

Laissons pour un instant l'échelle des atomes, des molécules et des cristaux, celle de quelques centaines d'angströms – c'est-à-dire de milliardièmes de millimètre – pour celle des continents, c'est-à-dire pour le millier de kilomètres!

Les ceintures orogéniques

Observons l'ensemble des continents tels que nous les présente la carte géologique du monde. Effaçons par la pensée la mince pellicule de terrains sédimentaires horizontaux qui recouvre la partie superficielle de ce que l'on appelle les bassins, comme ceux de Paris, d'Aquitaine, de Moscou ou de Londres. Ainsi que nous l'avons déjà souligné, l'ensemble des continents apparaît alors comme formé de roches intensément plissées, dans lesquelles se sont intrudées des roches ignées comme les granites. Grâce aux méthodes de datation des terrains, il est possible de déterminer l'âge des diverses époques de plissement et les diverses périodes de granitisation. Lorsqu'on cartographie les terrains correspondant à une époque géologique donnée, on constate qu'ils définissent des provinces de plusieurs milliers de kilomètres carrés. Ainsi, en France, on peut distinguer une province alpine qui couvre essentiellement les Alpes, et une province hercynienne et calédonienne qui comprend la Bretagne, les Vosges, le Massif central, les Pyrénées et les Maures. Dans les Alpes, la période des plissements principaux qui ont créé les majestueux reliefs que nous connaissons, correspond à l'intervalle de temps – 10, 30 millions d'années; dans la province hercynienne-calédonienne, les plissements se sont succédé de – 450 à – 280 millions d'années. En Amérique du Nord, on distingue une province récente (moins de 200 MA qui couvre l'ensemble des cordillères de l'Ouest, une province hercynienne qui englobe la chaîne des Appalaches, et une série de provinces précambriennes qui couvrent le Bouclier Canadien et le soubassement de la région des Grandes Plaines.

Intéressons-nous à présent à la disposition relative, à la topologie de l'ensemble des ces diverses provinces géologiques.

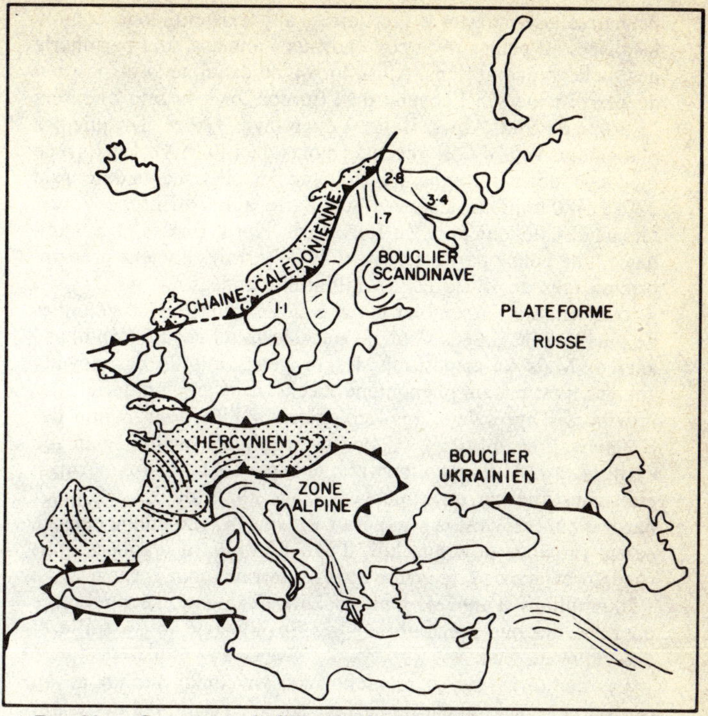

FIG. 80. – Cette carte de l'Europe distingue trois zones tectoniques essentielles :
– Le Bouclier Scandinave précambrien au Nord dont l'âge des diverses zones est indiqué par un chiffre en milliards d'années,
– La zone calédonienne et hercynienne en grisé dont les âges sont compris entre 450 et 250 MA,
– Enfin, au sud l'Europe alpine, dont les plissements sont d'âge inférieur à 150 MA.

Si l'on reporte sur une carte du monde les provinces géologiques anciennes d'âge supérieur à 1 600 millions d'années, donc antérieures à l'étage cambrien, et que l'on appelle pour cela précambrien, on constate qu'elles occupent le centre des principaux continents. Cela est encore plus net si l'on replace les continents dans la position qu'ils occupaient avant le morcellement de la Pangée.

Les chaînes plus récentes, et en particulier les chaînes

primaires, secondaires et tertiaires, apparaissent donc comme localisées au pourtour de ces « noyaux » anciens, à la périphérie des socles précambriens. Ainsi, lorsqu'on examine la disposition de ces provinces à l'échelle de l'Europe, on constate que vers l'Europe du Sud, Alpes, Italie, Yougoslavie, Grèce, Turquie, les plissements sont d'âges récents (moins de 140 MA). En Europe moyenne, de la Bretagne à la Bohême, les plissements datent de 280 à 480 millions d'années; on parle alors d'Europe hercynienne et calédonienne. En Europe du Nord, Écosse et Scandinavie, une bonne part est constituée de terrains anciens précambriens, âgés de 1, 1,6 et 2,7 milliards d'années.

Tout semble s'assembler comme si des ceintures orogéniques de plus en plus jeunes s'étaient accolées à un noyau scandinave ancien. Mais la disposition des orogènes autour des noyaux anciens n'est pas un phénomène récent. Lorsque l'on définit des provinces d'après leur âge géologique à l'intérieur même des boucliers précambriens, on constate qu'une zonalité analogue existe. Ainsi, Al Engel a montré que le bouclier Nord-Américain était constitué par un « nucleus » d'âge allant de 3,2 à 2,7 milliards d'années, c'est la « Supérior Province », elle-même enlacée par la province de Churchill, d'âge 1,8 milliard d'années, puis par la province de Greenville dont les terrains sont âgés de 900 à 1 200 millions d'années. Une zonalité analogue a été montrée pour les terrains précambriens de Scandinavie, d'Australie et d'Afrique du Sud.

Les ceintures qui se moulent successivement sur un noyau central et en accroissent la surface sont des *ceintures de roches plissées*. Nous retrouvons là l'idée des géosynclinaux, fosses *bordières* des continents, dont le devenir est de se plisser et de donner naissance à des chaînes de montagnes. Mais l'érosion, en abrasant les sommets, nous a permis de pénétrer au cœur même de ces chaînes de montagnes et nous a ainsi appris que la formation d'une chaîne ne s'arrête pas seulement à des plissements superficiels, elle implique aussi des transferts de chaleur, un métamorphisme, des phénomènes de fusion et la formation de granites. Or, nous venons de voir que la croûte continentale est constituée de roches métamorphiques et de granites. De là est née l'idée que la fonction profonde de l'orogenèse, outre de donner naissance à des reliefs importants, est de fabriquer des morceaux de continents. Ainsi les orogènes successives qui se moulent autour des noyaux plus anciens sont-elles des adjonctions successives de nouveaux morceaux de continents fabriqués

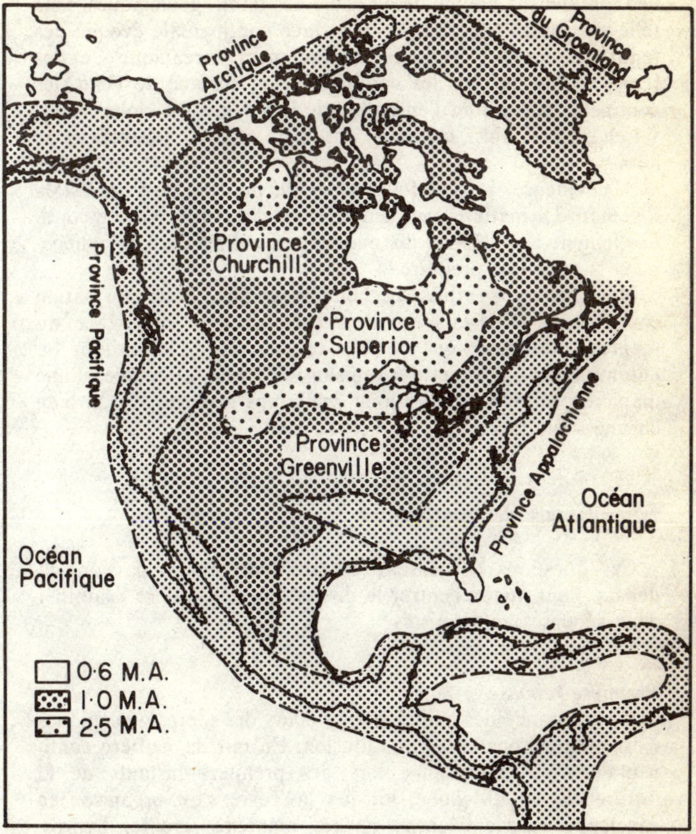

FIG. 81. – Voici le schéma classique présenté par A. Engel sur lequel on distingue les diverses *provinces d'âges* de l'Amérique du Nord. On constate que les chaînes de plus en plus récentes semblent se mouler autour des noyaux anciens.

à cette occasion. *L'orogenèse est donc la génétique continentale.* Formation des continents et orogenèse sont deux processus géologiques intimement liés. Et comme les orogenèses se sont succédé à la surface de la Terre, il faut admettre que la surface des continents a augmenté au cours des temps géologiques. Une telle croissance continue de la surface continentale évoque des temps anciens où la Terre était uniquement « océanique », et des temps futurs où, tels les nénuphars à la surface de l'eau, les continents envahiront l'ensemble de la surface du globe. Mais, s'il en est bien ainsi, comment ont-ils pu croître? aux dépens de quoi?

A l'évidence, le seul fournisseur de matière possible est le manteau. La matière continentale s'est donc différenciée continuellement aux dépens du manteau. Comment un tel phénomène a-t-il pu se produire?

Nous avons vu qu'à l'échelle atomique, cette formation continentale consistait en une expulsion vers la surface du manteau des gros ions comme le potassium, le sodium ou l'aluminium. Mais cette expulsion s'est-elle effectuée d'une manière continue, tout au long des temps géologiques, ou bien en une seule fois?

La croissance des continents

Ces questions ont suscité et suscitent encore passions et débats. Pour mieux centrer la discussion, nous allons examiner deux réponses antagonistes :

Première réponse :

La croissance des continents au cours des temps géologiques n'est qu'une apparence, une illusion. En fait, la matière continentale s'est différenciée lors des premiers instants de la différenciation du globe, lorsque la Terre s'est organisée en enveloppes concentriques : noyau, manteau, croûte, hydrosphère, atmosphère. Depuis lors, c'est toujours la même matière continentale qui est utilisée dans les orogènes, constamment recyclée, toujours réutilisée. Le cycle érosion-sédimentation-enfoncement dans les fosses-métamorphisme-fusion des roches métamorphiques, recycle constamment les mêmes matériaux qui flottent éternellement à la surface de la terre.

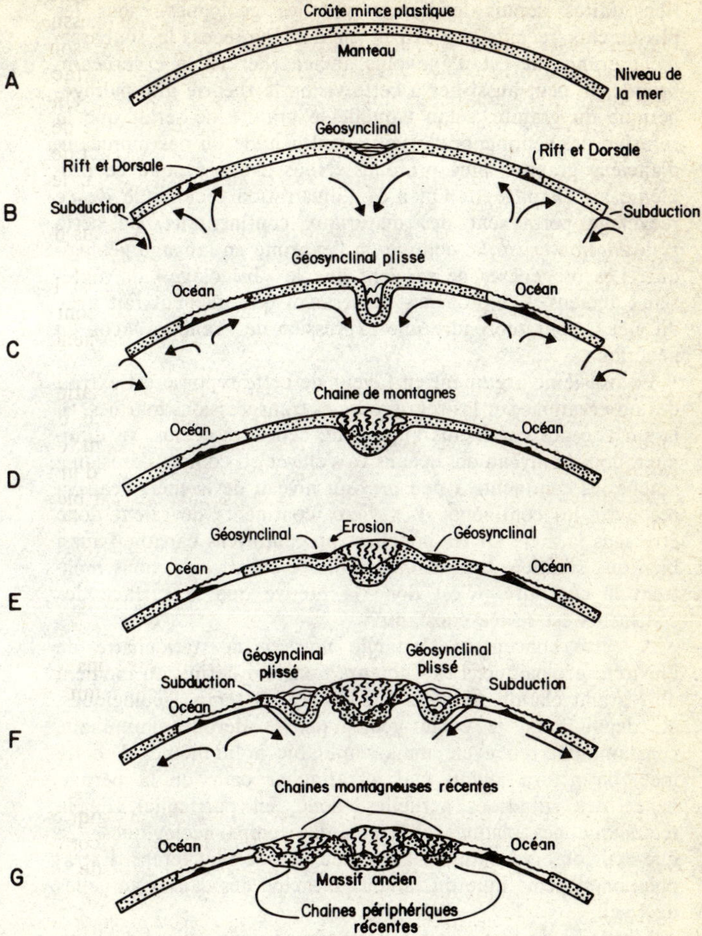

FIG. 82. – Cette série de schémas tente de concilier en une vision synthétique la tectonique des plaques, la théorie des géosynclinaux (à la manière de Griggs) et la croissance centrifuge des boucliers (d'après R. M. Garrels et R. McKenzie).

A l'appui de cette explication, on peut évoquer des observations faites depuis longtemps par les géologues : sous les plissements récents des Alpes ou des Pyrénées, le soubassement granitique est d'âge plus ancien (hercynien et précambrien). On peut aussi lier à cette vision la théorie dite palingénétique du granite, selon laquelle le granite ne serait que la refusion des sédiments d'origine continentale ou des morceaux d'anciens granites plus profonds. Nous avons évoqué ce problème au chapitre II. On a là l'illustration tectonique de ce recyclage permanent des matériaux continentaux, de cette *rejuvénation crustale,* comme on l'exprime en langage géologique. Les orogenèses ne seraient que le « bricolage » de matériaux anciens. Les orogènes ne seraient que du neuf fait avec du vieux, pour reprendre une expression de François Jacob en génétique.

Le troisième argument en faveur de cette réponse est extrait des observations sur les régressions et transgressions marines. Si la surface des continents augmente, celle des océans va diminuer, donc le niveau des océans va s'élever et, comme l'érosion a amené les continents à peu près au niveau de la mer, l'eau va recouvrir les continents. Les vieux continents devraient donc être sous la mer! Or les boucliers précambriens canadien aussi bien que sibérien, brésilien, scandinave ou africain, nous montrent le contraire. C'est donc la preuve que la surface des continents est restée constante.

A cette conception s'attache une vision stationnaire de l'histoire géologique. Les « acteurs » ont été définis au moment du « grand chambardement », à l'orée des temps géologiques, et, depuis lors, le cycle géologique se déroule immuable, constamment renouvelé mais semblable à lui-même. A cette idée, on n'aura aucun mal à rattacher celle de la permanence des situations actuelles, donc, en particulier, de la tectonique des plaques au cours des temps géologiques. Ce que nous observons aujourd'hui a eu lieu de tout temps. Extrapolation systématique du fameux principe des causes actuelles de Lyell.

L'histoire de l'univers est partagée en deux épisodes : l'épisode de la création, période qui met en place les structures et définit les règles du jeu; l'épisode de l' « après », épisode des temps géologiques au cours duquel se déroulent des cycles successifs identiques à eux-mêmes, suivant les mêmes règles et les mêmes conditions aux limites. L'étude des temps géologiques

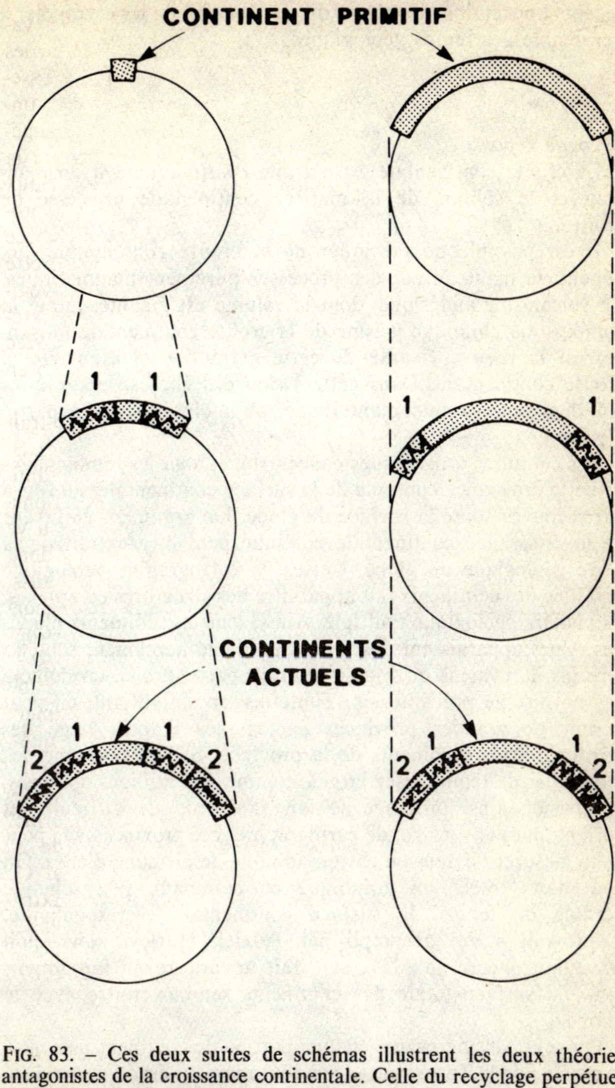

FIG. 83. – Ces deux suites de schémas illustrent les deux théories antagonistes de la croissance continentale. Celle du recyclage perpétuel (série A), celle de la croissance continue (série B).

récents fournit donc les règles du jeu. Il suffit de les extrapoler à l'ensemble des temps géologiques.

Seconde réponse :

La croûte continentale est extraite *continuellement* du manteau et le volume de la matière continentale ne cesse de croître.

Il est possible de fabriquer de la croûte continentale aux dépens du manteau par des processus purement magmatiques. Le volcanisme andésique, dont le volume est gigantesque et la composition chimique voisine de la croûte continentale moyenne, est la preuve vivante de cette extraction continue de la croûte continentale. Dans cette vision des choses, les granites ont donc une origine mantellique, au moins pour une partie d'entre eux.

Les ceintures orogéniques concentriques sont les témoignages de cette croissance continue de la surface continentale qui finira par recouvrir toute la surface du globe. Un argument en faveur de la croissance continentale continue peut être extrait de la carte géologique du globe. Certes, la cartographie géologique détaillée des continents fait apparaître des structures complexes, à l'histoire géologique multiple. Ainsi, sous les sédiments plissés des Alpes apparaissent des morceaux d'âge hercynien; sous les terrains hercyniens du Massif central, par endroits, on détecte des noyaux de précambrien. Toutefois, en simplifiant, on peut définir de grandes provinces géologiques d'après l'âge des terrains plissés dominants de la province. Si l'on se donne des intervalles de temps assez larges, comme 450 millions d'années, la division ainsi proposée se fait sans trop de difficulté et permet, nous l'avons vu, de cartographier ces provinces. On peut donc mesurer l'extension cartographique de chacune d'elles. On peut alors tracer un graphique en cumulant, pour chaque période de temps, la surface continentale correspondante. Ce travail a été accompli par Patrick Hurley, alors qu'il travaillait encore au MIT, et a fait apparaître un fait important : la surface totale des continents semble croître avec le temps.

On peut considérer que chaque portion de continent présent à la surface de la Terre peut être à tout moment érodé, remobilisé dans une nouvelle orogenèse, métamorphisé par un nouveau

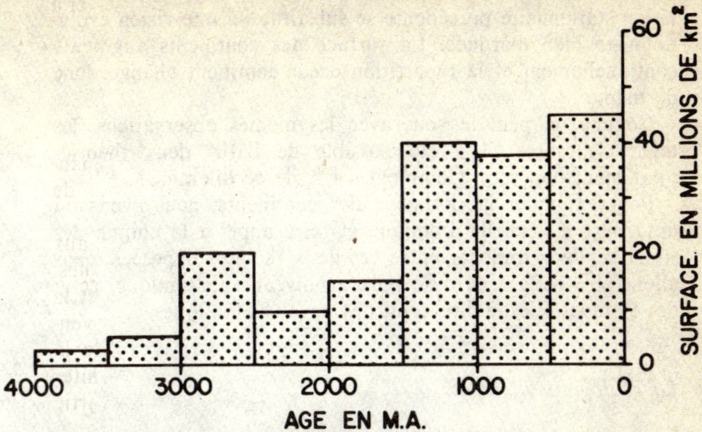

FIG. 84. – Histogramme de la surface des continents en fonction de leur « âge géologique » tel qu'on peut le déterminer en surface grâce aux diverses méthodes de datation (fossiles, radioactivité). Ce graphique est celui établi par P. Hurley et Rand.

métamorphisme, et donc que les continents anciens que l'on retrouve intacts aujourd'hui ont survécu à toutes ces menaces de destruction. Naturellement, chaque intervalle de temps apporte avec lui une certaine probabilité de destruction; plus un continent est vieux, plus il a donc de chances d'avoir été détruit. Les morceaux de continents archaïques ne sont que des reliques d'ensembles plus vastes ayant autrefois existé. Avec un certain nombre d'hypothèses, à partir des surfaces continentales mesurées aujourd'hui, il est possible, pour chaque tranche d'âge, de calculer les surfaces qui existaient aux diverses époques et, par là même, le taux de création de continent pour chaque époque. Selon Hurley ce taux de fabrication de la croûte continentale est constant au cours des temps géologiques. Il donne une expression quantitative simple de la théorie de la croissance continentale.

Dans cette vision des choses, la surface de la Terre change constamment; de nouveaux morceaux de continents s'ajoutent aux précédents. On peut donc imaginer que le régime dynamique de la Terre archaïque, exempte de continents, était sûrement différent de celui que nous observons aujourd'hui. A la vision stationnaire précédente se substitue ici une vision évolutionniste bien marquée. La surface des continents augmente continuellement et la répartition océan-continent change donc de même.

Comme on peut le voir, avec les mêmes observations, les mêmes mesures, il a été possible de bâtir, deux théories totalement opposées. Comment sortir de ce dilemme?

Pour expliquer la flottaison des continents, nous avons dû descendre à l'échelle atomique et faire appel à la chimie des silicates. Pour trancher entre ces deux théories opposées, nous allons être obligés de descendre au niveau subatomique, celui des isotopes, c'est-à-dire celui des noyaux atomiques.

La géologie isotopique

La propriété des électrons périphériques des atomes de pouvoir se lier à d'autres atomes est la base même de la chimie structurale. Nous l'avons exploitée pour expliquer l'architecture des silicates. Nous devons maintenant aborder un état encore plus intime de la matière, celui des noyaux atomiques.

Nous avons vu que certains isotopes radioactifs de longue période comme l'uranium 238 ou le rubidium 87 se désintègrent en donnant naissance à des isotopes ici de plomb 206 et de strontium 87.

Les éléments chimiques comme le plomb ou le strontium étant des mélanges de plusieurs isotopes, la proportion de ces derniers va varier puisque certains sont fabriqués par radioactivité et d'autres pas.

Mesurant ainsi des compositions isotopiques de l'élément strontium ou plomb extrait de diverses roches terrestres, on constate effectivement que ces compositions varient, plus précisément en ce qui concerne les rapports isotopiques strontium 87/strontium 86 et plomb 206/plomb 204. Les variations isotopiques observées dépendent de deux facteurs : le temps et le milieu.

Un milieu géologique riche en rubidium ou en uranium et très vieux, produira des compositions isotopiques de strontium ou de plomb plus anormales qu'un milieu géologique pauvre en rubidium ou en uranium et jeune. La composition isotopique d'un élément ayant un isotope produit par désintégration radioactive reflète les caractères généraux de l'environnement dans lequel cet élément a « passé sa vie »; sa composition isotopique est donc le reflet de son histoire, elle traduit ses origines.

Ainsi, le matériau-ancêtre d'une roche ayant passé peu de temps dans la croûte continentale, riche en rubidium ou en uranium, aura-t-il une composition isotopique de strontium ou de plomb plus anormale que s'il provient du manteau, pauvre en éléments radioactifs. On voit qu'on dispose là d'un moyen de déterminer, en mesurant la composition du strontium, mais aussi du plomb ou du néodyme, si une roche a une origine mantellique ou crustale, sa généalogie.

C'est précisément l'objet du débat. Les nouveaux morceaux de croûte continentale sont-ils des morceaux néoformés aux dépens du manteau, ou bien d'anciens continents recyclés? En mesurant systématiquement la composition isotopique des éléments chimiques que nous avons mentionnés – strontium, plomb – et que l'on aura extraits des roches continentales, donc granitiques, il est possible de tenter de répondre à la question posée. Sur ce principe, une série d'études ont été effectuées dès l'année 1965, en particulier par Patrick Hurley, du MIT, et Clair Patterson, de Caltech.

Patrick Hurley étudiait les variations isotopiques du strontium dans la nature. Mesurant systématiquement la composition isotopique d'une série de roches granitiques, donc continentales, d'âges variés, il affirma que leur composition isotopique initiale était identique à celle des basaltes, produits directs du manteau. Il en conclut que les granites dérivaient directement du manteau et que les segments orogéniques à cœur de granites s'étaient différenciés continûment au cours des temps géologiques.

Clair Patterson travaillait dans la grande université rivale, le Caltech, sur la côte Ouest. Il s'intéressait non pas aux variations isotopiques du strontium, mais à celles du plomb. Il mesura la composition isotopique du plomb extrait d'une série de feldspaths riches en potassium et d'âges variés. A l'inverse de Hurley, il trouva que tous les feldspaths contenaient une composition isotopique de plomb telle qu'elle impliquait pour tous une longue histoire dans un réservoir riche en uranium, donc dans la croûte continentale. Il conclut donc que la croûte continentale s'était différenciée du manteau il y a 4 milliards d'années et que, depuis lors, elle s'autoreproduisait!

Les deux chercheurs arrivaient donc à un résultat diamétralement opposé! Patrick Hurley invita Patterson à passer six mois au MIT pour chercher ensemble une solution à cette contradiction. Le résultat ne fut pas la synthèse... mais une brouille entre les deux hommes!

A partir des années 1966-1969, il m'apparut que la cause de leur divergence était l'utilisation de traceurs isotopiques différents, ce qui m'amena à proposer un modèle rendant compte des deux types d'observations. Dans ce modèle, dit de mélange, la croûte continentale se forme au cours du temps par adjonction de segments orogéniques successifs, mais chaque segment comprend deux parties : une partie dite néoformée, nouvellement extraite du manteau, et une partie dite recyclée, reprise du continent précédent. Au cours du temps, la proportion de la partie recyclée augmente au détriment de la partie néoformée. Le plomb est abondant dans les roches crustales et peu abondant dans les basaltes, produits extraits du manteau. Un mélange croûte-manteau analysé par le plomb est donc dominé par le composant crustal. A l'inverse, le strontium est très abondant dans les basaltes et beaucoup moins dans les granites. Un mélange croûte-manteau analysé par le strontium est nettement dominé par le manteau. Ce simple effet de bilan expliquait la divergence entre Hurley et Patterson. Pourtant, il faut bien dire que pendant dix ans, mon explication et mon modèle ne convainquirent personne... chaque auteur se complaisant à souligner et accentuer la divergence Hurley-Patterson.

En 1976, ma propre équipe, à Paris, puis celle de Jerry Wasserburg, à Caltech, découvrent l'existence de variations dans la composition isotopique du néodyme des roches terrestres. Ces variations sont dues à la décroissance du samarium 147. Le développement rapide de cette nouvelle méthode de traçage isotopique par les deux équipes précitées, auxquelles se joignit rapidement l'équipe anglo-américaine de Keith O'Nions, nous amena à montrer que seul le modèle de mélange croûte-manteau était compatible avec les mesures expérimentales effectuées sur les granites. L'utilisation d'un nouveau traceur isotopique avait convaincu les sceptiques... et conforté le modèle de mélange!

La démonstration de la réalité du mélange n'implique pas pour autant le déchiffrage des modalités géologiques de cette combinaison recyclage-néoformation. Cherchons à esquisser ces modalités telles que personnellement nous les concevons aujourd'hui.

Le recyclage continental se fait à travers le cycle géologique bien connu qui met en jeu l'érosion, le transport, la sédimentation dans les fossés proches du continent (les anciens géosynclinaux), puis la transformation de ces derniers par la chaleur interne pour donner naissance à des roches métamorphiques. L'apport à partir du manteau s'opère par le phénomène du volcanisme et du plutonisme tels que nous les avons évoqués à plusieurs reprises, notamment à propos des arcs insulaires. Le mélange met donc en jeu deux composants principaux : d'abord les sédiments, dont la composition chimique résulte des processus complexes d'érosion, du tri créé entre les éléments chimiques par l'eau, agent corrosif transporteur et séparateur; puis les produits magmatiques issus du manteau par les phénomènes de fusion partielle que nous avons indiqués et qui donnent naissance à des produits de composition basaltique. L'ensemble peut être altéré, érodé, transporté, et donner naissance à de nouveaux sédiments, eux-mêmes intrudés par des roches magmatiques, et le cycle peut ainsi se reproduire.

L'intrusion des roches magmatiques se fait à des températures de mille à douze cents degrés. Les sédiments, dont la composition est beaucoup plus siliceuse, et qui contiennent encore de l'eau, fondent dès sept cent cinquante degrés. On comprend donc que les intrusions basiques vont provoquer une refusion des sédiments, dont le résultat va être la formation de granites. Parfois, cette fusion sera associée à un mélange entre produits magmatiques mantelliques et sédiments fondus, et l'on obtiendra des magmas qualifiés d'intermédiaires. Au total, on aura donc un nouveau morceau de croûte continentale formé par un mélange entre un composant provenant des continents antérieurs et un composant nouvellement extrait du manteau.

La ségrégation du silicium associée à des ions comme le potassium et le sodium – gros ions qui sont à l'origine de l'architecture lâche, donc légère, des feldspaths – se fera par l'intermédiaire de deux processus chimiques superposés : la fusion partielle du manteau, qui enrichit les gros ions dans le liquide facilement déformable par rapport au résidu solide; mais aussi le cycle externe érosion-transport-sédimentation, qui sépare potassium et sodium des autres cations plus petits comme le magnésium et le fer, et, partiellement, du cation très spécifique qui joue dans ce scénario un rôle essentiel, le calcium. Ainsi, le *cycle de l'eau,* symbole et agent principal de l'activité externe et visible de la planète, est-il un agent essentiel dans le développement des continents. Certes, la fusion, à partir du manteau, produit le basalte, expulse les gros ions comme le potassium, le sodium, l'aluminium et le calcium; par conséquent, ce processus participe activement à la ségrégation de la croûte continentale; mais il ne permet pas de séparer le calcium du trio sodium-potassium-aluminium qui, seul, peut charpenter

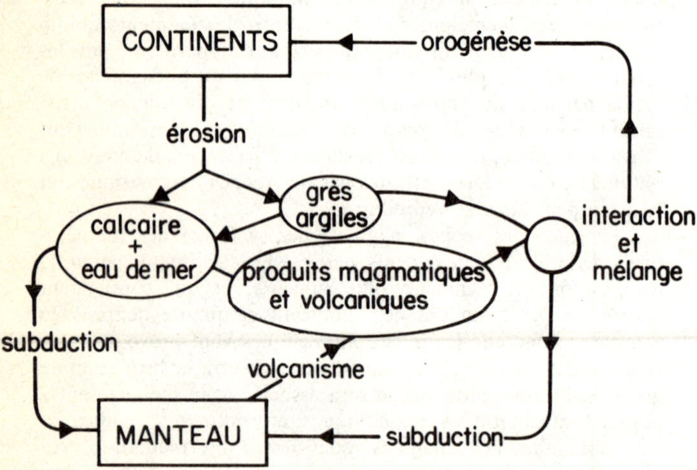

Cycles des éléments conduisant à la fabrication de la croûte continentale

FIG. 85. – Le schéma est destiné à montrer comment on conçoit aujourd'hui les transferts de matière conduisant à la formation de la croûte continentale. Les boîtes représentent des matériaux (ou des suites structurales contenant des matériaux) les flèches des processus géologiques qui transportent des éléments chimiques. Le schéma montre en outre que la géologie moderne, comme la biologie, tend de plus en plus à adopter le formalisme de la logique des systèmes. Cela n'en est qu'une illustration graphique élémentaire.

des structures légères résistant à l'enfouissement mantellique. En revanche, l'eau et le cycle érosion-sédimentation le fait très bien en triant les argiles d'un côté, les calcaires de l'autre.

La Terre est bien une usine chimique où chaque agent joue un rôle fondamental et spécifique. Ainsi, sans le cycle géodynamique externe, il n'y aurait pas de sédiments, donc pas de mélange, donc pas de continents, pas de mémoire de la Terre. Les sédiments, produits de l'Eau du ciel, et les magmas, produits du Feu interne, s'allient pour donner naissance à la Terre continentale où nous vivons. Voici les mythologies sumériennes ressuscitées!

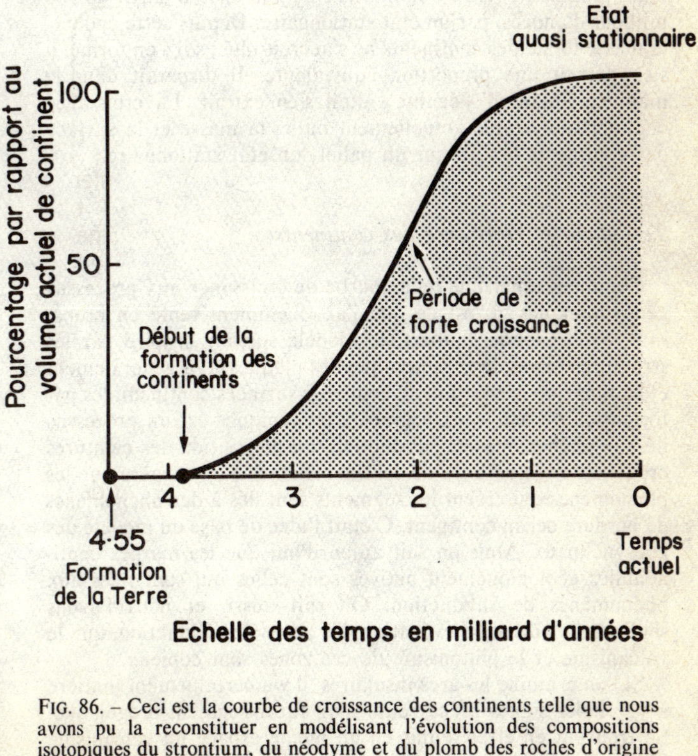

FIG. 86. – Ceci est la courbe de croissance des continents telle que nous avons pu la reconstituer en modélisant l'évolution des compositions isotopiques du strontium, du néodyme et du plomb des roches d'origine mantellique.

Pour ce qui concerne l'aspect global du phénomène, il nous suffit de savoir que les continents ont augmenté de surface et de volume au cours des temps géologiques. Lors des années récentes, il a été possible de préciser l'allure de leur courbe de croissance. Cette étude fut réalisée grâce à l'utilisation des multiples traceurs isotopiques – strontium, néodyme, plomb – et en modélisant quantitativement leur comportement. Ce résultat a été obtenu indépendamment par l'équipe de Cambridge de Keith O'Nions et par l'équipe parisienne que j'anime. La croissance continentale a débuté il y a 4 milliards d'années, âge des plus anciens continents. Elle se caractérise par un taux presque constant au cours du précambrien par un infléchissement progressif, vers 1 000 millions d'années, et, à partir de 500 millions d'années, par un état stationnaire. Depuis cette époque, la masse totale des continents ne s'accroît plus ; s'il s'en forme, il s'en détruit une proportion équivalente. Il disparaît dans le manteau autant d'« écume » qu'il s'en extrait. La croissance continentale semble actuellement nulle, la masse et la surface des continents ont atteint un palier, un état stationnaire.

Tectonique et croissance des continents

Comment relier une telle courbe de croissance aux processus géodynamiques ? C'est ce que j'ai récemment tenté en proposant, avec Claude Jaupart, le modèle suivant, inspiré par les structures issues de la tectonique des plaques. Il a généralement été admis que la création de nouvelles surfaces continentales par formation de nouveaux segments orogéniques est un processus lié aux phénomènes de subduction. La disposition des ceintures orogéniques en bordure de continents antérieurs suggère que les phénomènes qui créent les segments sont liés à des phénomènes de bordure océan-continent. C'était l'idée de base du modèle des géosynclinaux. Mais on sait aujourd'hui que les marges continentales géologiquement actives sont celles qui sont liées aux phénomènes de subduction. On sait aussi, et nous l'avons souligné lors de notre évocation des zones de subduction, que le volcanisme et le plutonisme de ces zones sont copieux.

Si l'on examine les arcs insulaires, il y a certainement matière à y voir les signes précurseurs d'un futur segment orogénique. Se trouvent en effet réunis en un même espace un volcanisme important, andésitique et basaltique, une sédimentation abondante d'origine mixte (à la fois continentale et mantellique) dont le métamorphisme extrême pourrait donner naissance à une croûte continentale, des îles d'origine continentale plus ancienne qui représentent les reliques des anciens continents, des océans tantôt à soubassements continentaux, tantôt à soubassements océaniques, dualisme qui servit d'argument aux tenants de la théorie géosynclinale. Nous avons déjà imaginé que l'ensemble de la zone de l'Asie du Sud-Est se trouve raccourci de 500 km et que les plans de Benioff-Wadati, qui festonnent l'Asie du Kamchatka à Sumatra, viennent se coller contre le continent asiatique à la manière de la subduction andine. Les arcs insulaires plissés, métamorphisés, injectés de magma, charriés, bouleversés, donneraient finalement naissance à une vaste ceinture orogénique péripacifique dont les caractéristiques géologiques ne seraient pas très éloignées de ce que l'on peut observer dans les chaînes anciennes.

Acceptons l'idée que la création de surface continentale est liée à la subduction continentale. La répartition de cette dernière est elle-même liée à la surface des continents, ou plus exactement à leurs périmètres. Par ce mécanisme, les continents auraient-ils donc tendance à croître indéfiniment? Quel est le mécanisme régulateur?

L'examen des chaînes de collision continent-continent, et notamment des chaînes himalayenne ou iranienne, met en évidence un fait fondamental. Aussi bien au niveau de la suture du Yarlung Tsanpo au Tibet qu'au niveau de la Haute Chaîne himalayenne, nous assistons à un doublement en épaisseur de la croûte continentale. Sur toute la largeur de ces deux chaînes, soit sur près de 500 km, la surface exposée se trouve donc réduite de moitié. L'érosion aidant, en quelque trente millions d'années, la croûte continentale aura retrouvé son épaisseur canonique de 30 km. Le phénomène aura fait disparaître 500 km × 1 000 × 30 km, soit 15 000 000 km^3 de continent!

Les continents sont donc insubmersibles, mais, en fait, ne sont pas indestructibles. Ils échappent à l'engloutissement mantellique brutal qui absorbe continuellement la surface océanique, mais ils subissent la lente érosion superficielle qui, associée à la collision, détruit d'abord la surface continentale, puis la masse du continent. Les sédiments produits par ce processus retournent finalement dans le manteau, entraînés par les planchers océaniques qui les portent le long des plans de subduction. Le manteau, incapable d'absorber des morceaux de continent entiers, en assimile une partie sous forme divisée, sous forme de sédiments! Cette disparition des sédiments dans le manteau par la trappe de la subduction avait été suggérée, on s'en souvient, par Hess dans son article de 1961. Les résultats modernes confirment cette manière de voir. De ce fait, le système océan-continent, et plus généralement le système cycle géologique interne-cycle géologique externe, sont couplés par des relations bidirectionnelles. Les composantes du cycle externe (eau, continent) ne sont pas seulement expulsées du manteau, elles rétroagissent sur ce dernier, en s'y introduisant à nouveau et en le modifiant à leur tour. On ouvre là une porte nouvelle pour la vision des cycles géochimiques et l'histoire chimique de notre planète.

Ainsi la croissance des continents apparaît comme le résultat d'un antagonisme entre les processus créateurs de continents et des processus destructeurs de continents, entre les phénomènes liés à la subduction et les phénomènes liés à la collision. Au début, il existe peu de continents, donc les processus de collision sont rares, mais, au cours du temps, la surface des continents augmente, elle se fractionne et ses morceaux nombreux et mobiles finissent ainsi par se rencontrer, par entrer en collision. Le processus de création de surface continentale ne s'arrête pas il y a 500 millions d'années. C'est un processus autorégulé, le phénomène régulateur étant la collision continentale dont l'importance va croissant avec le temps et qui finit par compenser la création de surface continentale au niveau des zones de subduction. Les continents ont crû vite au début, dans la période antérieure à 2 milliards d'années, puis, les phénomènes de collision aidant, ils atteignent une surface constante, comme c'est le cas depuis 500 millions d'années.

La tectonique en mosaïque

Ce modèle a, en fait, des implications plus générales sur le comportement et la structure de l'unité continentale. A la suite des études franco-chinoise au Tibet, j'ai été amené à développer ces conséquences dans le cadre d'une nouvelle vision de la tectonique continentale que j'appelle « tectonique en mosaïque ».

Tout d'abord, il faut admettre que les continents ne peuvent garder très longtemps une taille importante sans être soumis à des tensions internes qui les fracturent. Nous avons vu ce phénomène de fractionnement lors de l'éclatement de la Pangée. Nous savons aujourd'hui que l'Afrique est en train de se couper le long des Lacs africains, que l'Asie est parcourue d'un réseau de fissurations, comme en témoignent les fossés du lac Baïkal ou du Chansi, qu'en France même, de profondes entrailles parcourent le pays (fossé du Rhin, fossé de Limagne, par exemple). C'est ce que l'on appelle la propagation des rifts si bien démontrée par Vincent Courtillot dans son étude de la zone du Djibouti.

Contrairement à ce que pensait Wegener, les travaux paléomagnétiques de Ted Irving et de son élève Jim Briden nous ont appris que cette fracturation des continents n'était pas un phénomène à sens unique qui, à partir de la Pangée, aurait fourni une série de continents se morcelant eux-mêmes en subcontinents, mais, au contraire, que la période antérieure à 300 millions d'années avait vu la surface terrestre couverte de morceaux de continents qui s'étaient assemblés, collés entre eux pour donner naissance au super-continent Pangée. (Voir la fin du chapitre II.)

Fracturations et collages des morceaux de continents sont donc des phénomènes qui alternent et se superposent au cours des temps géologiques. Quel est le résultat d'une collision continent-continent, si ce n'est la soudure de deux morceaux de continents? Le mécanisme qui, d'un côté, détruit de la surface continentale, est aussi celui qui assemble entre eux les morceaux de continents. Ainsi, petit à petit, naît l'idée que fracturation et soudure sont les deux processus complémentaires et fondamentaux de l'évolution continentale.

Cherchons à en savoir davantage, en faisant appel au paléomagnétisme. Étudiant avec soin les terrains de la côte Ouest des États-Unis, l'équipe de Stanford, animée par Alan Cox, qui a tant contribué à établir l'échelle des inversions du champ magnétique, et par Amos Nur, s'aperçoit que les sierras ouest-américaines sont faites de blocs continentaux dont certains viennent de la latitude du Pérou (ou de l'Australie), d'autres de l'Alaska. Généralisant cette observation, ils mettent en évidence l'existence de blocs continentaux exotiques en divers endroits autour du Pacifique. Ces blocs sont de dimensions modestes, il ne s'agit pas de moitié d'Afrique ou d'Asie ni même d'Inde, mais de blocs de 500 km sur 200 km. De là l'idée que de tels blocs pourraient naître au niveau des guirlandes d'îles. Ainsi le

Japon, guirlande aux trois mille îles, pourrait être en train de dériver vers l'Amérique, ou à l'inverse venir de l'Australie. Une telle hypothèse est très nouvelle. On admettait, en effet, classiquement que les guirlandes d'îles étaient des morceaux de continents détachés, suivant les jeux de poupe de Wegener, mais qu'à terme ils reviendraient s'assembler au continent, donnant naissance aux ceintures orogéniques par un mouvement en accordéon. L'idée exprimée ici serait que ces blocs continentaux sont instables et peuvent soit être recollés aux continents, soit dériver vers le grand large, et parcourir en fait des distances considérables. Pour ce qui nous occupe, l'idée évoquée suggère que les phénomènes de fracturation n'engendrent pas seulement de grandioses fractures médio-continentales telles celles qui ont cassé le Gondwana, mais sont aussi des morceaux créés par le phénomène de subduction lui-même.

Cette vision rejoint celle développée pour l'Asie par le géologue chinois Chang Chen Fa et qui vient d'être précisée dans le cadre de la coopération franco-chinoise au Tibet. Chang Chen Fa a réalisé son œuvre dans le contexte, terrible pour lui, de la révolution culturelle maoïste, faisant ainsi la démonstration la plus éclatante de l'échec de la barbarie face à l'esprit imaginatif! Reprenons les divers éléments de son modèle. Nous avons vu que la suture entre l'Inde et l'Asie se situe au niveau de la vallée du Yatlung Tsanpo et que cette suture est marquée par l'existence d'une ceinture ophiolitique. Chang Chen Fa remarque que, plus au nord, dans le plateau du Tibet, existent d'autres ceintures ophiolitiques qu'il interprète comme autant de sutures. Entre Lhassa et la zone du désert du Tarim, Chang Chen Fa propose trois sutures. A partir de là nous avons admis que l'Asie est donc constituée d'une série de blocs qui sont venus se joindre successivement au continent, assurant sa croissance latérale.

Ainsi, par deux voies totalement différentes, naît petit à petit l'idée que les continents sont des mosaïques de blocs d'origines exogènes. On imagine sans mal que si ce petit jeu de découpage et de recollage de morceaux a fonctionné des milliards d'années, il a donné jour à une mosaïque dont le motif est quasi inextricable. On comprend alors pourquoi il est souvent si difficile aux géologues de reconstituer une logique dans les continents anciens, on comprend aussi pourquoi il ne faut pas espérer reconstituer les puzzles anciens dans tout leur détail! Lorsqu'il s'enfonce dans le passé, il faut que le géologue accepte de plus en plus l'approche statistique, abandonnant du même coup l'ambition de synthèse cartographique sur de vastes étendues.

La structure en mosaïque des continents a des conséquences tectoniques fondamentales. Nous nous souvenons de l'effort de Tapponier et Molnar pour expliquer la non-rigidité du continent asiatique. Si ce continent est une mosaïque, alors on comprend, ainsi que l'avait suggéré Tapponnier, comment les anciennes lignes de soudures entre blocs continentaux peuvent rejouer dès lors qu'elles sont sollicitées par une nouvelle poussée. Mais elles joueront souvent d'une manière totalement originale, et notamment en décrochements, en coulissages latéraux. Ainsi bon

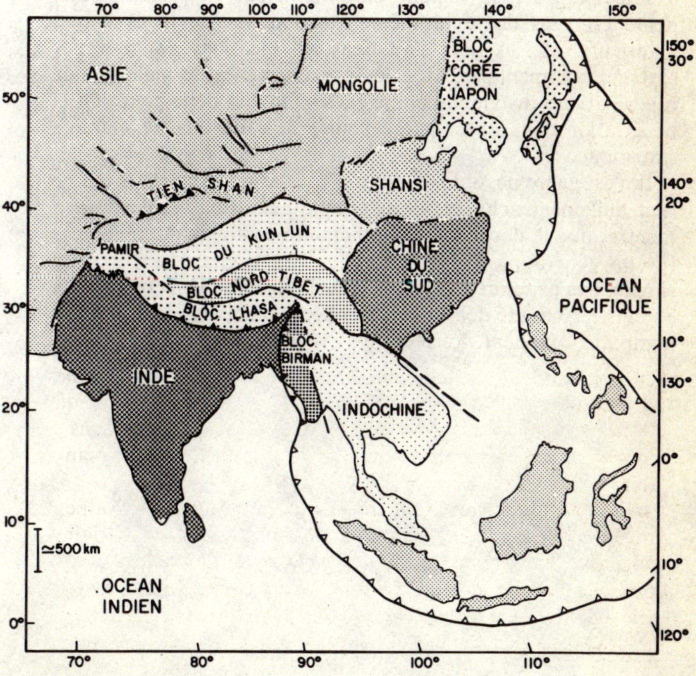

FIG. 87. – Représentation de l'Asie comme une mosaïque de blocs soudés les uns aux autres.

nombre de grands décrochements de grandes failles, transformantes ou non, sont-ils en fait d'anciennes sutures. Or, les grands décrochements sont sismiquement actifs, nous le savons. Nous avons là un guide pour reconstituer la structure des mosaïques continentales, en acceptant l'idée d'un double indicateur : les ceintures ophiolitiques et la séismicité intracontinentale. La faille de San Andreas, la faille du Jourdain, la faille de l'Altyn-Tagh sont autant d'anciennes sutures.

Utilisant ce critère, nous avons divisé la Chine, la France et l'Ouest américain en blocs continentaux. Mais nous savons que nous ne pourrons pas avancer bien loin dans le passé, car, avec le temps, les sutures se cicatrisent, les ophiolites sont érodées, la sismicité s'estompe et les anciennes sutures deviennent difficiles à détecter. De plus, chaque bloc défini par l'approche précédente est sans doute lui-même l'agglomérat de blocs d'âges antérieurs, etc. A cela s'ajoutent les créations de nouvelles surfaces continentales, avec leurs phénomènes de mélange, de rejuvénation crustale, de palingénèse. On voit donc pourquoi la pénétration dans le temps ne pourra se faire que de manière statistique.

Il n'est guère possible de pousser plus avant des débats qui ne sont nullement achevés. Cette simple évocation est destinée à montrer que le décodage de la mémoire continentale, tâche des futures générations de géologues, ne va pas être une entreprise simple. Les pages du livre dans lequel l'histoire de la Terre a été enregistrée ont été découpées, recollées, déchirées, réassemblées n'importe comment. La lecture s'avère *a priori* difficile!

IX

Qu'est-ce qui fait bouger les plaques ?

Mouvements des plaques et convection

Wegener avait tenté de donner une explication physique à la dérive des continents : il avait épuisé son crédit scientifique dans cette entreprise. Son incapacité à proposer des solutions acceptables pour les physiciens, sa volonté de présenter à tout prix des mécanismes explicatifs sans pouvoir les rendre convaincants, a sans doute grandement contribué au rejet de sa théorie par la communauté des chercheurs.

Paradoxalement, la tectonique globale s'est aujourd'hui imposée sans le support apparent d'une théorie causale. Aucun des auteurs qui ont développé les concepts si fructueux de *sea floor spreading* ou de tectonique des plaques n'a cherché à développer *en même temps* une théorie expliquant les causes premières de la dérive. Ce n'est qu'*après la phase d'acceptation* de la théorie phénoménologique que la communauté scientifique va s'engager dans la recherche des causes. Il semble que cela n'ait nullement empêché la théorie mobiliste de l'emporter : l'absence d'explication génétique est mieux acceptée que l'explication erronée !

Cela n'est pourtant qu'une apparence. En fait, l'article de Hess ou les écrits de Holmes se placent délibérément dans le cadre de la convection mantélique. La mobilité des plaques apparaît comme la manifestation de surface de mouvements plus importants et plus profonds ayant le manteau pour siège. L'idée de convection mantellique, si combattue en 1920, si étrange à concevoir pour les physiciens de l'époque, car elle s'applique à des matériaux solides, a, dès les années 1950, fait peu à peu son chemin dans le cerveau des géologues et des géophysiciens. Certes, elle n'est pas encore admise officiellement, et les joutes entre les deux grands géodynamiciens hollandais van Benmelen et Veining Meinesz ont plutôt tourné à l'avantage du fixiste, mais le mécanisme n'apparaît plus comme impossible et est considéré comme l'une des théories probables. Les considérations énergétiques fondées sur les mesures de flux de chaleur ou sur les teneurs en éléments radioactifs des roches mantelliques conduisent à des estimations théoriques des énergies mises en jeu compatibles avec une convection de tout le manteau.

La mise en évidence du mobilisme des fonds océaniques apparaît comme la démonstration de cette hypothèse. Contrairement à ce qui se passait du temps de Wegener, l'hypothèse mobiliste ne semble plus défier les lois de la physique. De ce fait, les physiciens contemporains ne vont pas s'acharner à la réfuter (sauf sir Harold Jeffreys). Cette différence d'attitude explique pourquoi les premiers auteurs du *sea floor spreading* n'ont pas cherché à identifier les forces susceptibles de déplacer les continents. Ils ont implicitement admis que ces forces étaient liées à de vastes mouvements qui animent le manteau. Par contre, ils se sont appliqués à réfuter les arguments de sir Harold Jeffreys contre les thèses wegenériennes, surtout celui qui prétendait que les déplacements de continents devaient nécessairement s'accompagner de plissements au sein de ces derniers (comme, lorsqu'on déplace une feuille de papier à cigarette sur un globe, on ne peut éviter de la plisser et de la déchirer). C'est pour contrer cet argument que les adeptes de la tectonique des plaques ont immédiatement développé l'idée que les plaques avaient une épaisseur très supérieure à la croûte, entité mécanique qu'ils ont appelée lithosphère, comme nous l'avons vu précédemment. Ils remplaçaient le papier à cigarette par du carton! Ces plaques lithosphériques rigides se déplacent sur une couche de manteau beaucoup plus molle (asthénosphère), servant en somme de lubrifiant au mouvement.

Les progrès de la pétrologie expérimentale aidant, Peter Wyllie, de l'université de Chicago, propose de voir dans l'asthénosphère le début de la fusion du matériel mantellique. Ainsi que nous l'avons déjà évoqué, la température de fusion commençante des péridotites augmente avec la pression, donc avec la profondeur. Les données de flux de chaleur et l'expérience des mineurs de fond nous ont appris que la température augmente lorsqu'on s'enfonce dans le globe. Wyllie imagine donc qu'à une certaine profondeur, les courbes traduisant respectivement l'augmentation de la température des roches et l'augmentation de la température de fusion commençante des péridotites se rencontrent. En ce point, il doit exister une petite quantité de liquide qui, s'insinuant entre les grains de minéraux des péridotites, joue le rôle de lubrifiant et rend les péridotites plastiques.

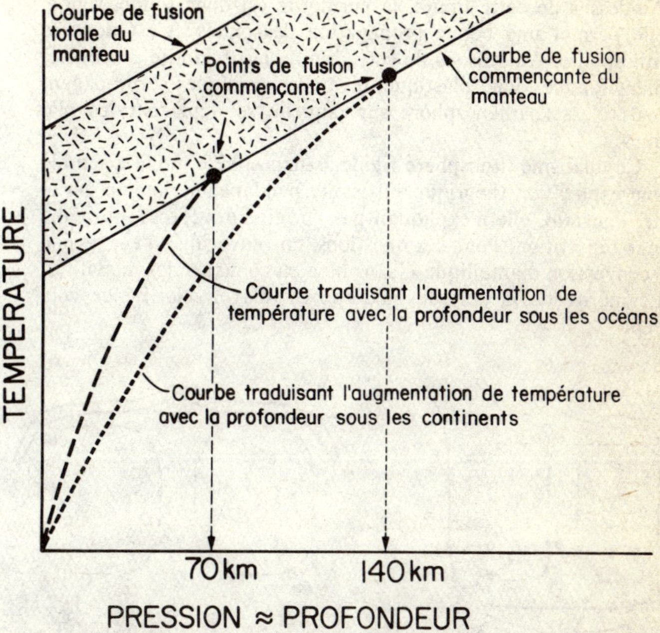

FIG. 88. – Dans le graphique température, pression (c'est-à-dire profondeur) sont représentées, d'une part les courbes traduisant l'augmentation de température sous les continents et sous les océans (les courbes sont appelées *géothermes*), d'autre part les droites de fusion commençante et de fusion totale des péridotites.
Les points d'intersection entre ces deux types de courbe permettent de *prévoir* la profondeur où a lieu la fusion commençante du manteau.

Les expériences de laboratoire permettent de tracer avec précision la courbe (point de fusion-profondeur) des roches mantelliques. les mesures de flux de chaleur permettent d'estimer la courbe (température – profondeur) du manteau. Traçant les deux courbes sur un même graphique, Wyllie montre que leur point de rencontre correspond à peu près à la profondeur de la transition de vitesse sismique découverte par le sismologue Beno Gutenberg et étudiée par Don Anderson, et qui marque le début de l'asthénosphère. Cette zone est caractérisée par une diminution de la vitesse de propagation des ondes sismiques. Au-dessus de cette limite, la péridotite est donc solide, rigide, elle permet une bonne propagation des ondes : c'est donc la lithosphère. Au-dessous de cette limite, la péridotite est légèrement fondue, donc plastique, les ondes sismiques se propagent mal; c'est l'asthénosphère sur laquelle se déplacent les plaques.

Ce dualisme lithosphère rigide-asthénosphère molle a semblé une explication théorique suffisante pendant une longue période. Pourtant, elle n'expliquait pas l'origine des forces, ni même leur répartition. Pour ces questions, on renvoyait à l'expression « convection mantellique », sans bien en connaître les modalités. Le mérite de la période moderne est d'avoir clarifié ce concept.

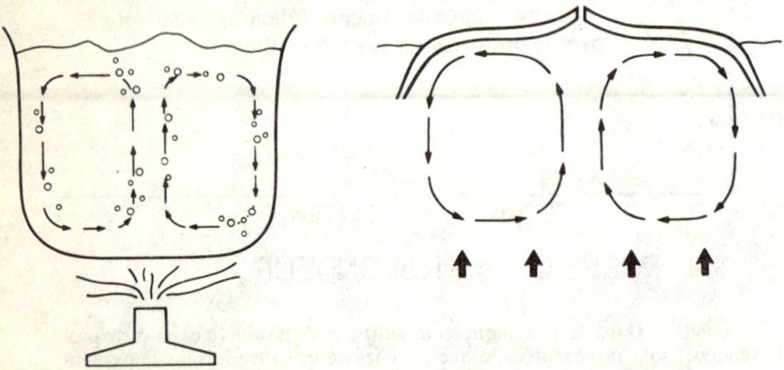

FIG. 89. – A gauche, nous avons représenté une « casserole » d'eau (supposée transparente) chauffée par en dessous. Les flèches indiquent les mouvements des masses d'eau que l'on appelle mouvements de convection. Le schéma de droite est une transposition de l'expérience précédente à la tectonique des plaques. On suppose que le manteau supérieur est chauffé par en dessous et que ce chauffage induit des mouvements de convection. Les dorsales seraient les traces des mouvements ascendants, les zones de subduction celles des mouvements descendants.

Essayons d'expliquer ce problème difficile en l'abordant par étapes. Pour cela, nous allons commencer par une expérience très simple avec laquelle tout le monde est familiarisé : le chauffage d'une casserole d'eau sur un réchaud à gaz. Si l'on chauffe très peu, on n'observe aucun mouvement dans l'eau, la surface du liquide est immobile. En augmentant l'intensité du chauffage, on commence à voir la surface frémir et l'observation attentive nous indique l'existence de courants d'eau. En laissant tomber de la mie de pain sur la surface, on constate qu'il existe un courant ascendant au centre de la casserole; ce courant diverge à la surface pour replonger le long des parois. Cette structure dynamique est stable et peut se maintenir ainsi pendant des heures (à condition de maintenir le même régime de chauffage et en supposant que l'eau ne s'évapore pas!). Augmentons le chauffage. Dans un premier temps, la structure organisée précédente se maintient, puis, assez brusquement, le régime change. Les mouvements de liquide deviennent désordonnés, plus rapides, changeant continuellement de forme et de position. On dit qu'on a atteint le régime turbulent ou désorganisé. Si l'on augmentait encore le chauffage, on verrait le phénomène de désordre augmenter et des phénomènes encore plus violents apparaître, telles des projections extrêmement brutales.

La cause commune de tous ces phénomènes est le simple fait que l'eau chaude est moins dense que l'eau froide. Un domaine d'eau chaude, isolé dans un domaine d'eau froide, tend à monter. A l'inverse, une portion d'eau froide mise à la surface d'eau chaude aura tendance à tomber au fond. Ces mouvements de va-et-vient, montée de l'eau chaude, descente de l'eau froide, constituent les transports en masse que l'on appelle mouvements de convection.

Si les divers domaines d'eau froide et d'eau chaude ont le temps de communiquer entre eux, c'est-à-dire d'échanger de la chaleur, leur mouvement s'organise et l'on voit apparaître une structure organisée stationnaire. Si, au contraire, ils n'ont pas cette possibilité, alors ces mouvements de va-et-vient se font de manière anarchique, turbulente. Ce qui détermine cette possibilité d'organisation, c'est, en définitive, la quantité de chaleur que leurs mouvements permettent d'évacuer. Les mouvements de masse de la casserole d'eau permettent de transporter de la chaleur, fournie par la combustion du gaz, du fond de la casserole vers la surface. Si le « chargement » de chaleur est raisonnable, le transport se fait dans le calme, de manière organisée; si le flux de chaleur est trop élevé, alors le transport se fait dans la hâte, de manière anarchique. Dans tout cela, le moteur est bien la production de chaleur et la propriété du fluide chaud de pouvoir monter à travers du fluide froid.

Cherchons à transposer les leçons de notre expérience au cas de la Terre. Nous savons que ce n'est là qu'une transposition très rudimentaire, car aucune des conditions n'est exactement transposable, mais acceptons l'idée que les deux convections, à deux échelles de temps et d'espace différentes, obéissent à une même loi, à savoir celle de la mécanique des fluides. Dans le cas du manteau, la source de chaleur peut être la désintégration des éléments radioactifs contenus en son sein comme l'avait montré Joly, ou la chaleur dégagée par le noyau terrestre.

Le manteau a donc des sources de chaleur qui permettent d'expliquer son caractère convectif. On imagine alors que les dorsales océaniques sont les manifestations de surface des courants mantelliques ascendants, alors que les zones de subduction soulignent les courants descendants. La distribution des frontières de plaques apparaît ainsi comme la manifestation la plus apparente du système convectif mantellique. Telle est la description qu'après Reinholn et Veining Meinesz, Turcotte et Oxburg donnent de l'expansion des fonds océaniques dès 1967 avant même que l'on ait formulé la tectonique des plaques. De cette simple idée naît immédiatement une conséquence importante, celle de la non-stationnarité des mouvements convectifs. Nous savons que les continents se déplacent, que les dorsales se déplacent, changent de direction d'expansion, que les océans naissent ou disparaissent, donc que la distribution des courants de convection est variable au cours du temps. Pour en revenir à notre casserole d'eau, il faut donc la considérer non pas dans son régime stationnaire, mais dans le régime bouillonnant qu'une surchauffe engendre aisément, avec un mouvement constamment changeant, des volutes aux formes compliquées et fugaces. Le régime convectif de la Terre n'est pas un état stationnaire. Les océans ne s'ouvrent ni ne se referment par un mouvement pendulaire de va-et-vient, mais se transforment et évoluent suivant des régimes dont la géométrie est constamment variable. Telles sont les considérations générales à partir desquelles vont s'engager les recherches que nous allons tenter de suivre.

Les panaches ou points chauds

La première théorie explicative du mouvement des plaques est celle des *hot spots* ou panaches chauds. Cette théorie trouve d'abord sa source dans l'ambition d'expliquer la genèse des chaînes volcaniques. Lorsque nous avons évoqué la disposition des zones volcaniques au niveau des frontières actives de plaques, nous avons parlé du volcanisme des dorsales, du volcanisme des zones de subduction, mais nous avons volontairement omis un type de province volcanique pourtant bien connu : celui des chaînes volcaniques intra-océaniques. L'archipel des îles Hawaii offre l'exemple type de ces alignements de volcans. Il s'étend des îles Nishau, Kawaii, Oahu, Molokaï, etc., jusqu'à l'île de Hawaii proprement dite, qui porte les deux majestueux volcans actifs du Mauna Loa et du Kilauea. Ces îles se suivent en chapelet, mais ce chapelet est chronologiquement orienté. Les îles de Midway portent un volcanisme datant de 25 millions d'années, alors que l'île de Hawaii porte un volcanisme actuel. La courbe de décroissance de l'âge avec la distance, présentée sur des bases qualitatives par Daly, mais fermement établie par l'Australien Ian McDougall grâce à la méthode de datation potassium-argon, est extrêmement régulière et semble traduire un phénomène naturel bien défini. On pourrait penser *a priori* que cet échelon chronologique est le résultat même de l'expansion des fonds océaniques. Les îles seraient créées au niveau des dorsales, puis dériveraient sur le tapis roulant comme tout le fond de l'océan. Les plus vieilles seraient donc les plus éloignées des dorsales; les plus jeunes, les plus proches. Nous retrouvons ici l'interprétation que Tuzo Wilson avait donnée pour les îles de l'Atlantique aux premiers temps du *sea floor spreading.* Mais il s'aperçut vite que cette vue était erronée. Pour reprendre notre exemple, on devrait trouver l'île de Hawaii au niveau de la dorsale Est-Pacifique, or, elle en est éloignée de plus de 6 000 kilomètres! Les fonds océaniques autour de Hawaii peuvent être datés grâce aux anomalies magnétiques (la tectonique de la « peau de zèbre »), et ces âges sont crétacés (– 65 à – 130 MA), et n'ont rien à voir avec ceux des îles volcaniques adjacentes. Tuzo Wilson émit alors l'hypothèse de l'existence d'un point chaud sous la plaque océanique Pacifique, qui, mobile, dérive continuellement vers l'ouest. Ce point chaud émet périodiquement des panaches de magma qui traversent la plaque et viennent former un volcan à

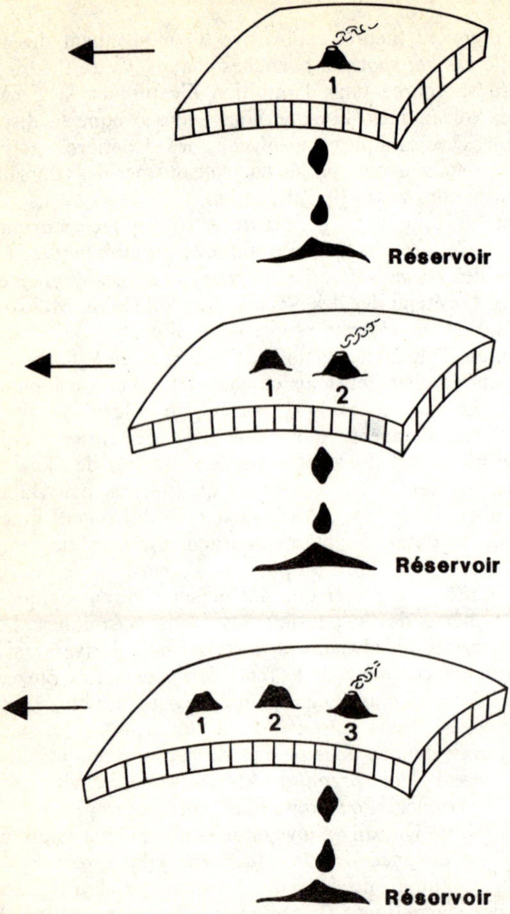

FIG. 90. – Schéma expliquant la formation d'une chaîne volcanique. Un point fixe situé sous la lithosphère émet des « bulles » de magma. La lithosphère défile au-dessus de ce point chaud et se trouve donc « poinçonnée » par les bulles de magma donnant naissance à la surface à une série de pustules. Le résultat est un alignement des structures de perforation.

sa surface. Comme la plaque défile au-dessus du point chaud, tout comme une perforatrice de ruban crée une chaîne de trous à la sortie d'un ordinateur, ces émissions magmatiques périodiques poinçonnent aussi la plaque à intervalles plus ou moins réguliers, créant ainsi une chaîne volcanique. D'après Wilson, cette hypothèse s'applique non seulement à la chaîne de Hawaii, mais à toutes les chaînes océaniques. La chaîne de Tuamotu au sud de Hawaii, montre la même disposition linéaire, et, qui plus est, on peut noter sur ces deux chaînes un changement de direction. La partie ancienne qui correspond à la chaîne des monts sous-marins Emperor, pour Hawaii, a une orientation nord-ouest-sud-ouest, alors que la chaîne volcanique récente a une orientation est-ouest, preuve que la plaque Pacifique a changé d'orientation dans son mouvement, il y a environ 40 millions d'années. Ces chaînes volcaniques existent aussi sur les continents, et, pour les tenants de la théorie des points chauds, la chaîne volcanique du Massif central, qui s'étend de la chaîne des Puys au cap d'Agde, serait un équivalent continental de la chaîne de Hawaii, la trace volcanique d'un point chaud.

L'indépendance des chaînes volcaniques vis-à-vis de la distribution océan-continent est attestée par la chaîne volcanique du Cameroun qui se poursuit depuis les îles d'Amobon, Sao Tomé, Principe, Fernando Poo, jusqu'aux volcans du Nord Cameroun. Malgré le passage de la transition océan-continent, le volcanisme garde partout des caractères assez constants.

L'hypothèse des panaches chauds va étendre son domaine d'influence grâce au travail de Jason Morgan, père de la tectonique des plaques. Morgan fait naître les panaches chauds non pas juste sous la plaque, mais dans le manteau profond ou même à l'interface noyau-manteau. Il remarque en outre, que la position relative des panaches chauds sur le globe n'a pas varié au cours des 50 derniers millions d'années. Il propose donc que ces panaches chauds constituent une trame de référence fixe, comme une série de tiges rigides fixées les unes par rapport aux autres et traversant le manteau. Ainsi, d'après Morgan, on peut désormais décrire les mouvements des plaques non plus de manière relative, les unes par rapport aux autres, mais de manière absolue par rapport à ce repère mantellique fixe. Le relativisme de la tectonique des plaques disparaît pour faire place à une cinématique. Morgan propose donc un schéma global dans lequel on peut décrire les mouvements des plaques de manière absolue : la plaque de NAZCA se déplace plus vite

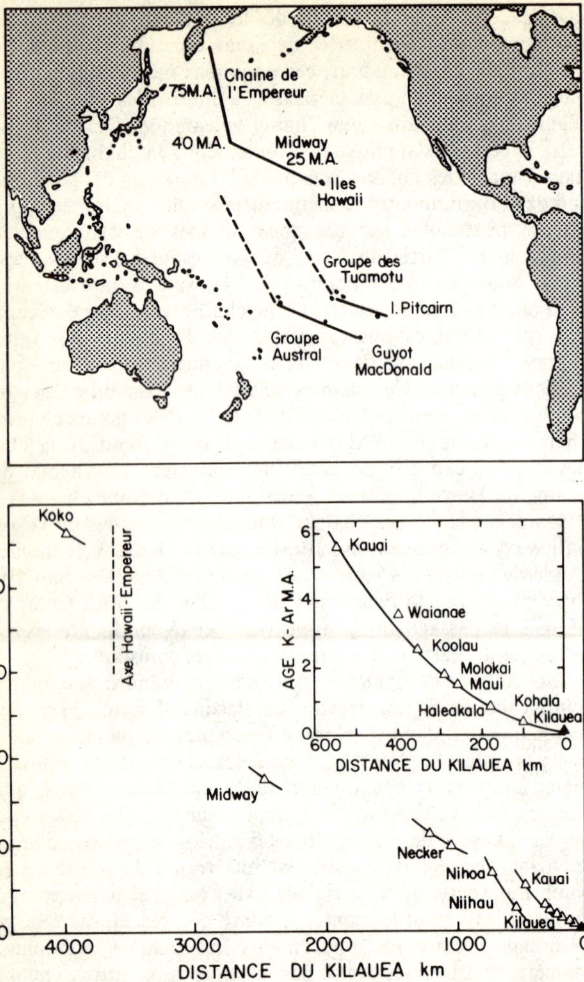

FIG. 91. – Ce schéma montre les alignements des îles du Pacifique suivant trois traces principales. Le chaîne d'Hawaii, le groupe des Tuamotu, le groupe austral. On note que dans les trois cas existe une « brisure » qui découpe chaque groupe en deux séries de segments de droites parallèles.

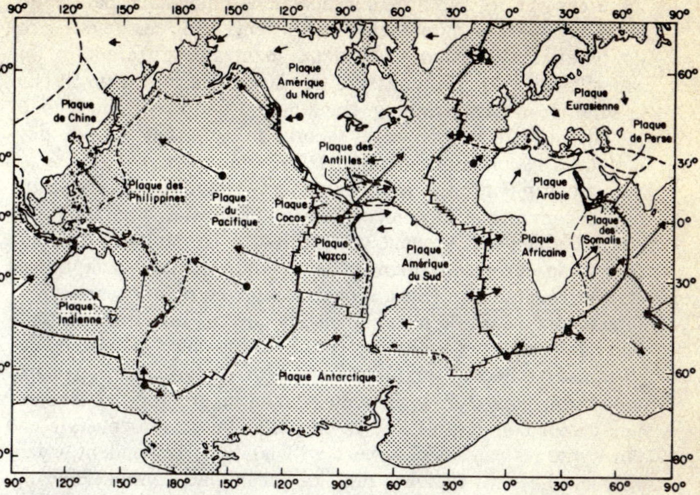

FIG. 92. – Cette carte établie par Jason Morgan décrit le mouvement des plaques *de manière absolue* par rapport au repère fixe que constitue la trame des *hot spots*. Chaque flèche a une longueur proportionnelle à la vitesse absolue de la plaque.

que la plaque Afrique ou Indienne, la plaque Asie est quasi fixe, etc.

Mais, en même temps, Morgan suggère que ces courants ascendants, venant du manteau profond et dont la position semble fixe au cours des temps, sont des moteurs pour la convection mantellique, et donc les moteurs de la tectonique des plaques. Les courants s'injecteraient sous les continents, provoquant à terme leur « scissiparité ». La dorsale ainsi constituée serait maintenue ou tout au moins guidée par des injections périodiques venant du manteau profond, les chaînes volcaniques n'étant ainsi que les stigmates de ce phénomène grandiose, d'origine profonde, qui guiderait l'ensemble de la géodynamique terrestre. Dans notre expérience de la casserole d'eau, nous serions dans le cas où des jets violents, venant du fond, atteignent brutalement la surface.

A l'appui de son argumentation, Jason Morgan souligne la différence fondamentale qui existe entre la composition chimique et isotopique des basaltes des îles océaniques et celles mesurées sur les basaltes des dorsales, témoignant par là de domaines-sources chimiquement différents pour ces deux types de basaltes. L'existence de deux manteaux différents, l'un superficiel, l'autre profond, sera très largement mise à profit par la suite. Jean-Guy Schilling, travaillant à l'université de Rhode Island, va faire progresser la théorie en explorant à l'aide des méthodes géochimiques, les dorsales océaniques.

Cartographiant ainsi la dorsale Nord-Atlantique, J. G. Schilling découvre que la composition chimique des basaltes varie considérablement. Prenant comme indice les rapports de concentration entre deux éléments chimiques comme la lanthane (La) et le samarium (Sm), il constate que ce rapport varie d'un facteur dix. Mais, de plus, il constate que ces variations ne sont pas quelconques. Le rapport (La/Sm) est élevé au niveau de l'Islande, il décroît régulièrement vers le sud, passe par un minimum, puis croît à nouveau pour atteindre vers les Açores une valeur comparable aux valeurs islandaises. On constate en outre que les valeurs observées en Islande correspondent à des valeurs (La/Sm) typiques des îles océaniques comme Hawaii, alors que les valeurs du minimum, mesurées sur la dorsale au niveau du 35° nord, sont celles des dorsales océaniques éloignées de toute île. Schilling fait donc l'hypothèse que l'Islande et la dorsale au niveau des Açores correspondent à deux panaches injectés (ou piégés) au niveau de la dorsale. Les variations observées correspondent au mélange entre une source de type panache et une source océanique normale. Ces travaux tendent donc à étayer fortement les idées de Morgan selon lesquelles les panaches alimentant les dorsales sont les moteurs, ou tout au moins constituent l'un des moteurs de la tectonique des plaques.

A partir de ces travaux, une activité scientifique touffue, éparse et de niveau très variable, va se développer autour de l'idée de panaches chauds. Certains sismologues vont déclarer avoir détecté des anomalies dans la vitesse de propagation des ondes sismiques sous les îles Hawaii. Ils seront très vite contredits. Certains géologues chercheront à montrer que ces points chauds provoquent une tectonique intraplaque. L'existence d'une intumescence peut en effet susciter un bombement générateur d'une tectonique d'extension. Cette idée semble avoir quelque valeur aux îles Hawaii, où le volcanisme paraît contrôlé par des failles, mais, au total, il faut bien dire que les démonstrations ne paraissent pas définitives. Les *hot spots* étant devenus la théorie à la mode, on les utilise pour tout expliquer; ils sont considérés comme moteurs de la tectonique des plaques, sources du magmatisme basique ou acide, créateurs de la tectonique intraplaque; il n'est pas jusqu'à la distribution des gisements minéraux qui ne soit mise en rapport avec ces panaches!

Ces idées sont toutes intéressantes et peut-être même exactes, mais elles sont souvent présentées comme des affirmations dogmatiques assorties de démonstrations douteuses. Ces attitudes vont provoquer chez certains des réflexes antipanaches, guère plus raisonnés que les excès contraires! Là encore, la méthode scientifique ou plutôt les modes d'argumentation ne sont pas étrangers aux types de réactions qu'ils suscitent. Les scientifiques attachent souvent plus d'importance au mode de démonstration qu'au phénomène lui-même.

Classification des grandes structures du globe

Quelle que soit sa validité, cette théorie, telle qu'elle a été développée par Jason Morgan, introduit divers concepts de base extrêmement généraux.

Tout d'abord elle souligne que des phénomènes géologiques importants se produisent à l'intérieur même des plaques. Avec les travaux de Molnar et Tapponnier qui soulignent l'existence d'une tectonique intraplaque, ceux de Morgan sur les *hot spots* insistent sur la réalité d'un magmatisme, d'un transfert manteau-surface, intraplaque.

Il y a donc trois types de volcanisme : le volcanisme des dorsales, le volcanisme des zones de subduction, le volcanisme intraplaque.

En systématisant ce genre de classification aux autres phénomènes géologiques, il est possible de définir l'ensemble de l'activité géologique du globe en utilisant un tableau à double entrée. D'un côté la division océan-continent négligée par la tectonique des plaques et que nous avons vu être tout à fait fondamentale. De l'autre, la division frontière de plaque-intérieur des plaques dont nous venons de souligner l'importance. En somme, la tectonique des plaques n'apparaît plus comme un *dogme* (dont les postulats auraient été violés) mais comme un cadre autour duquel on peut définir une série de situations type. A la logique implacable de l'orthodoxie plaquiste se substitue la variété née d'un grand nombre de combinaisons de situations types à géométries multiples. L'ensemble des plaques est un référentiel mobile de la géodynamique.

	OCÉAN	TRANSITION OCÉAN CONTINENT	CONTINENTS
DORSALES	DORSALES OCÉANIQUES	DORSALES SECONDAIRES BASSIN INTERARC	RIFTS DORSALE NAISSANTE
SUBDUCTION	SUBDUCTION OCÉAN-OCÉAN	ARCS INSULAIRES SUBDUCTION OCÉAN-CONTINENT COLLISION OCÉAN-CONTINENT	COLLISION CONTINENT-CONTINENT
FAILLES TRANSFORMANTES	TRANSFORMANTES INTRA-OCÉANIQUES	PARFOIS MARGES INACTIVES	TRANSFORMANTES INTRACONTINENTALES ET PALÉOSUTURES
INTRA-PLAQUES	POINTS CHAUDS CHAÎNES VOLCANIQUES ARCHIPELS VOLCANIQUES	MARGES INACTIVES	POINTS CHAUDS CHAÎNES VOLCANIQUES TECTONIQUE INTRACONTINENTALE

Le second apport qui dépasse la simple théorie des points chauds est l'idée que la cause de la mécanique plaquiste est à rechercher dans le manteau. Dans cette vision la tectonique des plaques n'est qu'une manifestation de surface, le moteur est interne. Comme nous allons le voir cette hypothèse ne rencontre pas que des adeptes!

Les plaques sont-elles poussées, tirées, entraînées?

L'orthodoxie plaquiste propose de croire que la solution à la grande question des mécanismes se trouve dans l'observation des mouvements des plaques elles-mêmes. On peut ainsi poser le problème en termes de logique des plaques, et distinguer trois mécanismes possibles : ou bien le moteur est aux dorsales, et celles-ci écartent les plaques; ou bien il est au niveau de la plaque entière, et cette dernière est entraînée par des mouvements du manteau, en particulier de l'asthénosphère; ou bien c'est l'enfoncement des plaques dans les zones de subduction qui tire les plaques, provoque leur écartement, etc. L'idée générale est qu'en observant soigneusement les caractéristiques des plaques et de leurs frontières, il va être possible de résoudre ce problème. On étudie donc les relations pouvant exister entre les caractéristiques cinématiques et les caractéristiques métriques essentielles des plaques : relation entre vitesse d'expansion (absolue ou relative) d'une part, angle ou longueur des plans de Benioff-Wadati, rapport des longueurs de subduction et des dorsales, surface des plaques, etc., d'autre part.

On va chercher, à l'aide des mécanismes aux foyers des séismes, à décrire les répartitions des contraintes à l'intérieur des plaques. Si les plaques sont poussées par les dorsales, nous aurons des mécanismes aux foyers de compression dans les plaques, particulièrement près des dorsales; si les plaques sont tirées par la subduction, les séismes seront de type d'extension; si la plaque est entraînée par la convection du manteau, les mécanismes des séismes seront alternés. L'idée que les plaques sont tirées au niveau des zones de subduction par l'enfoncement gravitationnel dans le manteau va marquer des points, grâce à l'étude des mécanismes aux foyers des séismes réalisée par Sykes. Ce dernier montre que, sauf dans le voisinage immédiat des dorsales, les séismes intraplaques sont tous d'extension, jusques et y compris vers 200 kilomètres de profondeur dans les zones de subduction. Tout se passe comme si quelque chose « tirait » la plaque et la soumettait à une extension. D'autres auteurs, et en particulier Forsyth et Uyeda, montrent que la vitesse d'expansion et la longueur des zones de subduction sont corrélées. De là à l'idée que la zone de subduction est responsable de l'expansion, il n'y a qu'un pas. Les deux arguments vont dans le même sens.

En fait, Louis Liboutry, glaciologue grenoblois, fut sans doute l'un des premiers à entrevoir le rôle fondamental de la gravité dans le mouvement des plaques, et à donner une analyse physique correcte de ce mouvement. Il a, en particulier, montré que, pour les phénomènes de convection où l'ensemble du fluide est en mouvement, il était dangereux d'isoler telle ou telle part du système et de lui attribuer le rôle de moteur, mais que ces raisonnements devraient être faits à l'échelle du système tout entier. Dans ce cadre, il a pu montrer que la gravité jouait un rôle moteur en plusieurs endroits du cycle : dorsales, zones de subduction, mouvement de retour dans le manteau. Voir dans le mouvement des plaques le moteur même de l'ensemble à l'échelle de la Terre revient à estimer que les phénomènes de surface sont essentiels. Le moteur résiderait dans la rigidité des plaques et leur densité, qui causeraient leur enfoncement dans le manteau. Comme le propose Peter Molnar, du MIT, il faudrait attendre que la plaque soit assez froide, et donc assez dense, pour la voir s'enfoncer sous son propre poids et créer une nouvelle zone de subduction. L'extension ainsi créée provoquerait une montée du manteau dans la zone de dorsale. Cette ascension, suivie d'une fusion, donnerait naissance à une nouvelle période d'expansion, etc.

Cette école de pensée, qui attache tant d'importance au rôle propre des plaques, ne nie pas pour autant le rôle du manteau dans le phénomène global, mais, pour l'essentiel, le manteau fournit ici l'énergie thermique et, à partir de là, un cycle convectif superficiel s'établit dans lequel le rôle de la subduction est fondamental.

La mécanique du « fluide mantellique »

Bien qu'il s'agisse parfois des mêmes hommes, il faut distinguer nettement les deux démarches précédentes de celle, beaucoup plus théorique, qui a pour support la mécanique des fluides convectifs. L'approche du problème est ici placée dans un cadre de physique fondamentale. Le manteau est un système convectif. Quelle énergie y est consommée? où sont les sources d'énergie? quelles sont les propriétés physiques du « fluide » concerné? et, à partir de là, peut-on déduire les caractères principaux de la convection?

Les paramètres physiques fondamentaux à déterminer pour

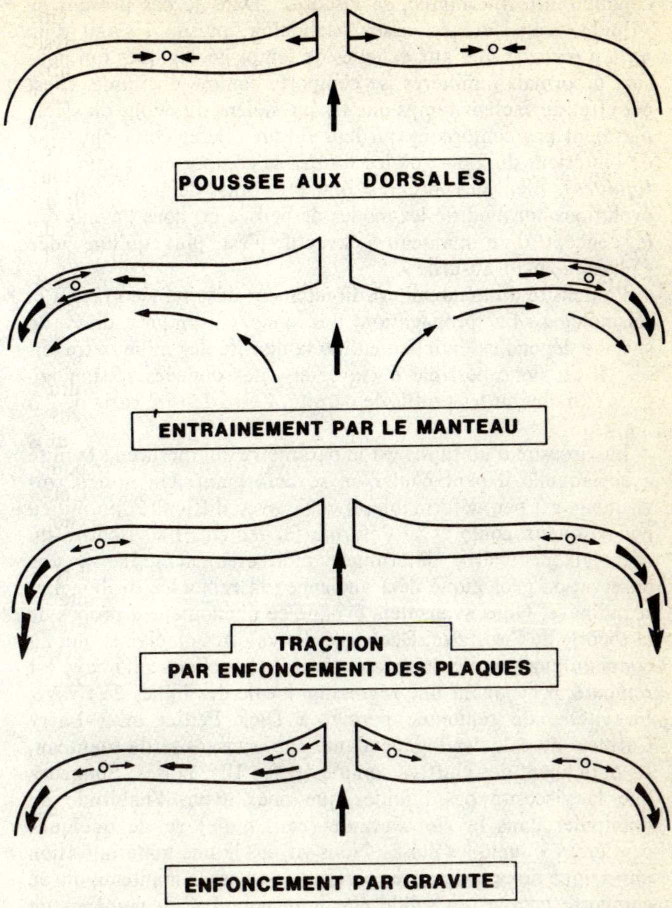

FIG. 93. – Cette série de schémas illustre les différentes hypothèses développées pour les mouvements des plaques à partir de forces uniquement localisées vers la surface. Pour en souligner les différences nous avons fait figurer les mécanismes au foyer des séismes (→O← compression ←O→ extension) et les flèches représentent les principales forces mises en jeu dans chaque cas.

calculer le régime de convection d'un fluide sont sa densité, sa conductibilité thermique, sa viscosité. Dans le cas présent, le « fluide » considéré est assez particulier, puisqu'il s'agit d'un *milieu rocheux* qui, aux échelles de temps géologiques qui nous sont désormais familières, se comporte comme un fluide. C'est cet effet du facteur temps que les physiciens du début du siècle n'avaient pas compris et qui leur faisait rejeter cette physique de l'intérieur du globe, où les *solides* se comportent comme des *liquides!* Bien des progrès ont été faits depuis, bien des évolutions ont modifié les modes de pensée et, nous l'avons dit, le concept d'un manteau convectif n'est plus qu'une idée « physiquement absurde ».

La densité du manteau est directement déterminée grâce à la séismologie. La propagation des ondes sismiques dites de surface dépend essentiellement de la densité des milieux traversés. Il est donc possible d'« inverser » des données séismologiques et d'obtenir les profils de densité. Cette densité varie de 2 à 5 g/cm^3.

La viscosité d'un fluide est le paramètre qui mesure la facilité avec laquelle il peut couler en se déformant. Un milieu très visqueux est peu déformable, il coule avec difficulté; un milieu peu visqueux coule et se déforme facilement. La viscosité du manteau peut être déterminée indirectement grâce à une observation géologique déjà ancienne : la remontée du bouclier scandinave. Nous avons déjà évoqué ce phénomène à propos de la théorie de l'isostasie. Déchargé des calottes glaciaires qui, au cours du quaternaire, le recouvraient, le bouclier scandinave est remonté, provoquant une régression locale des lignes de rivage. La vitesse de remontée permet à Dick Peltier et à Larry Cathless de calculer indépendamment la viscosité du manteau. Ils obtiennent des chiffres comme $10^{21} - 10^{20}$ poises! Songeons que la viscosité des liquides que nous avons l'habitude de manipuler dans la vie courante (eau, huile) va de quelques centièmes à quelques poises. Nous voyons là une matérialisation numérique de ce milieu très particulier qu'est le manteau, qui se comporte comme un solide élastique pour les phénomènes de courte durée comme la propagation des ondes sismiques, mais comme un fluide visqueux pour les sollicitations lentes. Il était bien naturel de chercher à en savoir plus sur cette physique un peu inhabituelle!

Les volcans ramènent vers la surface des morceaux de roches arrachés aux parois des milieux qu'ils traversent. Le volcan fait donc office de forage naturel et nous permet d'avoir accès jusqu'à des profondeurs de 200 kilomètres. On trouve ces « xénolithes » dans beaucoup de volcans anciens et, en particulier, dans ces volcans très particuliers qui contiennent les gisements de diamant et que l'on appelle kimberlites, du nom de la ville de Kimberley, en Afrique du Sud. La présence du diamant, composé du carbone stable uniquement à haute

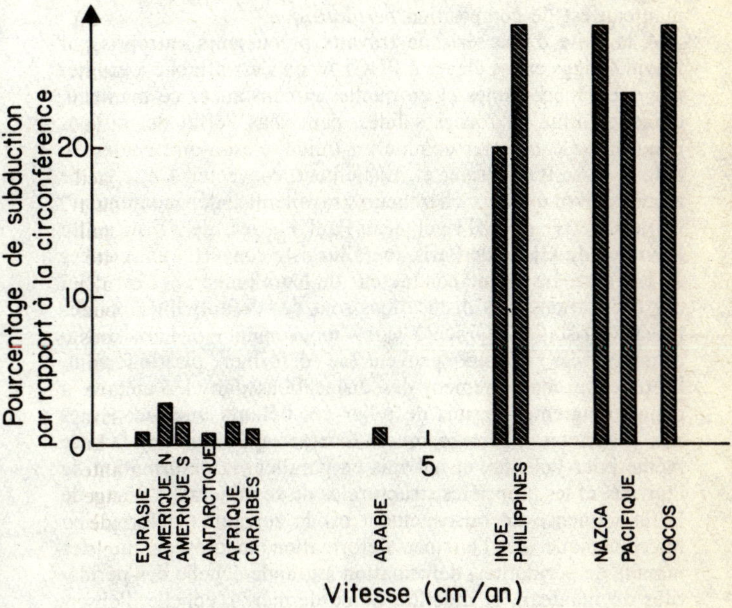

FIG. 94. – Ce graphique montre le pourcentage de circonférence de chaque plaque « occupée » par une zone de subduction en fonction de leur vitesse d'expansion. On notera la distribution en deux familles : celle qui a un faible pourcentage de subduction et qui a une vitesse faible, celle pour qui les zones de subduction sont importantes et qui sont aussi les plus rapides (d'après Forsyth et Uyeda).

pression, atteste pour ces roches une origine très profonde et une vitesse de montée extrêmement rapide. La moitié des xénolithes ramenées à la surface par ces volcanismes variés sont des péridotites. Ces roches sont composées en majorité du minéral olivine et des minéraux pyroxènes. Leur densité coïncide bien avec ce que la séismologie a mesuré dans le manteau (de 3,2 à 3,4), leur composition chimique ressemble beaucoup à celle des météorites primitives appelées chondrites ; la composition chimique détaillée des minéraux qui les constituent nous indique une genèse dans des conditions de hautes pressions. Nous savons aussi que la fusion partielle de telles roches donne naissance à des basaltes. Tout converge donc pour nous indiquer que le manteau est de composition *péridotitique.*

A la suite d'une série de travaux précurseurs entrepris par David Griggs et ses élèves à l'UCLA, on s'est attaché à étudier par quels mécanismes et en quelles circonstances ce manteau, quoique formé de roches solides, peut sous l'effet de millions d'années se comporter comme un fluide, c'est-à-dire couler, se déformer, se transformer et, finalement, convecter. Cette étude a été l'œuvre de deux chercheurs travaillant indépendamment : Chris Goetze, du MIT, et Jean-Paul Poirier, de l'Institut de Physique du Globe de Paris, métallurgiste converti aux sciences de la Terre. Le thème conducteur de leurs recherches est celui des dislocations. Les dislocations sont des défauts linéaires des réseaux cristallins. Grâce à leur « mouvement », à leurs déplacements, ces réseaux peuvent se déformer plastiquement. L'étude du comportement des dislocations dans les métaux a depuis longtemps permis de relier ces défauts microscopiques aux propriétés macroscopiques. Goetze et Poirier ont fait de même pour l'olivine, et ont mis en parallèle la déformation de l'olivine, et les propriétés structurales de ce minéral. A partir de là, la séquence de raisonnement est la suivante : déformation microscopique de l'olivine, déformation macroscopique des massifs de péridotites, déformation à grande échelle des péridotites du manteau, et mobilité de ce dernier. L'échelle d'observation intermédiaire, c'est-à-dire celle de la roche ou du massif rocheux, est importante : elle permet de préciser et de tester les raisonnements de transfert d'échelle. Prenant le relais des premières études faites par Dale Jackson à l'US Geological Survey, l'équipe d'Adolphe Nicolas, à l'université de Nantes, a joué un rôle fondamental à ce stade. Les études du massif de péridotites de Lanzo ont été un complément indispensable aux travaux de laboratoire, montrant que ce massif s'était déformé plastiquement par les mêmes mécanismes que ceux proposés par Goetze et Poirier. Ainsi, petit à petit, la viscosité du manteau apparaît comme moins mystérieuse. L'olivine se déforme, et cette déformation étudiée en laboratoire permet de remonter sinon à la viscosité macroscopique, tout au moins aux ordres de grandeur $10^{19} - 10^{20}$ poises.

Ainsi le manteau péridotitique apparaît-il dans son ambivalence fondamentale. Soumise à des sollicitations brèves, comme celles provoquées par un coup de marteau ou un séisme, la matière péridotitique réagit comme un solide élastique et, à la limite, cassant. Soumise pendant des millions d'années à des conditions de hautes températures et à des contraintes énormes, elle réagit comme un fluide et se déforme plastiquement.

On voit les caractéristiques fondamentales de cette *gigaphysique* de la Terre, où le temps se mesure en millions d'années, les températures en milliers de degrés, et les pressions en kilobars! Il n'est finalement pas étonnant que cette physique ait paru si étrange aux physiciens du début du siècle...

Préalable indispensable à toute étude de convection, la détermination des caratéristiques du fluide va permettre d'aborder le problème en physicien – c'est-à-dire par le calcul et l'expérience.

La convection mantellique

Grâce aux travaux des physiciens du début du XXe siècle, et notamment de lord Rayleigh et d'Osborne Reynolds, on sait que les caractéristiques d'un système convectif, comme la géométrie des cellules, la vitesse des courants de matière, la stabilité des structures, sont déterminées par un petit nombre de grandeurs caractéristiques qui sont obtenues par combinaison des paramètres physiques fondamentaux. Ainsi, on définit un nombre de Rayleigh qui est le rapport entre les forces qui provoquent les mouvements de matière et celles qui s'y opposent. Ce nombre de Rayleigh dépend de la dimension du système (au cube), des conditions thermiques aux frontières du système, de la densité, de la conductibilité thermique et de la viscosité du fluide. Mais la propriété fondamentale de ce nombre de Rayleigh est la suivante : pour des dimensions de densité et de viscosité totalement différentes, deux systèmes ayant un même nombre de Rayleigh se comportent de manière identique (même structure, même rapport vitesse/longueur). On voit là aussitôt l'intérêt pour le géophysicien : reproduire en laboratoire la convection mantellique en miniaturisant tout, et d'abord le temps! Ce fameux temps géologique mesuré en millions d'années et que l'on voudrait reproduire en quelques mois...

Il va nous falloir abandonner notre rustique expérience de la casserole d'eau pour chercher à réaliser des conditions plus proches d'une bonne simulation. Pour cela, on construira des boîtes de quelques décimètres de long, faites en matériau transparent pour que l'on puisse observer l'intérieur. Dans ces cellules on introduit un liquide de viscosité faible. Ce fluide est en général de l'huile ou de la glycérine. La dimension des cellules est calculée de manière à miniaturiser simultanément les dimensions du manteau et les durées des phénomènes qui s'y déroulent. Pour mettre en marche la convection, on introduira des différences de température entre le haut et le bas de la boîte, le bas devant être le plus chaud. En faisant varier la différence de température, les dimensions de la boîte, la nature du fluide, on réalisera des variations dont on cherchera à observer les conséquences sur la forme de mobilité du fluide. Ces expériences sont forcément indicatives, car il est difficile de les rendre parfaitement homologues ou, comme l'on dit en langage du métier, de respecter les conditions de similitude, ou encore les conditions géométriques de symétrie sphérique, mais ces essais ne nous en donnent pas moins de précieuses indications.

Nous avons là une illustration du rôle de l'expérimentation en sciences de la Terre. On ne peut jamais reproduire les conditions géologiques en laboratoire, ne serait-ce que parce que les phénomènes géologiques se font à des échelles de temps et d'espace gigantesques. De ce fait, les sciences géologiques ne sont pas des sciences expérimentales, mais des sciences d'observation. L'expérimentation ne peut être qu'un guide grossier pour la théorie ou l'observation. Nos petites cellules de quelques décimètres de long ne sont pas le manteau, ni même une vision approchée de celui-ci, mais elles permettent d'étudier quelques phénomènes fondamentaux. Ainsi, on a pu montrer que lorsque le nombre de Rayleigh augmente, la structure de la convection se modifie. Lorsque ce nombre est au-dessous de 3 000,

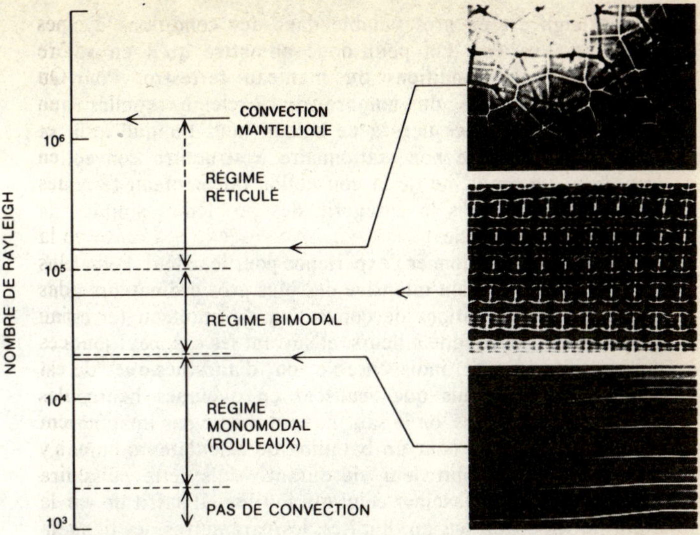

FIG. 95. – Ce schéma emprunté à un article de Dan McKenzie et Franck Richter montre comment (lorsque le nombre de Rayleigh augmente) la structure de la convection ici représentée par les structures de surface varie. Les photographies résultent d'expériences de laboratoire. Les parties foncées correspondent aux courants descendants, les parties claires aux courants ascendants. On voit qu'avec une augmentation du nombre de Rayleigh, on passe d'un régime de rouleaux parallèles, à un régime de doubles rouleaux puis à un régime « réticulé » complexe. Les deux premiers régimes sont stationnaires, c'est-à-dire que les figures géométriques ne varient pas avec le temps. Le dernier régime est « turbulent » et varie continuellement avec le temps (d'après McKenzie et Richter).

il n'y a pas de convection. De 3 000 à 30 000, la convection se fait grâce à des courants montants et descendants, de forme allongée, ressemblant à des rouleaux. Au-dessus de 30 000, les mouvements du fluide deviennent complexes et s'organisent autour d'une double série de rouleaux perpendiculaires. On parle alors de structure bimodale. Lorsque le nombre de Rayleigh dépasse 200 000, la structure devient extrêmement complexe, car à la grande circulation se superpose une série de cellules de petites dimensions. De plus, le régime varie continuellement avec le temps et la convection n'est pas stable. Cette séquence d'événements obtenue en augmentant le nombre de Rayleigh est en gros valable dans des conditions d'expérience très variées. On peut donc admettre qu'il en va de même pour les conditions du manteau terrestre. Pour ce dernier, l'estimation du nombre de Rayleigh, quelles que soient les incertitudes liées à ce calcul, nous indique qu'il se trouve dans la zone non stationnaire à structure convective complexe. Le problème de la convection du manteau terrestre ne se situe pas dans la catégorie des problèmes simples de mécaniques des fluides!

Il faut donc abandonner l'expérience pour le calcul. Le calcul, ici, signifie l'utilisation intensive des plus gros ordinateurs pour reproduire les conditions de convection du manteau terrestre. L'ordinateur, ici comme ailleurs, et suivant les cas, peut jouer le double rôle d'outil indispensable ou d'anesthésique de la réflexion. Les calculs que réalisent en quelques heures les ordinateurs modernes, on le sait, ne sont même pas imaginables « à la main », fût-ce pour un bataillon de calculateurs humains travaillant jour et nuit, leur vie durant. Mais cette puissance conduit aisément à fasciner celui qui l'utilise. Il suffit de varier à l'infini les conditions aux limites, les paramètres, les données de base, pour obtenir, à l'aide d'un seul programme, des milliers de chiffres, de nombres, de cartes. Noyé parmi les résultats, l'utilisateur perd le contrôle intuitif du phénomène physique et s'éloigne petit à petit du réel, des problèmes posés, et donc des réponses. L'illusion de la rigueur née de l'abondance des chiffres ou des courbes n'incite pas le théoricien à l'indispensable recul critique. L'ordinateur fournit au théoricien *sa* machine, machine comparable à celles qu'utilisent les expérimentateurs, par sa complexité, son prix, sa technicité, qui demande savoir et application, mais qui donne trop vite bonne conscience à son utilisateur. Ces déviations ont parfois conduit à des études multiples dont on peut dire qu'elles n'ont pas contribué à clarifier les problèmes.

Pourtant, certains vont résister à ces abus et vont domestiquer à leur profit cette formidable puissance scientifique. Ainsi, s'est peu à peu dégagée une utilisation de l'ordinateur que l'on peut qualifier d'expérimentation numérique. Cette méthode consiste à établir des lois phénoménologiques en simulant sur ordinateur des expériences difficiles à réaliser en laboratoire dans la mesure où, par exemple, elles mettent en jeu des dimensions et des durées considérables. Dans le domaine de la convection mantellique, ces expériences vont être les prolongements naturels des expériences sur modèles réduits, et vont permettre de faire progresser grandement le problème.

Passons donc sur la technicité pour en venir à l'essentiel. Nous allons partir d'une solution assez « populaire » aujourd'hui, qui est celle qu'ont développée Frank Richter, de l'université de Chicago, et Dan McKenzie, que nous retrouvons une nouvelle fois aux sources de travaux importants. Le manteau terrestre comprend deux couches, le manteau supérieur et le manteau inférieur. Le manteau supérieur est seul à jouer un rôle dans le mouvement des plaques. Il est animé de mouvements de convection complexes dont le caractère essentiel est de présenter deux échelles dans les mouvements de convection. Une première échelle de convection, dont les dimensions typiques sont de 5 à 10 000 kilomètres, est celle dont l'apparence est matérialisée par le mouvement des plaques. La seconde échelle de convection est plus petite, formant des cellules de 800 kilomètres de long et 700 kilomètres d'épaisseur. Les grandes cellules ne sont que la résultante de toutes ces petites cellules, un peu comme un tapis roulant n'est que le résultat des rouleaux qui sont situés sous lui et le font avancer. A l'intersection de ces cellules, il existe des cas où toutes les frontières sont ascendantes. Cette convergence produit alors de véritables cheminées qui pompent la surface du manteau inférieur et créent ainsi les panaches générateurs des îles volcaniques. Les petites cellules sont très inférieures à la dimension des plaques, on peut donc concevoir l'existence d'un volcanisme intraplaque. Ces petites cellules sont naturellement polarisées par les dorsales majeures, d'où l'existence de panaches près des dorsales.

Mais pourquoi inventer un mécanisme aussi complexe? Pourquoi ne pas se contenter d'une seule série de grandes cellules utilisant l'épaisseur entière du manteau, émergeant au niveau des dorsales, plongeant au niveau des zones de subduction? Tout d'abord pour des raisons de mécanique des fluides : de telles cellules auraient des formes extrêmement allongées, 10 000 kilomètres de long pour 3 000 kilomètres de profondeur pour le Pacifique, ce qui est inhabituel en convection, où longueur et épaisseur des cellules tendent toujours à être égales. Mais, plus encore, parce que dans la domaine des nombres de Rayleigh correspondant au manteau terrestre, l'organisation à plusieurs échelles est la règle. Il n'existe pas de tremblements de terre au-delà de 700 kilomètres de profondeur, et les tremblements de terre profonds se trouvent tous dans les zones de subduction. De

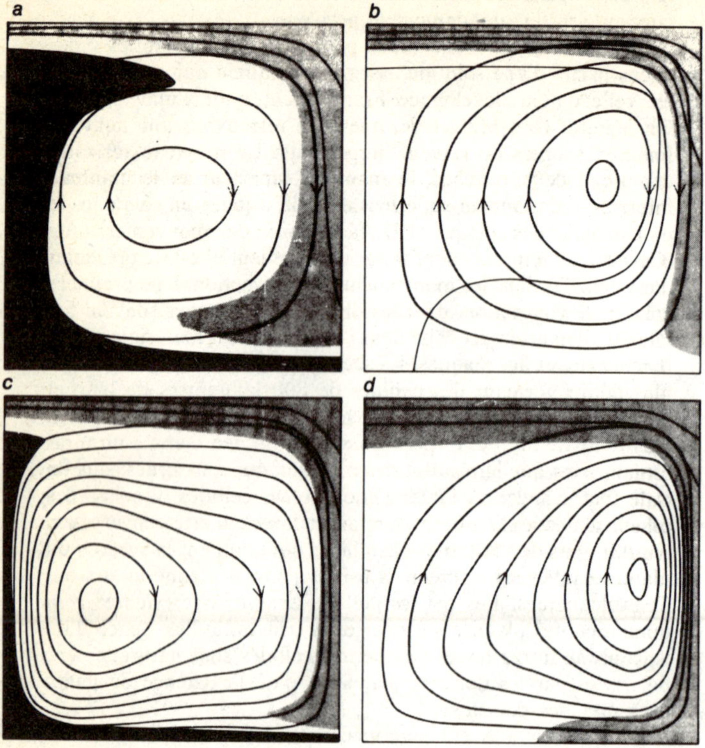

FIG. 96. – Les simulations numériques sur ordinateur permettent d'étudier l'influence de certains paramètres (mode d'échauffement, viscosité du fluide) sur les déplacements du fluide dans les cellules de convection (ici en coupe verticale). Lorsque la viscosité est constante et que le fluide est chauffé par-dessous (a), les zones ascendantes et descendantes sont quasi symétriques. Si le fluide est chauffé intérieurement (b), on observe une forte dissymétrie : mouvements ascendants très amples, courant descendant froid très localisé. Les résultats diffèrent avec des fluides dont la viscosité diminue quand la température augmente. Dans le cas d'un échauffement par-dessous (c), l'influence des variations de viscosité est très nette : la zone ascendante chaude devient beaucoup plus étroite que la zone descendante froide, cette influence est beaucoup moins sensible dans le cas d'un échauffement interne (d) (d'après D. McKenzie et F. Richter).

là l'idée que la plaque fragile (parce que froide) ne pénètre pas au-delà de 700 kilomètres, parce qu'elle atteint alors la barrière qui sépare le manteau supérieur du manteau inférieur. Les mécanismes aux foyers des séismes indiquent une compression et appuient donc cette idée. L'étude du flux de chaleur intraplaque montre que le flux est plus élevé que ne le prédit le modèle de refroidissement à partir des dorsales. D'où l'idée d'ajouter au flux résiduel venant des dorsales un flux supplémentaire venant des rouleaux convectifs secondaires.

Il convient, bien sûr, d'ajouter les expériences numériques. Celles-ci conduisent Richter et McKenzie à mettre en évidence l'existence de ces deux échelles de convection. Pourtant, tous les géophysiciens ne sont pas convaincus. Don Turcotte, de Cornell, Gerry Schubert, de l'université de Californie à Los Angeles, Dick Peletier à Toronto, Rick O'Connel à Harvard, continuent de défendre l'image de la convection globale. Pour cela, ils font appel à des mécanismes annexes dont le plus simple est l'effet de viscosité variable avec la profondeur. Ils tentent d'utiliser des arguments sismologiques ou gravimétriques, mais, jusque-là, sans grand succès, et il faut bien dire que leur argumentation phénoménologique est assez réduite. Néanmoins, nous en avons vu des exemples : la vérité se moque parfois de l'argumentation de ses chercheurs! Soyons donc prudents.

Pourtant deux séries d'études tendent aujourd'hui à confirmer le modèle de convection à deux couches : les études de géodésie spatiale et celles de géochimie isotopique.

Chimie isotopique et structure du manteau

Revenons à l'aspect chimique de l'extraction continentale. Les continents étant très enrichis en éléments uranium et rubidium par rapport au manteau, l'extraction de matière continentale va appauvrir le manteau en ces éléments. Un tel appauvrissement se traduit dans les rapports isotopiques du strontium et du plomb de manière symétrique à l'enrichissement qui se reflète dans la structure isotopique des continents. Grâce à cet effet, nous allons pouvoir expliquer un fait d'apparence technique mais qui n'en est pas moins fondamental.

Les basaltes des *dorsales* océaniques ont des rapports isotopiques de strontium différents de ceux des basaltes issus des *îles* océaniques. Cette différence est minime mais significative. De

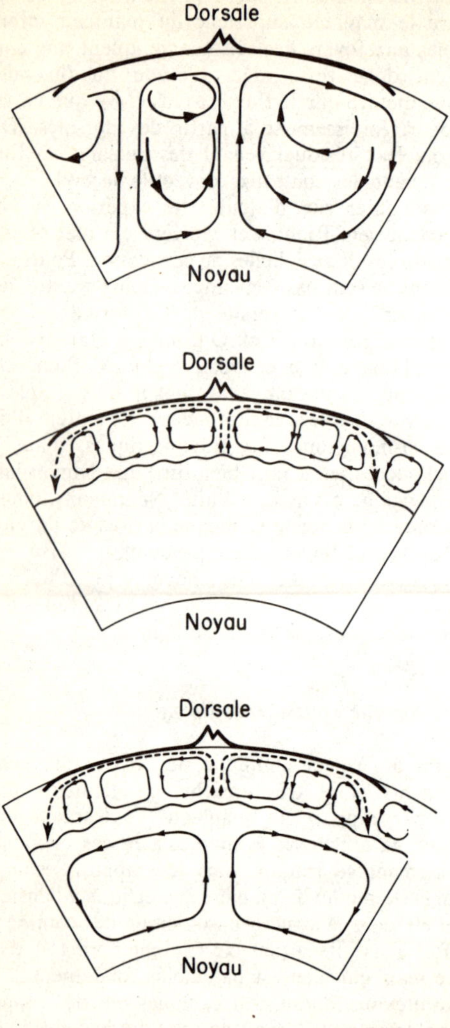
Dorsale
Noyau
Dorsale
Noyau
Dorsale
Noyau

là l'idée que les basaltes des rides océaniques proviennent d'un réservoir différent des basaltes des îles océaniques. Mettant en rapport ce résultat avec l'hypothèse des panaches de Tuzo Wilson et de Jason Morgan, divers chercheurs en ont conclu que les basaltes des dorsales proviennent du manteau supérieur, portion du manteau très liée aux mouvements des plaques, alors que les basaltes des îles proviennent du manteau inférieur.

Les considérations quantitatives sur la composition isotopique du strontium permettent d'aller plus loin. La vitesse de désintégration du rubidium 87 étant de l'ordre de grandeur du milliard d'année pour produire les différences observées dans les compositions isotopiques, il faut admettre que les deux réservoirs sont restés séparés pendant des temps très longs (de l'ordre du milliard d'années).

Le manteau, source des dorsales, étant le plus pauvre en strontium 87 (donc en rubidium 87), c'est donc à ses dépens que s'est formée la croûte continentale enrichie en rubidium. Cette hypothèse est confirmée par la mesure des compositions isotopiques des autres éléments comme le néodyme et le plomb.

Passant alors à une estimation quantitative, nous avons pu montrer d'une manière presque indiscutée que le manteau qui avait subi l'extraction de la croûte continentale ne représentait que un tiers en volume du manteau total. Or, un tiers du manteau correspond à une couche supérieure de 700 kilomètres d'épaisseur, là où précisément a lieu la transition de phase spinelle oxide et où s'évanouissent les tremblements de terre. Il y a là plus qu'une coïncidence.

On arrive donc à l'idée que le manteau contiendrait au moins deux couches. Une couche supérieure épaisse de 700 kilomètres, source des basaltes des dorsales, et une source inférieure qui contribuerait au moins partiellement aux basaltes des îles,

FIG. 97. – Voilà trois modèles de convection mantellique schématisant les positions extrêmes.
Dans le modèle (A) les mouvements convectifs atteignent tout le manteau, les dorsales représentent bien les courants ascendants, les zones de subduction les courants descendants. Dans le modèle (B) dit de McKenzie-Richter, seul le manteau supérieur est actif. Il est animé de mouvements à petite échelle dont la somme finit par provoquer le mouvement des plaques. Le manteau inférieur est immobile. Dans le modèle (C) les deux manteaux sont mobiles et le manteau inférieur joue un rôle dans les mouvements du manteau supérieur.

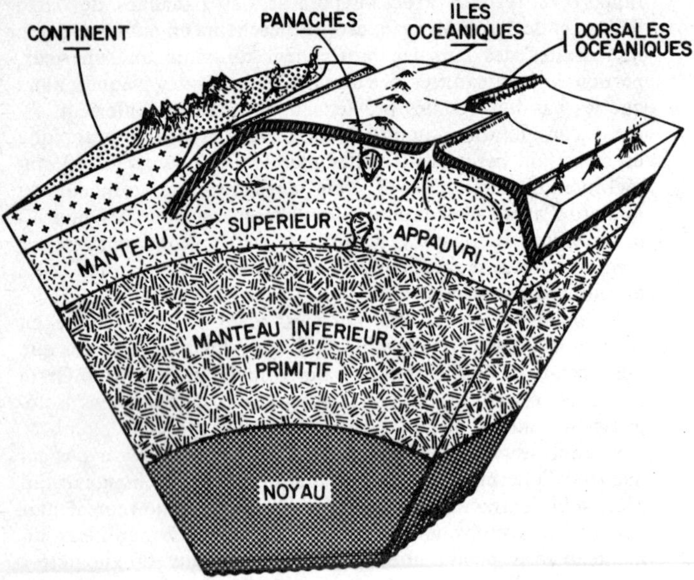

FIG. 98. – Cette coupe de la Terre jusqu'au noyau est destinée à montrer comment on peut concevoir les relations qui existent entre les réservoirs profonds tant en ce qui concerne les transferts de chaleur que de matière. Du même coup ce shéma représente la structure chimique du manteau.

autrement dit aux basaltes parvenant des points chauds. On parvient aussi a concilier les idées de Richter et McKenzie sur la convection avec celles de Morgan sur les panaches sans que ni l'une ni l'autre n'aient à être prises dans leur intégralité. Aussi, très récemment nous avons pu montrer que si des panaches s'injectaient bien dans les dorsales comme l'avait proposé Morgan et démontré géochimiquement Schilling, cette injection n'était pas le moteur de la tectonique des plaques, puisque la quantité de panache injectée est indépendante du taux d'expansion de la dorsale considérée.

La géodésie spatiale

La géodésie spatiale consiste à mesurer à l'aide d'un satellite l'altitude de la surface de la mer. Or, contrairement à ce que l'on pourrait croire, puisque cette surface constitue le référentiel de tout relief terrestre, la surface de la mer varie et de plusieurs dizaines de mètres. Pourquoi? cet effet est une conséquence des lois de la gravitation et du fait que le champ de gravité terrestre n'est pas uniforme en tout lieu. L'eau de mer est attirée vers les régions où il y a un excès de gravité. Par différence il y a un creux à la surface de la mer au-dessus des zones à déficit de gravité.

Lorsqu'un courant monte de l'intérieur de la Terre vers la surface, il fait une petite bosse vers la surface. Le matériau qui monte est chaud, donc plus léger que celui qui l'entoure. On pourrait donc penser que la montée de matériaux chauds se traduit par un déficit de gravité. Mais en fait c'est l'inverse car cette différence de densité créée par la différence de température n'est pas suffisante pour compenser l'excès de masse créée par la bosse. Un courant ascendant correspond donc à une anomalie positive de gravité, donc à un appel d'eau donc à une bosse de la surface de la mer.

Pour les courants de convection descendants le raisonnement est naturellement inverse. Ils se traduisent donc par des creux à la surface de la mer. La forme de la surface de la mer reflète donc à la fois la circulation mantellique et la morphologie, mais comme cette dernière est dans les océans un reflet de la tectonique des plaques donc de la circulation mantellique les deux effets se renforcent.

Ainsi les volcans sous-marins constituent des excès de masse, le niveau de la mer y est donc plus élevé, à l'inverse les fosses sont à l'évidence des déficits de matière donc de masse et l'eau y est moins attirée qu'ailleurs, elles correspondent donc à des creux. En première approche, la surface de la mer est mimique de la surface du fond.

La carte de la surface de la mer (moyennée pour lui enlever l'effet très local des vagues) est donc le reflet de la circulation dans le manteau. Il suffit donc de savoir lire de telles cartes, de déchiffrer le code. Pour cela, on étudie cette carte par approximations successives. D'abord, en ne regardant que les grandes variations, celles dont l'extension est de 20 000 kilomètres ou plus, puis celles dont l'extension est de 10 000 à 20 000 kilomètres, etc.

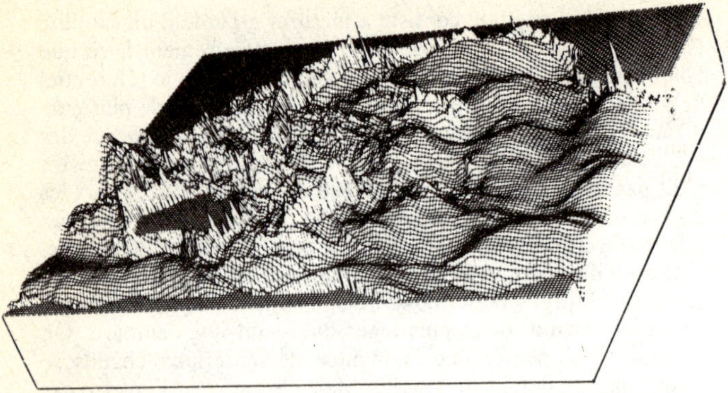

FIG. 99. – Vue de la surface de la mer (géoide) déterminée à l'aide des mesures par satellites. La région prise comme exemple est celle de l'océan Pacifique. Les hauteurs sont exagérées d'un facteur de 10^6 fois par rapport aux longueurs.

Cette série d'examens successifs qui s'apparente à l'utilisation d'un zoom en photographie permet de constater plusieurs points fondamentaux. L'image observée peut se ramener à la superposition non pas d'une série d'images mais de deux images seulement. Une *image de grande longueur d'onde* et une *image de courte longueur d'onde*. Les simulations numériques montrent que c'est exactement ce que l'on obtient si l'on a deux couches convectant indépendamment, séparées par une frontière à 700 kilomètres. L'étude détaillée des courtes longueurs d'onde nous permet de retourver les rouleaux tels que les avaient prédits Richter et McKenzie. Mais par contre on montre que les points chauds se positionnent d'une manière très largement indépendante par rapport à cette circulation de surface contrairement à leurs prédictions.

La structure convective de la Terre nous paraît donc aujourd'hui bien établie. Savoir quels sont les mécanismes exacts qui guident le mouvement des plaques, connaître le bilan d'énergie du globe, bref, comprendre ce que l'on appelle la géodynamique terrestre sort du cadre de cet ouvrage. Il est clair que le mécanisme général est complexe, beaucoup plus complexe que celui qui a lieu dans une casserole d'eau et qu'avaient adapté à la Terre Turcotte et Oxburgh. La convection du manteau supérieur est essentielle mais les propriétés mécaniques des plaques jouent aussi un rôle incontestable, les continents ne sont pas, sans doute, aussi passifs qu'on l'a vu, bref, beaucoup d'éléments interviennent, ce qu'il faut retenir ici c'est que partis des manifestations de surface, nous nous sommes enfoncés dans les profondeurs. C'est là que l'on cherche aujourd'hui les clés de la dynamique terrestre.

Épilogue

Découvrir et convaincre, tel est l'indissociable diptyque du chercheur. Découvrir, résultat heureux du difficile dialogue entre l'homme et la nature : lorsqu'on interroge cette dernière, elle a trop souvent tendance à répondre « peut-être », remarque Einstein! Convaincre : c'est le but, l'ambition ultime de la communication avec cette entité fugace, multiple, vivace et corrosive qu'on appelle la communauté scientifique. Le chercheur est le produit de cette communauté scientifique, il est imprégné de ses préjugés, de ses dogmes, de ses méthodes. Pourtant, toute son imagination créatrice a pour but de modifier la pensée même de cette communauté; et ce n'est qu'après avoir convaincu l'invisible collège composé de l'ensemble de ses pairs que la découverte du chercheur sera intégrée au Savoir. L'exemple par lequel nous avons commencé ce livre nous a montré qu'il a fallu quatre tentatives, toutes bien structurées, bien argumentées, pour convaincre la communauté scientifique du bien-fondé de la mobilité continentale. En l'occurrence, il semble bien que l'acte de convaincre ait été plus difficile que celui de découvrir!

Si un enseignement devait être tiré de cet exemple, et dépasser l'objet même de ce livre, ce serait celui-ci : le développement scientifique est le résultat de l'interaction entre deux entités distinctes et complémentaires, la communauté scientifique d'un côté, la pensée scientifique de l'autre.

L'enseignement traditionnel français des Sciences avait tendance à montrer que ce dualisme n'existait pas, que seules les idées, les théories, les théorèmes se développaient suivant une logique obligatoire, guidés par un enchaînement inexorable, et que l'intervention des hommes et des cultures était finalement fort secondaire.

A l'opposé, certains penseurs ne voient les théories scientifiques que comme une représentation artificielle du monde, pur produit intellectuel du cerveau humain et n'ayant avec le réel que des relations de contiguïté explicative. On sait les conséquences extrêmes que le bouddhisme classique, le tantrisme tibétain, ont extraites de cette vision.

Les sciences de la Nature au sens large offrent l'immense avantage de garder un contact constant avec le réel, dans sa diversité et sa complexité. Elles permettent de contrôler en permanence les affirmations des scientifiques par des expériences et des observations cent fois renouvelées. Pourtant, dès que l'on regroupe les faits d'observation et les résultats d'expérience pour construire modèles et théories, étape pourtant indispensable à toute démarche scientifique, on s'engage dans un chemin où le facteur humain et culturel est déterminant.

Proposer des théories, des modèles, est une démarche dont la nécessité est l'essence même de la démarche scientifique. Elle a pour ambition de reformuler l'appréhension directe, touffue, diverse et multiple que l'on peut avoir de la nature en un schéma synthétique qui permettra de faire pénétrer cette connaissance dans le cerveau des hommes. En somme, toute théorie scientifique, même la plus partielle et la plus modeste, a pour ambition d'être un code universel permettant au cerveau humain de décrypter des messages que lui présente la Nature. Mais avant que ce code, que cette syntaxe puissent porter le nom de théorie scientifique, il faut au préalable qu'elle soit acceptée et assimilée par ce que l'on appelle l'*opinion* de la « Communauté scientifique ». Ce jugement est difficile à appréhender dans son déterminisme et, en tout cas, il ne m'appartient pas de le faire, mais il tourne autour de ce que l'on pourrait appeler la bonne conscience collective du monde scientifique, sorte d'opinion moyenne admise par ceux que la communauté considère comme ses meilleurs éléments, reconnus, ses chevaliers dûment adoubés. Les lieux où elle se forme et s'extériorise sont les revues scientifiques, mais plus encore les réunions et les congrès, selon des mécanismes encore difficiles à cerner mais où la personnalité, les qualités de pédagogue, voire de polémiste des protagonistes jouent un rôle déterminant.

Nous avons vu Harold Jeffreys entraîner par sa « rigueur », par son éloquence, par son prestige de grand scientifique, toute la communauté géologique et géophysique dans l'erreur. Nous avons vu aussi Fred Vine et Tuzo Wilson, par leur enthousiasme, leur énergie, leur pugnacité, et il faut le souligner, leur courage scientifique, remettre le troupeau de moutons égarés sur le droit chemin! Mais, naturellement, cette communauté scientifique n'a pas pour unique rôle de juger de la validité ou de la recevabilité des théories scientifiques; elle a pour rôle principal de les concevoir, de les faire naître. Pour parler en termes sportifs, l'arbitrage est fait par l'ensemble des joueurs et, de ce fait, les processus par lesquels s'effectuent les découvertes sont indissociables des mécanismes qui conduisent à l'acceptation ou au rejet d'une théorie. Nous avons évoqué le rôle joué par certaines personnalités scientifiques pour convaincre une communauté finalement assez rétive. A d'autres moments, c'est l'opinion affirmée d'une communauté enthousiaste qui entraînera les individus même les plus critiques ou les plus réservés. Ainsi a-t-on vu des adversaires acharnés de la tectonique des plaques en 1970, devenir des convertis en 1980, allant jusqu'à présenter les théories mobilistes comme des évidences éternelles, les nouveaux adeptes devenant rapidement des dévots intransigeants.

Il en est de même dans les processus de découverte où les actions des individus, des petits groupes et des vastes communautés alternent et se combinent de diverses manières sans qu'aucune règle précise puisse être définie.

Ainsi dans les aspects « sociologiques » de la démarche suivie par les chercheurs en sciences de la Terre, le lecteur aura sans doute noté que certains chapitres sont extrêmement personnalisés, alors que d'autres sont beaucoup plus anonymes. Cette présentation cherche à traduire, aussi fidèlement que possible, la réalité des événements. Les progrès scientifiques sont parfois le fait d'individus isolés, parfois de groupes isolés, parfois d'équipes, parfois d'une communauté scientifique nombreuse. Wegener était un solitaire, Arthur Holmes l'était aussi : ils étaient l'un et l'autre isolés, non pas dans leurs contacts scientifiques, mais dans leur conviction profonde. Les progrès dans la construction du paléo-magnétisme ont été le fait de deux équipes issues de la même famille (Newcastle et Imperial College), elles aussi très minoritaires. L'établissement de l'échelle chronologique des inversions du champ magnétique est une aventure scientifique dont le centre était l'université de Californie à Berkeley. L'immense et décisif progrès de la connaissance géologique de l'océan a été le fruit d'opérations à caractère collectif marqué, appuyées sur des équipes techniques importantes et, par là, des moyens financiers considérables, mais on a néanmoins noté que les mots « Scripps » et « Lamont » revenaient souvent dans le texte : là encore, deux groupes de scientifiques ont réalisé les pas décisifs. Les universités de Cambridge (G.-B.) ou de Princeton ont joué le rôle de foyers intellectuels privilégiés dans le développement des concepts de *sea floor spreading* et de tectonique des plaques. A Cambridge se sont trouvés à un moment ou à un autre, sous la bienveillante direction de Teddy Bullard, Dan McKenzie, Fred Vine, Drumond Matthews, John Sclater; à Princeton, où enseignait Harry Hess, Jason Morgan a fait sa thèse, Tuzo Wilson et Fred Vine ont passé une année d'étude précisément à l'époque critique où se développaient les nouveaux concepts de *sea floor spreading.* Tout se déroule comme si les autres centres de recherches, les autres universités, avaient été un moment absents du progrès scientifique décisif!

Ces exemples ne sont là que pour témoigner qu'à certains moments de l'aventure scientifique, quand de nouveaux chemins doivent être empruntés, ils ne le sont que par une minorité. La taille des minorités va de l'unité à la dizaine; que l'on donne à ces groupes, ces centres, ces foyers, ces individus, l'appellation de précurseurs, de chapelles, d'écoles, voire de mafias, dépendra de leur plus ou moins grand *succès.* Mais le trait distinctif de ces pionniers est leur isolement. Si leur recherche avait été soumise à un consensus raisonnable de la majorité, s'ils avaient cherché à réaliser une synthèse harmonieuse tenant compte de toutes les opinions, ils n'auraient pas suscité les orientations décisives que nous avons évoquées. D'où – insistons sur ce point – la méfiance des chercheurs dès qu'on leur parle d'orientations scientifiques définies par un consensus, ou de planification de la recherche! D'où encore la nécessité pour le chercheur de croire en ses idées, de les défendre même lorsqu'il est minoritaire, et de savoir écouter les idées des autres, même lorsqu'elles sont contraires aux siennes. Cela, bien sûr, dans un contexte où les minoritaires ont souvent tort, où une immense compétition intellectuelle se développe entre chercheurs, et où la peur de se tromper lourdement tenaille chacun. Le courage d'un Tuzo Wilson ou celui d'un Fred Vine ont sans nul doute fait gagner dix ans à la Science; celui, non moins respectable sur le plan moral, d'Harold Jeffreys, lui en a fait perdre trente!

Dès que nous avons abordé l'étude des dorsales, des zones de subduction, de la tectonique, les noms de scientifiques, toujours présents pour marquer telle ou telle étape, sont devenus moins évidents, les anecdotes individuelles pratiquement absentes. Cela traduit le fait que les progrès en ces domaines ont été accomplis par une grande communauté active et enthousiaste, chacun apportant sa contribution. Une fois la majorité de la communauté scientifique convaincue par les thèses mobilistes, elle s'est engagée tout entière dans cette voie, apportant par là même en peu de temps une moisson de résultats. A la limite, l'accent mis sur tel ou tel individu présente un caractère arbitraire qui ne nous a pas échappé et qui résulte parfois d'une sensibilité ou d'un jugement extrêmement personnel.

Ainsi progresse la Science, avec ses périodes de crises où un groupe très minoritaire défend ses idées et les fait triompher, suivies de périodes non moins actives mais où, cette fois, l'ensemble de la communauté participe aux progrès communs. Ce qui n'était qu'un germe devient une construction aux dimensions et à la diversité considérables. A partir de ce tronc puissant et ramifié partiront des surgeons qui, à leur tour, donneront de nouveaux arbres, de nouvelles constructions.

Lorsque après quelques années d'une telle activité on cherche à faire un bilan, force est de constater que la masse d'informations, de découvertes nouvelles, de nouveaux résultats, submerge complètement les contributions originales des premiers novateurs. Lorsqu'on compare la connaissance que l'on a aujourd'hui des modalités de l'expansion océanique dans tous les océans du monde avec les premiers efforts d'explication de Morley ou de Vine, nul doute que leur apport apparaît quantitativement bien modeste et archaïque. De cette constatation on pourrait prétendre que les progrès sont le fait de l'action des groupes nombreux et anonymes, que la recherche est une activité où le rôle des individus brillants n'est que d'avancer de quelques années la date de découvertes de toute manière inévitables. L'histoire de la dérive des continents nous montre que cette vision « conviviale » est contraire à la vérité. Le rôle des individus a été déterminant à la fois pour faire naître et renaître les thèses dérivistes et pour les faire triompher. A l'inverse, il ne faudrait pas croire que le progrès scientifique est constitué par une succession de découvertes géniales, que seuls les pionniers contribuent à l'édification de la connaissance. Comme nous l'avons vu, aucun individu isolé ne peut remplacer à certains moments la richesse de création, de développement, d'amplification, de multiplication d'une communauté scientifique enthousiaste et active. La vision que nous avons aujourd'hui de la Terre intègre les découvertes de dizaines de milliers de scientifiques! Le débat sur l'importance respective des individus et des grandes communautés pour le développement scientifique est sans objet. Chacun y joue son rôle, l'individu en proposant de nouvelles voies, en s'opposant aux idées majoritaires, en « s'originalisant », la communauté en jouant non seulement le rôle de filtre, ce qui la conduit parfois à sacrifier à tort ses pionniers, mais aussi, en développant rapidement dans un souci d'uniformisation mimétique, et de manière rigoureuse ce qui constitue finalement la grande masse des connaissances scientifiques.

Au risque de voir la Science s'étioler, il faut veiller à protéger ce dualisme, cet indispensable antagonisme entre individu et société scientifique.

Une fois esquissées les relations, à notre avis indissociables, entre découvrir et convaincre, entre actions individuelles et collectives, il est permis de constater que la pensée scientifique ne se développe pas suivant les normes que notre éducation cartésienne voudrait lui voir respecter.

Ce qui frappe le plus dans les évolutions que nous avons cherché à décrire, c'est le caractère chaotique du cheminement des idées. Blackett et Runcorn avaient pour objectif d'établir une courbe de variation du champ magnétique terrestre pour en comprendre l'origine; ils redécouvrent la mobilité des continents! Vine, Matthews, Morley avaient pour projet de dresser une carte magnétique des océans, ils sont conduits à conforter l'hypothèse de l'expansion des fonds océaniques. A ce moment, après les premiers succès de la tectonique des plaques, on pense que cette théorie va permettre de comprendre rapidement la genèse et l'histoire des continents, fondements mêmes de la géologie. Or, non seulement ces tentatives se soldent par un échec, mais elles conduisent à mettre en doute les dogmes mêmes de la nouvelle théorie, celui de la rigidité des plaques, puis celui du monopole géologique des frontières. Chaque nouveau pas, chaque mouvement, est un saut dans l'inconnu. Chaque théorie est un achèvement mais aussi un point de départ, un outil pour aborder les nouveaux problèmes. Mais la solidité des théories est constamment mise à l'épreuve et l'outil en apparence le plus solide peut à chaque instant se briser. En géologie comme ailleurs, la science est une aventure, une incertitude permanente. Aussi chaotique que puisse être le cheminement de la science, elle ne procède pourtant pas d'intrusions imprévisibles de nouvelles idées surgies *ex nihilo.*

Aucune idée n'est en vérité totalement nouvelle et, dans chaque cas, on peut toujours en retrouver une trace antérieure. Ainsi, nous avons vu que l'idée de dérive elle-même était ancestrale, et c'est finalement au prix d'un certain arbitraire que nous l'avons fait débuter avec Wegener; nous avons aussi évoqué l'interprétation par Bruhnes et Mercanton des aimantations inverses, qui ne sera redécouverte que trente ans plus tard par Cox, Doell et quelques autres; le modèle d'anomalies magnétiques marines de Morley, Vine et Matthews n'est qu'une adaptation de la vieille interprétation, par Matuyama, des variations du champ magnétique observées sur les volcans japonais; les fosses géosynclinales et leur devenir se retrouvent sous diverses versions dans les théories modernes des chaînes de montagnes; la croissance des continents, formés à partir de sédiments et de magmas, dans les prémisses de la géologie et les controverses entre Hutton et Werner. Les idées se modifient et se transforment, mais dans chaque nouvelle proposition, l'analyse fait apparaître la part d'héritage et la part de néoformation. Il ne faut certes pas négliger le rôle de l'innovation, qui est le moteur même de la Science, mais il serait naïf et néfaste d'en oublier les racines historiques.

A travers ces caractères finalement communs à toute la pensée scientifique, la géologie présente certains aspects spécifiques et d'abord son caractère de science historique. On l'appelait autrefois histoire naturelle inorganique par opposition à l'histoire des êtres vivants. Lorsque, à la suite de Claude Bernard, la méthode expérimentale s'introduisit dans les sciences de la Nature, on abandonna le vocable d'histoire naturelle qui avait décidément une connotation bien littéraire, pour le remplacer par celui de *sciences naturelles* marquant par là ce qu'on croyait être une nette progression dans la classification des Sciences!

Pourtant la géologie est bien avant tout une science historique. Son territoire s'étend non seulement sur des millions de km^2 mais aussi sur 4,5 milliards d'années. Puisque les phénomènes qu'elle étudie dépassent de beaucoup la limite temporelle ou directement observable, les méthodes de la géologie sont donc avant tout historiques. Elles en ont les aléas, les limitations de toute tentative visant à reconstituer le passé, le vertige parfois, et, toujours cette « myopie » qui fait que l'on appréhende beaucoup mieux les périodes proches et de plus en plus mal celles qui nous sont temporellement très éloignées. Ainsi notre histoire mobiliste s'est-elle limitée aux deux cents derniers millions d'années alors que l'histoire du globe en a 4 500!

Les modes de pensée des historiens de la Terre ont évolué d'une manière très parallèle à celle des historiens des Hommes. Tout comme l'histoire moderne ne réduit pas la vision historique à une succession de rois et de batailles, la géologie d'aujourd'hui a abandonné le catalogue sec où alternaient transgressions et régressions marines entrecoupées d'orogenèses. Comme ce que l'on appelle chez nous la Nouvelle Histoire, la géologie d'aujourd'hui utilise les méthodes quantitatives, les mesures, mais surtout la méthodologie scientifique fondée sur la formulation d'hypothèses regroupées en modèles. Cet ouvrage tout entier est le témoignage de cette méthode.

La géologie se distingue de l'Histoire (au sens traditionnel du terme) par son caractère de science naturelle. Les messages écrits dans les pierres, dans leurs assemblages, dans leurs structures, ne l'ont pas été par les hommes mais par la nature. Les lois que l'on cherche à mettre en évidence ne sont pas les lois du comportement humain, mais celles de la nature. Elles sont des combinaisons plus ou moins complexes des principes fondamentaux de la physique et de la chimie. Elles paraissent *a priori* d'une grande complexité et, pour tout dire, quasi inextricables. Les phénomènes naturels s'opposent aux phénomènes simples, bien délimités et bien définis, que le physicien ou le chimiste peuvent étudier, expérimenter, créer en laboratoire. Pourtant, petit à petit, la nature nous livre ses secrets. Serait-il possible que, finalement, leur déterminisme soit régi par des lois « simples », fussent-elles aléatoires? Mais quelques lois simples appliquées un grand nombre de fois, superposées, combinées, ne finissent-elles pas par créer la complexité? Tous les hommes ont le même nombre de chromosomes, leur reproduction obéit aux lois de l'hérédité, pourtant ils sont tous différents les uns des autres. Ce concept de *variété* sur lequel les biologistes insistent à juste titre, et que nous avons souligné en divers endroits, est un caractère général des sciences de la Nature. Cette *variété* est due à l'accumulation au cours du temps des divers effets simples que nous avons indiqués.

C'est en nous référant à ce concept que nous devons, par une enquête historique, chercher à identifier les paramètres cardinaux qui déterminent cette *variété*. Pour cela, le géologue, l'historien, le biologiste disposent d'observations, de mesures, et cherchent à relier ces observations grâce à des théories, à des modèles. Une observation, une mesure n'ont de sens que par rapport à une théorie. Ainsi la carte des anomalies magnétiques en mer prend une signification dès que l'hypothèse du *spreading* est formulée, les grands décrochements trouvent leur rôle dès que les déplacements latéraux de continents sont évoqués, la répartition des séismes sur le globe est *signifiante* dans le cadre de la théorie des plaques et de la subduction mantellique, et ainsi de suite. D'un autre côté, les modèles sont toujours éphémères. Ce que nous apprend toute l'expérience scientifique – et pas seulement géologique – c'est que les théories sont successivement abandonnées, modifiées, remplacées, et qu'aucune ne résiste à l'épreuve du temps. A l'inverse, les faits d'observation, lorsqu'ils ont été bien établis, sont des constantes souvent extrêmement résistantes.

D'où, parfois, la tentation d'observer pour observer, de mesurer pour mesurer, hors de toute considération théorique ou de tout modèle. C'est une tentation que l'on rencontre dans tous les domaines des sciences naturelles et qui finit par se fixer pour but suprême la classification, ou, mieux encore, la typologie. Obnubilés par la recherche de l'objectivité absolue et de la pérennité de leur travail, certains s'adonnent à ce type d'activité. La carte géologique nous a fourni un exemple de ces comportements. Une telle attitude, poussée à l'extrême, conduit à proposer comme un but aux sciences naturelles d'observer avec minutie, de décrire tout sans hiérarchie, de classer de temps à autre une observation et d'attendre le jour où, miraculeusement, à partir de la masse des observations, une synthèse se dégagera « naturellement ». Ce comportement présente deux dangers. Le premier est de faire croire en l'objectivité de la démarche. Or, aucune description, aucune classification n'est neutre ni détachée d'un concept théorique, même informulé. Claude Lévi-Strauss [1] a bien montré que les peuples primitifs d'Océanie classent les plantes suivant les odeurs, et que cette classification, « barbare » en regard des classements de la botanique classique, se révèle très précise si la base de classification devient biochimique. L'odeur sépare en effet les plantes à fonction éther, celles à fonction thiol, etc.

Il en est de même en géologie. On peut classer les granites, d'après leur composition chimique, en granites calcoalcalins, alcalins ou hyperalumineux, mais on peut aussi les classer

1. *La Pensée sauvage*, Plon, 1962.

d'après leur position par rapport aux phases tectoniques moyennes (antétectonique, syntectonique, posttectonique, atectonique) ou par leurs âges. Chaque classification correspondra à un projet. La description objective n'existe pas. Ceux qui croient observer d'une manière totalement objective, ne le font en fait que par rapport à une doctrine qu'ils ont apprise et dont ils ne font qu'utiliser les techniques sans relier ces dernières à leur genèse.

Le second danger est celui qui ferait jouer à la science un rôle antinomique à son essence même, à savoir de compliquer artificiellement le monde réel et de rendre sa compréhension impossible. Tel est bien le cas en effet lorsqu'on accumule sans hiérarchiser des faits variés, d'importance variable, qui, finalement, viennent encombrer la connaissance. Pourtant, et c'est bien sans doute toute la difficulté de la démarche scientifique, il ne faut pas que les hypothèses, les modèles, les théories conduisent à rigidifier notre esprit et nous conduire à ne plus accepter la confrontation permanente avec les observations.

De ces visions scientifiques qu'impose l'esprit humain pour des raisons de facilité ou de logique, au mépris des faits et des observations de la nature, nous voudrions évoquer un exemple qui n'est pas sans rapport avec notre récit : celui des structures fixes, que toute l'histoire privilégie par rapport aux structures déformables, changeantes, par rapport, au mouvement. Toute l'histoire ancienne du monde, celle des longues durées, fondée sur l'archéologie et mise en parallèle avec les rares manuscrits, s'appuie essentiellement sur des cités, ayant des États aux frontières définies et reconnues, qui sont privilégiées par rapport aux tribus nomades parcourant sans arrêt les steppes de l'Asie centrale. La mémoire des hommes privilégie César par rapport à Tamerlan, elle retient les Capétiens mais ignore les Gengiskhanides. Pourtant, nous savons que l'histoire du monde, les changements, les apports, et finalement les progrès que le monde connaît, sont pour une large part les conséquences des nomadismes conquérants, des Scythes aux Araméens, des Ouigours aux Mongols et des Turcs aux Arabes et aux Barbares germaniques. Le besoin qu'a l'esprit humain de repères fixes, de descriptions déterministes, fait que, des migrations de l'histoire, ne sont répertoriées et dûment développées que celles qui partent d'une structure fixe (Christophe Colomb, Magellan) ou celles qui arrivent aux portes d'un pays bien identifié (Attila, Gengis Khan). Le tourbillon qui agite le pourtour du désert arabe durant l'Antiquité, ou les steppes de l'Asie centrale pendant la majeure partie de l'histoire classique, reste le domaine d'étude de quelques spécialistes qui, comme René Grousset, ont pourtant montré la richesse et l'importance de cette *histoire à références mobiles*, source de transport de biens matériels mais plus encore d'idéologies, de religions et de techniques. « Nos ancêtres les Gaulois », expression dans laquelle, encore aujourd'hui, est censé se reconnaître tout écolier français, traduit ce refus devant le concept de mélange, alors qu'à travers les migrations multiples de l'histoire, les invasions diverses qui se sont succédé sur notre sol, nous sommes assurés que nos ancêtres étaient d'origine multiple et que la population française, comme toutes les populations, est un mélange. La génétique moderne nous a d'ailleurs appris que ces mélanges assuraient à la fois une diversité des origines, une homogénéité de population, et une singularité de chaque individu.

C'est finalement le même sentiment qui, dans un premier temps, a chassé l'idée wegenérienne, puis, qui a opposé cette résistance opiniâtre au renouveau des thèses dérivistes. Lorsque les continents bougent, lorsque les océans se font et se défont au gré des temps géologiques, lorsque rien n'est fixé ni réellement permanent, le raisonnement scientifique est difficile à maîtriser. Nous avons vu qu'il fallait développer des méthodes relativistes et raisonner dans ce monde continuellement changeant avec des repères variables. D'où l'effort de Morgan pour développer la référence fixe des points chauds, et le succès du paléomagnétisme pour se repérer par rapport à un axe magnétique supposé fixe. La géologie traditionnelle évitait le mouvement. Son domaine de prédilection était la stratigraphie, surtout celle qui s'exerçait dans les domaines calmes que constituent les bassins sédimentaires. La tectonique avait bien introduit quelques mouvements, mais finalement très limités. Aujourd'hui, le mouvement est généralisé et, de surcroît, non uniforme. Les géographies se succèdent, jamais semblables à elles-mêmes, la surface du globe est emportée dans un tourbillon mantellique en perpétuelle évolution. Les continents, produits ultimes de cette activité interne, fracturés, transportés, déplacés, ressoudés, ne sont pas ménagés pour autant. Les populations humaines ont une genèse complexe et multiple, nous avons vu qu'il en est de même pour les mosaïques continentales.

Globalité, tectonique globale, géologie globale, globalisation : le terme est revenu comme un leitmotiv tout au long de cet ouvrage. Nous avons déjà dit que l'émergence de l'*objet d'étude Terre* dans sa plénitude est, sans nul doute, l'apport durable le plus fondamental des thèses dérivistes. Nous n'allons revenir sur ce sujet que pour tenter de préciser les raisons de cette émergence, ou plus exactement de la replacer dans un contexte plus large, afin d'essayer d'en cerner l'extension.

Wegener avait dégagé par son œuvre même, par l'argumentation qu'il avait développée, la notion d'une Terre objet unique. Dans les développements de sa théorie, il englobait géophysique, paléontologie, paléoclimatologie, stratigraphie, tectonique, géomorphologie, océanographie, pétrographie. Il avait montré tous les liens unissant ces disciplines afin de comprendre le fonctionnement de l'objet Terre. Pourtant, en même temps que la théorie de la dérive des continents, la communauté scientifique avait rejeté cette idée d'unicité de l'objet d'étude et de complémentarité des diverses disciplines des sciences de la Terre. Nous avons observé par la suite un morcellement durable de ces sciences, un isolement et une spécialisation extrêmes, phénomène auquel on aurait pu appliquer le mot célèbre de Bernard Shaw selon lequel ces spécialistes finissaient par tout connaître sur un domaine si petit qu'ils finissaient par connaître « tout sur rien ». Ainsi, lorsque les paléomagnéticiens redécouvrent la théorie de la dérive continentale, la communauté géologique cherchera à montrer que le problème est une affaire de spécialistes, une question interne au paléomagnétisme. Les paléomagnéticiens, eux-mêmes victimes de l'état d'esprit général, ne chercheront pas vraiment à élargir le débat. Comment expliquer que Keith Runcorn, luttant en faveur de la dérive continentale, n'ait jamais rencontré Arthur Holmes dont le livre et les écrits lui étaient connus; comment se fait-il qu'il n'ait pas cherché à utiliser les arguments développés par ce dernier?

Nous savons qu'en 1967, lorsque l'expansion océanique était en train de triompher, le premier réflexe des géologues, méfiants, voire hostiles à la nouvelle théorie, fut de la marginaliser, de déclarer que c'était une théorie purement océanographique, dont la validité était limitée aux océans. Au lieu de chercher à intégrer et à assimiler les nouvelles théories, tout va être fait alors pour conserver l'isolement des disciplines, afin d'éviter la contagion. Personne ou presque ne reprendra les arguments paléontologiques ou paléoclimatiques de Wegener et, à part quelques précurseurs comme Valentine, la paléontologie restera longtemps à l'écart de la révolution mobiliste. Il en sera de même des grands chapitres de la géologie (stratigraphie et tectonique). La résistance à l'œcuménisme n'est pas moins forte en sciences de la Terre qu'ailleurs.

C'est à ce moment, vers les années 1970, que va intervenir un facteur extérieur extrêmement important : l'exploration planétaire. En juillet 1969, Amstrong pose le pied sur la Lune et ramasse des roches qui seront étudiées en laboratoire. Les photographies de la Terre montrent des structures géologiques à l'échelle de centaines de kilomètres. Puis ce sont les photographies de la planète Mars, avec le magnifique volcan bouclier de Nix Olympica, les calottes polaires, les « rivières martiennes ». Pour la première fois, le géologue a conscience qu'il existe des structures « géologiques » hors de sa planète, hors de son territoire habituel d'étude. Il est alors obligé de comparer et, naturellement, l'objet de comparaison est la Terre. Il doit donc rapporter cet objet de comparaison à l'échelle de que ce qu'il connaît des planètes environnantes, c'est-à-dire regarder la Terre comme une planète. Les photographies de la Terre obtenues par satellite l'aident dans cet effort. Cette coïncidence temporelle entre l'émergence du *sea floor spreading*, né de l'exploration des océans, et de la *planétologie comparée* née de l'exploration spatiale, a sans doute été une base psychologique diffuse, informulée, mais importante pour ce besoin de globalisation des problèmes. Elle illustre bien pourquoi on ne peut isoler le développement scientifique de son contexte. La globalisation géographique est à la racine même de la tectonique des plaques. Pour comprendre la formation de la chaîne alpine, née du rapprochement entre le continent africain et le continent eurasiatique, il faut connaître les mouvements de ces deux blocs mémorisés dans les anomalies magnétiques des océans adjacents, c'est-à-dire les océans Atlantique, Indien, Arctique, Antarctique, Pacifique, Méditerranéen – en fait, tous les océans du globe! Mais le concept de globalité dépasse largement cet aspect que, finalement, on pourrait presque qualifier de technique. Il atteint maintenant les questions des relations verticales pouvant exister entre les diverses enveloppes du globe, des liaisons entre leurs mouvements respectifs, du déterminisme de ces mouvements.

Nous savons que la genèse et la structure des continents portent témoignage du couplage entre cycle géologique externe et cycle géologique interne : fils du Ciel et de la Terre comme EnKi, dieu sumérien suprême. Mais nous savons aussi qu'entre ces deux cycles existent des relations variées : le long des zones de subduction, des sédiments sont réengloutis dans le manteau; au niveau des dorsales, l'interaction entre le basalte et l'eau de mer contribue à fixer la composition chimique des océans. Les prochaines années nous en apprendront davantage sur ces couplages, mais leur réalité s'impose chaque jour davantage. Les débats qui se déroulent sur les modalités de la convection terrestre pourraient s'intituler : Quelles sont les limites à la globalisation? Certains veulent restreindre la causalité de la tectonique des plaques à des phénomènes du manteau supérieur proches de la surface. D'autres, à la suite de Jason Morgan et de Tuzo Wilson, font des panaches originaires du manteau profond le moteur de tous les mouvements de surface. S'il en est bien ainsi, connaissant l'activité extrême et désordonnée du noyau dont les mouvements sont trahis par les variations du champ magnétique terrestre, on peut penser que l'énergie ainsi dissipée par ce noyau se transmet au manteau inférieur qui, à son tour, influence l'activité tectonique de surface, illustrée par le mouvement des plaques. Le couplage serait alors total, du centre de la Terre jusqu'à sa surface. Peter Vogt, adoptant hardiment cette théorie, l'a même étendue en une synthèse quelque peu vertigineuse. Il voit dans l'activité du noyau l'explication de tous les phénomènes terrestres. Pendant les périodes d'inversions, le champ magnétique s'annulerait, laissant pénétrer à travers l'atmosphère les particules chargées du rayonnement cosmique galactique, rayonnement dont l'origine est encore aujourd'hui bien mystérieuse. Ces rayonnements provoqueraient chez les êtres des mutations – source, d'après les néo-darwiniens, de toute l'évolution des espèces. Ces époques seraient aussi celles où une grande quantité de panaches serait émise par le manteau inférieur, créant à la surface volcans, montagnes, changements de climats, etc. Une activité planétaire dont la source serait le noyau gouvernerait ainsi toute la géologie depuis l'orogenèse jusqu'à l'évolution de la vie... Mais revenons aux faits.

Compte tenu des informations dont nous disposons actuellement – mais elles peuvent se modifier très vite, et il faut donc être prudent – la théorie de Vogt relève du domaine de la science-fiction. Ce qui n'en est pas, c'est l'idée qu'il puisse exister un couplage entre noyau-manteau-surface de la Terre : le noyau externe, fluide, mobile, avec des vitesses de l'ordre du kilomètre par an; le manteau, avec des courants de l'ordre du mètre par an [1], la surface, avec des déplacements de l'ordre du centimètre par an. Chaque milieu a une activité propre, mais est influencé et peut-être même guidé par le milieu adjacent. Telle est l'hypothèse de travail, la question centrale des prochaines années.

De manière symétrique, on se demande de plus en plus comment le couplage entre les cycles externe et interne peut avoir lieu. Nous en avons évoqué certains aspects; d'autres, plus subtils, existent du point de vue mécanique : par exemple, les frottements de la Terre avec ses enveloppes fluides (océans, atmosphère) seraient susceptibles d'expliquer les petites variations de la vitesse de rotation de la Terre, de son mouvement, de son inclinaison et, finalement, de son climat, donc de son cycle exogène, de ses périodes d'érosion et de transgressions marines.

Les théories mobilistes ont ainsi obligé le géologue à réexaminer ses relations avec le cadre spatial de l'objet Terre. Elles l'ont conduit également à réexaminer son approche du temps.

Avant Wegener, la géologie était une discipline située dans un cadre temporel défini et perpétuel. Les continents, bien définis et fixes, étaient bordés par un océan dont les mouvements mystérieux envahissaient périodiquement leurs bordures. De façon tout aussi périodique se succédaient inexorablement les phases du cycle géologique : érosion, sédimentation, plissements, granitisation, érosion de nouveau, etc. Constamment renouvelés, semblables à eux-mêmes au cours d'épisodes successifs, ces cycles façonnaient une Terre dont les « paysages anciens » étaient supposés être identiques aux « paysages récents ». Les transgressions et les régressions marines, liées plus ou moins nettement à ces pulsions orogéniques périodiques, marquaient dans la sédimentation continentale cette stabilité oscillatoire. Dans cette vision géologique prewegenérienne, le concept du temps était évidemment cyclique, comme l'était la vision du temps des anciennes civilisations, que ce soit celle de l'Égypte, dont le calendrier perpétuel était calibré par le retour annuel de la crue du Nil, ou celui des Chinois Tchéou pour qui le rythme immuable de la période champêtre succédant à la période hivernale devait bientôt se traduire par l'alternance du Yin et du Yang, représentation temporelle cyclique et dualiste du Tao.

A partir de Wegener, le temps géologique devient vectoriel,

1. Vitesse donnée aux panaches par Jason Morgan.

unidirectionnel : c'est le temps irréversible, celui de l'Histoire, celui que les Grecs ont, depuis Hérodote d'Halicarnasse, le mieux perçu en fondant ce que Pierre Chaunu appelle l'histoire linéaire. Les continents sont mobiles, les fameux cycles géologiques, tels les mouvements du *Boléro* de Ravel, se renouvellent mais ne se répètent jamais ! Cette vision éminemment évolutionniste rencontrera beaucoup d'opposition, comme toutes les tentatives pour relativiser les mouvements. Par-delà les péripéties, les causes conjoncturelles, les personnalités scientifiques, on peut penser que c'est avant tout le vertige du tourbillon, du mouvement désordonné, qui explique toutes les résistances qu'ont rencontrées les théories mobilistes.

Certains ont cherché à réintégrer le mobilisme continental dans la vision cyclique traditionnelle. Pour eux, les océans s'ouvrent et se referment toujours à la même place, suivant des rythmes bien définis. Ainsi, l'Atlantique se serait ouvert à l'ordovicien, se serait refermé à l'hercynien, se serait de nouveau ouvert au trias, etc., les mêmes mécanicismes se répétant depuis l'origine des temps géologiques. Par ce biais, la géologie aurait retrouvé sa problématique d'état stationnaire, et donc satisfait les partisans de la stabilité cyclique. Pourtant, les progrès de la recherche ont fait rapidement apparaître l'inanité de cette vision. Les surfaces des continents n'ont cessé de varier, tant en disposition qu'en importance. Les continents, palimpsestes dont il nous faut déchiffrer les messages superposés, se morcellent, s'assemblent, se cassent à nouveau, se ressoudent ailleurs, créant dans un étrange ballet une mosaïque mobile et changeante, dont les paysages sont en constante évolution. La complexité de ces mouvements et de ces assemblages crée une variété de situations telle qu'elle nous oblige à abandonner nos ambitions de descriptions définitives pour leur substituer une approche statistique et relativiste.

C'est sur le concept de variété géologique que nous voudrions achever ces quelques réflexions. Nous avons vu qu'un petit nombre de règles simples, combinées et appliquées à des géométries multiples, conduisait rapidement à des situations géologiques variées. Lorsque ces situations multiples se succèdent dans le temps dans un ordre quelconque, lorsque les traces de ces situations se superposent finalement dans l'espace au sein de structures géologiques qui vont de la pierre au continent, on conçoit comment cette variété est engendrée. Pendant longtemps, la diversité du monde géologique a inspiré deux attitudes antinomiques : celle qui consistait à nier cette variété et à la considérer comme un facteur secondaire, et c'est ce que l'on pourrait appeler la géologie réductioniste; celle qui au contraire magnifiait la diversité des situations réelles pour en conclure que seule une description minutieuse, conduisant à une typologie de situations, était une attitude rigoureuse et scientifique. Nous savons aujourd'hui que cette variété peut être intégrée dans une approche explicative et qu'elle résulte de la multiplicité et de la combinaison de quelques lois fondamentales dont les effets se superposent dans le temps. Comme toutes les structures géologiques résultent d'une évolution temporelle, le concept d'histoire superposée, cumulative, s'avère dans ce contexte déterminant. L'époque qui se termine a sans doute marqué un tournant dans l'attitude des géologues à l'égard de ce concept central de variété. Lorsqu'on atteindra l'analyse des déterminismes ultimes – nous en sommes loin –, les concepts d'irréversibilité, de structures dissipatives, prendront sans doute une importance déterminante; nous en décelons des signes précurseurs dans certains travaux récents.

Comme nous l'avons vu, le message géologique possède à la fois une dimension spatiale et une dimension temporelle. En cela, il est très analogue à la musique, et la variété géologique possède peut-être des déterminismes assez voisins de la variété musicale. Si l'on veut conserver cette analogie et traduire l'évolution des concepts géologiques que nous avons cherchés à décrire dans ce livre, nous pourrions dire qu'au cours des vingt dernières années, nous sommes passés du déchiffrement de chants monodiques à l'appréhension de la symphonie. Mais nous n'en sommes qu'à l'étude du premier mouvement...

Lexique

Il ne s'agit nullement ici d'un glossaire géologique même succinct, mais seulement de quelques rappels de termes destinés à aider le lecteur lorsque le jargon scientifique devient pour lui une gêne désagréable.

ALPES-CHAÎNES ALPINES : « Les Alpes » désignent la chaîne de montagnes qui, de la Provence en passant par le Mont-Blanc, va jusqu'à l'Autriche en dessinant un arc. Elle résulte de la collision entre l'Afrique et l'Europe.
« Chaînes alpines » est un vocable beaucoup plus général qui s'applique, soit à presque toutes les chaînes récentes (moins de -150 MA) de la Méditerranée, soit parfois à toutes les chaînes du monde dont l'âge est compris entre -60 et -20 millions d'années.

ANATEXIE : Lorsqu'un morceau de croûte continentale, sédiment, roche métamorphique ou granite, fond, on parle d'anatexie. Lorsque cette fusion donne naissance à un magma de composition granitique, on parle alors de granite d'anatexie (par opposition aux granites d'origine profonde, donc mantellique) dont la réalité même est aujourd'hui mise en doute par de nombreux auteurs.

ANDÉSITE : Roche volcanique dont la composition chimique est intermédiaire entre le granite et le basalte. Elle tire son nom de la cordillère des *Andes* où cette roche est particulièrement abondante.

ASTHÉNOSPHÈRE : C'est la région du manteau située entre 100 et 400 kilomètres de profondeur. Les ondes sismiques y sont très atténuées et on pense généralement que cette couche molle est à l'origine du mouvement des plaques lithosphériques. Les plaques lithosphériques rigides glisseraient sur l'athénosphère « molle ».

BASALTE : C'est la roche volcanique la plus répandue, non

seulement sur la Terre mais aussi sur la Lune (et probablement sur Mars).

Le basalte est constitué de deux minéraux essentiels : le plagioclase et le pyroxène. Il contient d'autres minéraux qui définissent les diverses variétés de basaltes ; parmi ceux-ci, l'olivine est l'un des plus fréquents.

Le basalte a une teneur en silice voisine de 50 %. C'est une roche « peu » siliceuse et dite basique.

Le basalte est une roche volcanique, il résulte donc du refroidissement brutal à la surface de la Terre d'un bain de silicates fondus. Les minéraux qui n'ont pas eu le temps de bien cristalliser sont donc très petits et souvent non visibles à l'œil nu, donnant l'impression d'une pâte informe.

Le plancher des océans est constitué de basalte.

BIOSPHÈRE : C'est l'ensemble de la matière vivante qui peuple la surface de la Terre. Elle constitue un réservoir particulier pour les éléments chimiques comme le carbone, le soufre ou l'azote. Elle participe aux phénomènes d'érosion et de sédimentation et joue donc un rôle géologique important.

CALCAIRES : Roches composées de carbonate de calcium (CO^3Ca), les calcaires sont des roches sédimentaires qui se forment par l'accumulation de coquilles d'organismes microscopiques ou macroscopiques. Les « calcaires » riches en magnésium s'appellent les dolomies. L'altération des dolomies donne naissance à des paysages ruiniformes (Dolomites Nord-italiennes).

COURANT DE CONVECTION : C'est un mouvement de matière dont le moteur n'est pas local mais global, et qui appartient à un mouvement plus général, plus ou moins « cyclique », c'est-à-dire ayant des formes de boucles plus ou moins fermées.

DÉCROCHEMENTS : Les décrochements sont des failles, c'est-à-dire des cassures qui décalent deux compartiments initialement situés face à face. Dans le cas des décrochements, la surface de discontinuité est à dominante verticale et le décalage est donc horizontal.

Les décrochements se produisent lorsque l'écorce terrestre est soumise à des efforts horizontaux différentiels. Ainsi, les efforts liés à l'expansion des fonds océaniques produisent de grands décrochements. La faille qui borde le nord des Pyrénées, la faille de San Andreas, la faille de Nouvelle-Zélande sont des décrochements.

DIAPIRS : Lorsqu'on dépose un fluide léger sous un fluide lourd (de l'huile sous de l'eau), le fluide léger remonte à la surface en faisant des « bulles ».

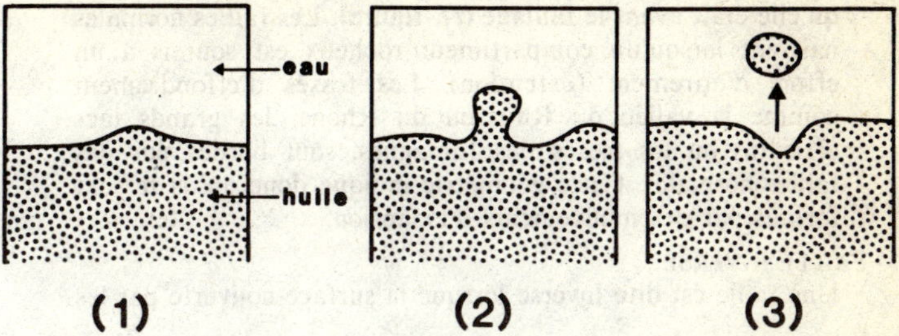

Trois stades dans la naissance d'un diapir.

De même, lorsque des ensembles rocheux profonds sont plus légers que ceux qui les recouvrent, ils tentent de venir à la surface en traversant les ensembles rocheux supérieurs. C'est le cas pour les formations de sel gemme (NaCl) ou pour les magmas volcaniques. On appelle *diapirs* ces sortes de bulles gigantesques qui traversent l'écorce terrestre.

DORSALE OCÉANIQUE : Zone à relief élevé située dans les océans. Dans la logique plaquiste, c'est la zone où se crée de la lithosphère océanique, donc de la surface terrestre (voir chap. II, III, IV).

ÉPICENTRE (d'un tremblement de terre) :

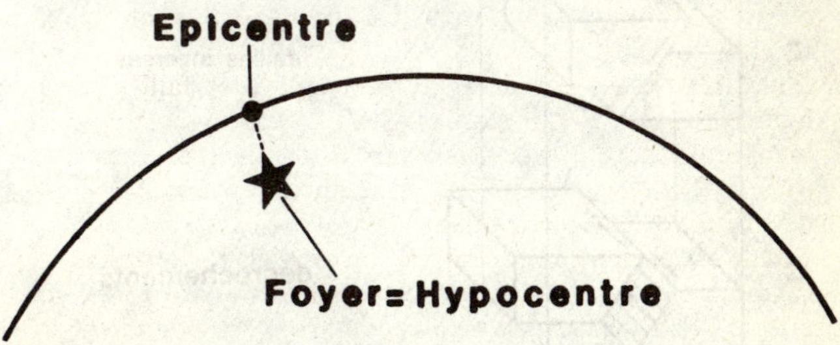

C'est la projection géométrique à la surface terrestre du foyer d'un tremblement de terre.

FAILLE NORMALE :

Une faille est une cassure qui décale deux compartiments situés initialement face à face. Une faille est dite normale lorsque la surface des deux compartiments est supérieure à ce qu'elle était avant le faillage (*cf.* figure). Les failles normales naissent lorsqu'un compartiment rocheux est soumis à un effort d'étirement (extension). Les fossés d'effondrement comme la vallée du Rhin ou du Rhône, les grands lacs africains ou les fossés des Limagnes, sont bordés par des failles normales. Cette géométrie indique donc qu'ils se sont formés par des mouvements d'extension.

FAILLE INVERSE :

Une faille est dite inverse lorsque la surface couverte par les

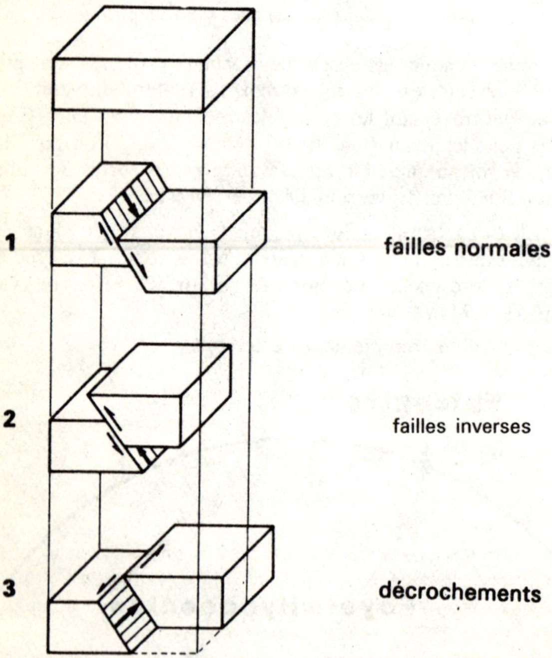

Divers types de failles

deux compartiments a diminué après faillage. Une telle structure prend naissance lorsqu'un compartiment de l'écorce terrestre est soumis à une compression et que la matière réagit de manière cassante (et non de manière souple).

FOYER (d'un tremblement de terre) : Lieu où se produit un tremblement de Terre. Voir Hypocentre.

GABBRO : Basalte ayant cristallisé lentement en profondeur. Cette roche diffère des basaltes par le fait que ses minéraux (plagioclases et pyroxènes) sont gros et visibles à l'œil nu.

GÉODYNAMIQUE : C'est la discipline qui s'occupe d'étudier la Terre sous ses aspects dynamiques. On parle de géodynamique externe lorsqu'il s'agit des mouvements de matière à la surface de la Terre, du cycle de l'eau, etc. On parle de géodynamique interne lorsqu'il s'agit de mouvements des profondeurs.

GÉOPHYSICIEN-GÉOCHIMISTE : Un géophysicien est un scientifique qui étudie la Terre avec les méthodes physiques (propagation des ondes, variations des champs de pesanteur etc.).
Les géochimistes étudient la Terre avec la vision du chimiste. La Terre est le théâtre de vastes mouvements de matière, d'une suite de réactions chimiques importantes et on peut la considérer comme une immense usine chimique.

GONDWANA : Continent qui, au Permien (-250 MA), comprenait l'Amérique du Sud, l'Afrique, l'Inde, l'Australie et l'Antarctique.

GRANITE : Roche d'origine ignée, c'est-à-dire formée à partir d'un bain de silicates fondus. Composée de deux minéraux majeurs, le quartz et le feldspath potassique, et de minéraux variables dont les plus fréquents sont les micas blanc et noir.
La teneur en SiO_2 est « élevée », soit plus de 65 %. C'est une roche que l'on appelle acide.
Le refroidissement du magma-père ayant eu lieu en profondeur, donc ayant été très lent, les minéraux ont eu le temps de cristalliser et la texture est faite de gros minéraux de quelques centimètres; elle est dite grenue.
Les granites sont les roches les plus abondantes des continents terrestres. On n'en a découvert ni sur la Lune ni sur les roches d'origine extra-terrestre que sont les météorites.

GRÈS : Roches sédimentaires formées par déshydratation et compactions d'anciens sables.

HYPOCENTRE OU FOYER d'un tremblement de terre : C'est le lieu où le tremblement de Terre se produit. Le foyer peut être proche de la surface terrestre ou se situer en profondeur. La projection géométrique du foyer à la surface de la Terre s'appelle l'*Épicentre* (voir figure).

HYDROSPHÈRE : On désigne sous ce terme l'ensemble des réservoirs d'eau que l'on trouve à la surface de la Terre.
L'hydrosphère comprend les océans, les mers, les lacs, les rivières, les eaux souterraines, les glaciers dont les plus abondants sont les calottes polaires (islandsis). Pour désigner l'ensemble des glaciers, on parle parfois de cryosphère.

ISOSTASIE : Théorie qui postule que les parties superficielles du globe, plus particulièrement la croûte, flottent sur la partie immédiatement sous-jacente, le manteau, suivant les lois de l'hydrostatique d'Archimède, c'est-à-dire comme un bouchon de liège flotte sur l'eau.

ISOTOPES : Deux espèces atomiques sont dites isotopes lorsqu'elles ont le même nombre d'électrons externes, donc le même nombre de protons dans leur noyau, mais diffèrent par leur nombre de neutrons. Les isotopes d'un même élément chimique ont les mêmes propriétés chimiques, mais des propriétés physiques différentes.
Certains isotopes sont radioactifs, d'autres non (stables).

LAURASIA : Continent qui, au Permien (– 250 MA), comprenait l'Amérique du Nord, l'Europe et l'Asie (moins l'Inde).

MAGMAS : Liquides formés de silicates fondus. Les magmas sont à l'origine des volcans et des plutons. Lorsqu'ils se refroidissent, ils donnent naissance aux roches ignées que sont les roches volcaniques et plutoniques. Les magmas se forment en profondeur par fusion partielle des matériaux solides qui constituent l'intérieur du globe. Leur lieu d'origine peut être la croûte ou le manteau.

MÉTAMORPHISME : C'est le phénomène géologique au cours duquel des roches sont transformées en d'autres roches, sous l'effet d'une augmentation de température, par simple recristallisation à l'état solide sans intervention de silicates fondus. Ainsi, un calcaire porté en profondeur se transforme en marbre, un argile en schiste.

MICROTECTONIQUE : Les failles et les plis existent à toutes les échelles, depuis le centimètre jusqu'à la dizaine ou centaine de kilomètres. L'étude des plis et des failles de l'échelle du centimètre à celle du mètre s'appelle la microtectonique. Cette discipline s'attache à comprendre les mécanismes des plissements et les relations qui existent entre les petites structures et les structures à l'échelle de la chaîne de montagnes.

ONDES P : Ce sont les ondes sismiques dites de compression. Elles arrivent en général les premières, d'où leur nom d'ondes P (voir chap. II).

ONDES S : Ondes sismiques de cisaillement. Elles arrivent après les ondes P, secondairement, d'où leur nom d'ondes S.

PALÉOGÉOGRAPHIE : C'est la science qui étudie les géographies anciennes, en particulier la distribution des mers, des terres et des climats. Parmi les subdivisions de cette discipline, il existe la *Paléobiogéographie* qui étudie la répartition géographique des animaux disparus, aujourd'hui conservés sous forme de fossiles.

PALINGENÈSE : On parle de palingenèse lorsqu'une ancienne roche est refondue et donne naissance à une roche nouvelle tout en gardant une série de caractères hérités de la roche mère. Un granite ancien qui refond pour donner naissance à un granite jeune fournit un exemple de palingenèse.

PANGÉE : La pangée est le supercontinent formé par la Laurasia et le Gondwana il y a 250 millions d'années. On emploie parfois comme synonyme l'UR continent.

PÉRIDOTITES : Ce sont les roches qui constituent le manteau terrestre. Elles sont constituées pour plus de cinquante pour cent du minéral olivine. Elles contiennent, en outre, des pyroxènes et d'autres minéraux accessoires comme le plagioclase ou le grenat.
La teneur en silice est « très faible » : 40 %. On les appelle roches *« ultrabasiques »*. La fusion partielle des péridotites donne naissance à un bain silicaté de composition basaltique (basique).

PLAN DE BENIOFF-WADATI : Lieu géométrique sur lequel se répartissent, dans une zone donnée, les tremblements de terre profonds. Ce plan a été découvert par le japonais Wadati et confirmé par Benioff (voir chap. II, III, IV).

PLIS :

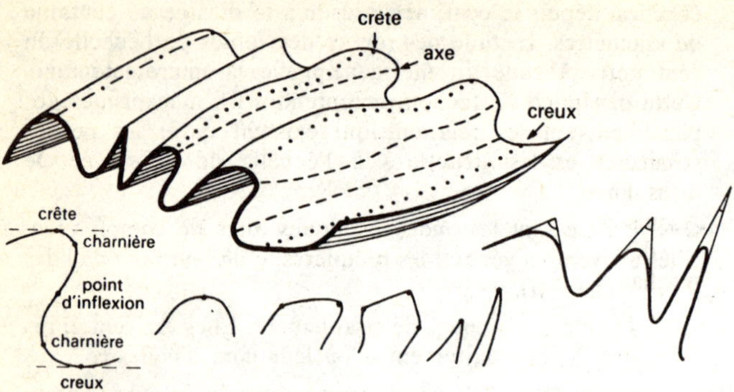

Les plis se forment lorsqu'un compartiment de l'écorce terrestre est soumis à une compression et que la matière réagit de manière souple. La formation des plis correspond à une diminution de surface. Plis et failles inverses sont donc les structures caractéristiques des zones soumises à compressions, c'est-à-dire des chaînes de montagnes.

PLUTONS : Les plutons sont des massifs rocheux qui résultent de la cristallisation d'un magma fondu en profondeur.

Les granites sont un exemple de plutons. Leur forme peut être assez variée, mais la plus fréquente est le laccolithe.

Le *plutonisme* est l'activité géologique qui donne naissance aux plutons.

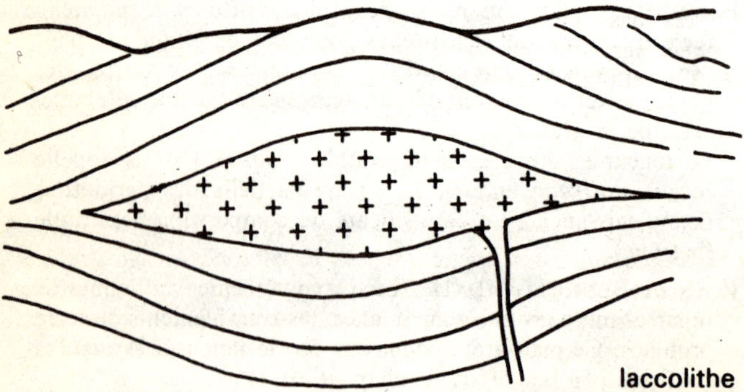

PRÉCAMBRIEN : C'est la période antérieure au cambrien, c'est-à-dire antérieure à 550 millions d'années. En fait, en géologie classique, on divisait le temps géologique en deux grandes unités distinctes : la phanérozoïque, époque allant du cambrien à nos jours, période où il existait des fossiles et sur laquelle on pouvait donc « travailler », dater les terrains, connaître leur milieu de dépôts ; le précambrien, époque sans fossiles, où seule une géologie grossière pouvait être esquissée.

La découverte de la radioactivité et son utilisation en géologie a changé cette situation. Le précambrien, qui constitue les 7/8e des temps géologiques, est étudié aujourd'hui avec la même efficacité que les périodes plus récentes.

RADIOACTIVITÉ : Transformation nucléaire spontanée par laquelle un isotope se transforme en un autre isotope. Cette transformation, découverte par Becquerel en 1906, est indépendante de tous les facteurs extérieurs et ne dépend que du temps. C'est donc un phénomène utilisable comme horloge et dont on se sert effectivement comme horloge géologique par l'intermédiaire des isotopes radioactifs de très longue période (voir chap. II).

Les transformations radioactives se font avec libération d'énergie. La désintégration des isotopes K^{40}, U^{238}, Th^{232}, est une source d'énergie essentielle pour les phénomènes terrestres.

RADIOCHRONOLOGIE : Chronologie des roches et des terrains géologiques à l'aide des isotopes radioactifs. Les principes en sont expliqués au chapitre II.

RÉGRESSION MARINE : C'est le mouvement inverse des transgressions, donc un retrait de la mer hors des continents. Dans une régression, les lignes de rivage reculent.

ROCHE-ACIDES-BASIQUES-ULTRABASIQUES : Dans les premiers temps de la géologie, on pensait que les roches étaient des *sels* résultant de la réaction :

Acide + Base → sel + eau.

L'acide était un hypothétique acide orthosilicique (donc riche en silice), les bases étaient la chaux (calcium), la magnésie (magnésium). Les roches riches en silice comme le granite étaient appelées roches acides ; celles riches en calcium et en magnésium, comme le basalte, roches basiques ; celles très riches en magnésium, comme les péridotites, roches ultrabasiques.

On n'accorde plus aucun crédit aujourd'hui à la théorie des sels pour l'origine des roches, mais la nomenclature des roches acides, basiques et ultrabasiques est demeurée.

SIAL : Contraction des deux mots SIlicum et ALuminium, → indiquant en fait la croûte continentale. Elle s'oppose à SIMA.

SIMA : Contraction de SIlicium MAgnésium, qui indique en fait le manteau.

SUBDUCTION (zone de) : Région dans laquelle la surface océanique s'enfonce dans le manteau. Cet enfoncement engendre des tremblements de terre profonds et se marque à la surface par l'existence de fosses océaniques profondes.

SUBSIDENCE : Phénomène par lequel le fond des bassins s'enfonce au fur et à mesure que des sédiments s'y déposent.

Les surfaces de sédiments qui constituent le bassin houiller du nord de la France ont enregistré des marques de vagues et de traces de pas d'animaux terrestres, preuves que ces sédiments se déposaient dans une zone de faible profondeur, où le va-et-vient de la mer découvrait la plage de temps à autre. Or, l'épaisseur du bassin est de plusieurs milliers de mètres. Pour expliquer cette double observation, il faut bien admettre que le bassin s'enfonçait à l'époque même où la sédimentation se poursuivait.

TRANSFORMANTE : C'est une faille qui a la propriété d'avoir son rejet constant et localisé. Une définition détaillée en est donnée au chapitre III.

TRANSGRESSION MARINE : C'est une modification du niveau de la mer qui envahit le « territoire » continental. C'est aussi le mouvement des lignes de rivage au cours duquel la mer envahit le continent. Ce mouvement est l'inverse des régressions marines. On le détecte dans les séries géologiques par « l'avancée » des lignes de rivage marquées par les anciens sables côtiers.

Guide de lectures

Cette bibliographie est très succincte. Elle donne trois types de références :

– cinq ouvrages « historiques »,

– deux ouvrages publiés en anglais (et écrits en japonais!) destinés aux profanes,

– deux ouvrages publiés en français et destinés aux non-spécialistes.

Il existe naturellement une certaine redondance entre les contenus de ces cinq derniers ouvrages, mais l'approche du sujet y est assez différente.

Wegener A.
The Origin of Continents and Oceans, Dover Publications, New York, 1966 (dernière édition du livre de Wegener de 1924, traduit en anglais).
(Peut se lire, même par un non-spécialiste.)

Argand E.
La Tectonique de l'Asie.
Compte rendu du XIIIe Congrès géologique international, Liège, 1922.
(Cet ouvrage est intéressant à feuilleter pour le profane, car il montre à la fois le vocabulaire et le mode de pensée des tectoniciens les plus avancés du début du siècle; mais il est difficile pour un non-spécialiste d'en lire plus de vingt pages!)

Jeffreys H.
The Earth: Its Origin, History and Physical Constitution, Cambridge University Press, 1924.
(Ce livre est intéressant comme témoignage. Il montre

comment, dans un même ouvrage, on peut développer une rigueur sans faille dans les raisonnements mathématiques et se tromper lourdement sur les bases mêmes du monde géologique. Sa lecture demande une culture scientifique assez étendue.)

Cox A.
Plate Tectonics and Geomagnetics reversals, Freeman-Cooper and Co, San Francisco, 1973.
(Cet ouvrage est une reproduction d'une série d'articles originaux importants concernant la tectonique des plaques. Alan Cox les a accompagnés de commentaires personnels. C'est une source de références originales, compactes, de premier ordre, mais il ne faut pas oublier qu'Alan Cox est un paléomagnéticien et est donc attiré par cet aspect des problèmes. Le choix des articles s'en ressent. Ouvrage pour spécialistes.)

Takeuchi-Uyeda-Kanamori
Debate about the Earth, Freeman-Cooper & Co, San Francisco, 1967.
(Cet ouvrage, en anglais, résulte d'une série d'émissions de télévision faites par trois éminents scientifiques japonais, qu'ils ont décidées de traduire en livre. C'est une excellente introduction aux aspects modernes des sciences de la Terre, en particulier à la géophysique. Cet ouvrage s'adresse au profane ou au néophyte.)

Hallam A.
Une Révolution dans les sciences de la Terre, Éditions du Seuil (1976).
(Cet ouvrage est une traduction en français d'un excellent livre de vulgarisation écrit avec un point de vue historique et didactique très remarquable. L'aspect géologique des problèmes est particulièrement souligné. La contribution anglaise, qui est grande, particulièrement mise en valeur! Livre pour débutant ou non-spécialiste.)

La Dérive des continents (1980), Scientific American, édition française pour la Science, Belin.
(On a rassemblé une série d'articles parus dans la revue de vulgarisation *Scientific American* et traduits en français. Ces articles couvrent à peu près le « territoire » du présent livre, mais d'une manière très différente. L'illustration en couleur est

remarquable, comme toujours. Livre pour public scientifique curieux ou pour débutant passionné.)

Wyllie, P. J.
The Dynamic Earth, Wiley Editeur.
(Un exposé didactique et historique de la succession des idées sur certains phénomènes géologiques fondamentaux. Pour spécialistes et amateurs curieux.)

Uyeda S.
The Earth : A New View, Freeman-Cooper and Co, San Francisco, 1982.
(Livre qui s'adresse au profane, au débutant, au professionnel. La clarté d'exposition des théories modernes est remarquable en tous points : un grand livre écrit par un grand scientifique.)

Table des matières

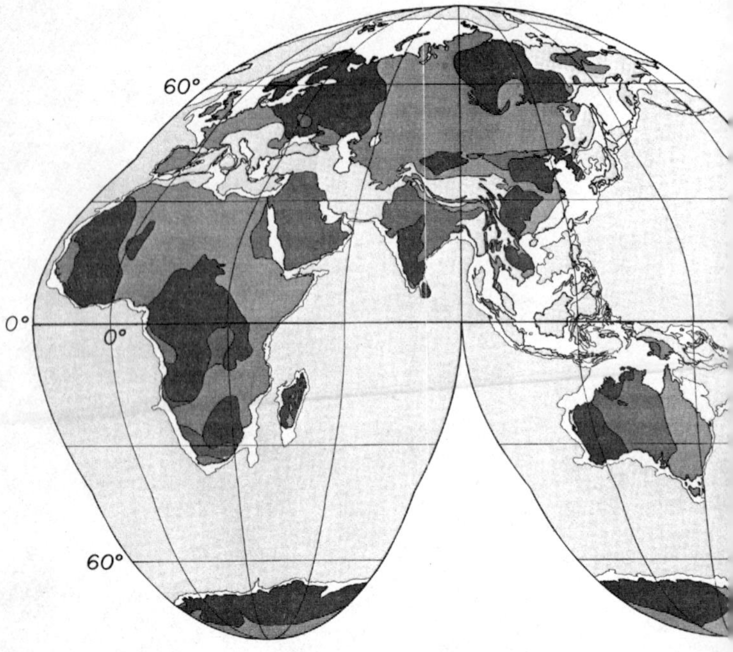

C'est le complément de la carte des pages 2-3 établie elle aussi par Sclater et Jaupart. Elle concerne les continents qui ont été divisés en province d'âge suivant la technique de P. Hurley. Le gris clair représente l'intervalle 0-250 MA, le gris moyen 250-800 MA, le gris moyen foncé 1 700 MA, le gris sombre, supérieur à 1 700 MA. En

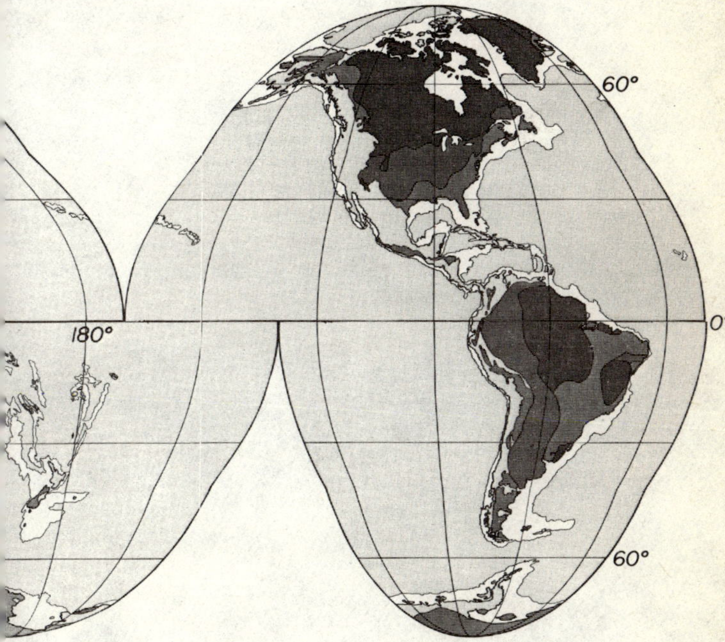

fait, dans chaque province, il existe des reliques d'âge plus ancien.
On notera que la disposition des provinces semble indiquer un accroissement centrifuge des continents. Le cas de l'Australie, de l'Amérique du Nord, est particulièrement clair.

Mieux que des rééditions,

Pluriel

propose de nouvelles
éditions de titres « classiques »
ou récents dans une
présentation éditoriale
de qualité – préfaces, notes,
revues de presse, etc. –
qui en facilite l'accès
et en renouvelle l'intérêt.
Des inédits font le point
sur les grandes questions d'actualité.

« ... « Pluriel » marque incontestablement une date dans l'édition des sciences humaines, car cette collection, loin de se cantonner dans la simple réimpression d'ouvrages rares ou épuisés, vise à rivaliser avec l'édition grand format, voire à faire mieux qu'elle... »

Nicole Zand, *Le Monde des Livres*, Le Monde.

Art et musique

Pierre Boulez, Patrice Chéreau,
Richard Peduzzi, Jacques Schmidt

Histoire d'un « Ring »
Bayreuth 1976-1980

Bayreuth, 1976 : La nouvelle production de « L'Anneau du Nibelung » *(Der Ring des Nibelungen)* de Wagner, qui marque le centenaire de l'œuvre et du festival, déclenche un scandale historique. Raconté par ses auteurs eux-mêmes, avec la collaboration de Sylvie de Nussac et de François Regnault, le récit de l'élaboration de ce spectacle retentissant ne passionnera pas seulement les « wagnériens » mais tous les amateurs d'art lyrique et de théâtre.

Édition illustrée de seize pages de photos. 8373

Gilles Cantagrel

Bach en son temps *Inédit*

Bach n'a peut-être jamais été aussi actuel qu'aujourd'hui. Mais on le voit et l'entend le plus souvent au travers du prisme déformant de traditions sclérosées et de récits légendaires. Il était grand temps que le mélomane français puisse disposer de textes d'époque authentiques, éclairant sous leur véritable jour une figure et une période généralement bien moins connues qu'on ne le pense.

De l'ensemble exceptionnel de documents rassemblés dans ce livre – dont la première biographie de Bach, celle de Forkel parue en 1802 – on voit se dégager un portrait vivant du musicien tel que l'ont connu ses contemporains, ses enfants et ses successeurs immédiats. De nombreuses idées reçues se trouvent ainsi remises en cause, notamment sur la personnalité réelle de l'homme et la fortune posthume de son œuvre.

8380

J.M. Corredor

Conversations avec Pablo Casals

L'un des plus grands interprètes de ce siècle évoque ici, librement, sa vie, ses maîtres, son art. Au fil d'un itinéraire étonnant, jalonné de rencontres exceptionnelles, toute une époque revit, qui est encore la nôtre : le Paris 1900 où Casals fait ses débuts, l'Amérique des tournées spectaculaires, la Catalogne républicaine; Granados, Richard Strauss, Henri Bergson, Alfred Cortot, Jacques Thibaud, Rudolf Serkin...

Soigneusement présentée et annotée par J.-F. Labie, augmentée d'une discographie complète établie par P. Morin, cette nouvelle édition est une somme indispensable au mélomane d'aujourd'hui. 8389

Wilhelm Furtwängler

Musique et verbe *Inédit*

En lisant ce recueil, *composé pour moitié de textes inédits en français* et où figurent également les célèbres *Entretiens sur la musique,* le musicologue, le musicien et le mélomane découvriront l'itinéraire intellectuel et artistique d'un interprète dont la puissance d'évocation ne paraît pas avoir été dépassée. Un répertoire discographique détaillé fait le point sur le style du chef d'orchestre et sur les différentes éditions de ses enregistrements. 8348

Otto Klemperer

Écrits et entretiens *Inédit*

Disciple de Gustav Mahler, chef reconnu de l'avant-garde dans les années vingt avant de devenir un grand interprète du répertoire classique et un admirateur de Pierre Boulez, Otto Klemperer (1885-1973) fut l'une des personnalités les plus marquantes et les originales de la vie musicale occidentale pendant la première moitié de ce siècle. De Hambourg à Londres via Prague, Berlin, Los Angeles et Budapest, c'est toute la richesse artistique de notre passé récent qu'évoque son itinéraire mouvementé, en même temps qu'il nous fait revivre la tragédie de l'Europe.

Préface de Georges Liébert. 8391

Thomas Mann

Wagner et notre temps *Inédit*

Pour la première fois en français, un recueil des textes que Thomas Mann, tout au long de sa vie, a consacrés avec une passion lucide et critique à celui que Nietzsche appelait *l'artiste moderne par excellence.* Loin d'éluder les contradictions dont sont tissées l'œuvre, la vie et les idées de Wagner, ce recueil les fait ressortir avec l'équité d'un « esprit non prévenu », tandis que l'homme est serré de près par le plus subtil des psychologues.

Avant-propos et notes de G. Liébert 8315

Lorenzo da Ponte

Mémoires et Livrets

De la Venise de Casanova aux États-Unis de la conquête de l'Ouest en passant par la Vienne de Joseph II, voici l'étonnante équipée du librettiste de Mozart : intrigues, libertinage, déguisements, c'est le monde même des *Noces de Figaro,* de *Don Giovanni* et de *Cosi fan Tutte,* que le lecteur découvrira dans ce « classique » devenu introuvable.

Édition revue, complétée, présentée et annotée par Jean-François Labie, avec une édition bilingue des livrets de *Don Giovanni, Les Noces de Figaro* et *Cosi fan Tutte.* 8357

Victor L. Tapié

Baroque et classicisme

Lorsque parut la première édition de ce livre, le « baroque » faisait fureur. Ne cédant au courant que pour mieux le circonscrire, Victor L. Tapié s'attachait à doter d'un contenu historique précis cette notion que le caprice mondain et la mode littéraire avaient rendu inutilisable et suspecte. Considérablement enrichie depuis sa première édition, cette brillante synthèse présentée ici par Marc Fumaroli est d'une lecture indispensable à qui veut comprendre l'avènement de l'Europe moderne. 8355

Dora Vallier

L'Art abstrait

Parmi tous les textes consacrés à l'art abstrait, cette brillante synthèse – présentée ici dans une édition revue et augmentée – est demeurée sans équivalent. Elle offre également au lecteur une information abondante sur les artistes qui ont contribué à l'affirmation de cet art. 8361

Bruno Walter

Gustav Mahler *Inédit*

« Mon temps viendra! » répétait Mahler lorsqu'il affrontait l'incompréhension de ses contemporains. Son temps est venu ou plutôt revenu, après un purgatoire qui fut en France un « oubli » de plus d'un demi-siècle.

Le temps est également venu d'analyser cette œuvre souvent déroutante, de la situer dans notre héritage, de mieux connaître enfin la personnalité complexe et attachante de son créateur. C'est à quoi nous convie le témoignage irremplaçable de Bruno Walter qui, après avoir été l'assistant et le disciple de Mahler, demeura jusqu'à sa mort son défenseur le plus actif et l'un de ses plus grands interprètes.

Préface de Pierre Boulez. Présentation et notes de Georges Liébert.
8343

Philosophie

Raymond Aron

Essai sur les libertés

Les libertés politiques, personnelles, intellectuelles dont jouissent les citoyens des sociétés libérales n'ont-elles aucune portée effective? Une « révolution » modifiant la propriété des moyens de production peut-elle seule instaurer et garantir une liberté réelle?

Édition revue et augmentée d'un ouvrage essentiel de la réflexion socio-politique contemporaine sur un thème inépuisable et d'une actualité permanente. 8301

Auguste Comte

Du pouvoir spirituel

Des *Considérations sur le pouvoir spirituel* (1825) à l'*Appel aux conservateurs* (1855), ce recueil d'œuvres de circonstance, méconnues ou oubliées, réunies et présentées par Pierre Arnaud, permet de découvrir avec une sorte de ravissement qu'Auguste Comte a formulé quelques-unes des réponses les plus éclairantes aux interrogations anxieuses de notre temps. 8328

Benjamin Constant

De la liberté chez les Modernes

Entre tous les auteurs politiques oubliés ou négligés du XIXe siècle, s'il en est un auquel il est temps de rendre justice c'est assurément Benjamin Constant. Le très célèbre auteur d'*Adolphe* a été aussi – on l'a trop longtemps méconnu – un des théoriciens les plus originaux et les plus conséquents du libéralisme. Réunissant un ensemble de textes devenus pour la plupart introuvables, c'est cet aspect de son œuvre que ce volume met vigoureusement en lumière.

Édition établie, présentée et annotée par Marcel Gauchet. 8346

René Girard

Mensonge romantique et Vérité romanesque

Nous nous croyons libres, autonomes dans nos choix, que ce soit celui d'une femme ou d'une cravate. Illusion romantique! En réalité, comme le montre René Girard à partir d'une analyse renouvelée des plus grands chefs-d'œuvre de la littérature romanesque, nous ne choisissons que des objets désirés par les autres, mus, le plus souvent, par ce que Stendhal appelle les sentiments *modernes,* fruits de l'universelle vanité : « L'envie, la jalousie et la haine impuissante. » 8321

La Violence et le Sacré

Préparant le dévoilement audacieux *des choses cachées depuis la fondation du monde,* René Girard remonte aux origines de l'édifice culturel et social qui est au cœur de notre civilisation, pour y découvrir le rôle fondamental de la « violence fondatrice » et de la « victime émissaire ».
8352

André Glucksmann

Cynisme et Passion

Depuis son apparition, notre espèce n'a de cesse de se mettre en voie de disparition. Témoins : la tragédie d'Oreste, les guerres de Religion, la dissuasion nucléaire. Elle affronte des tensions fulgurantes, mais elle expérimente aussi des répliques avec la longue vue du cynisme et les microscopes de la passion.

Contre les fatalités de notre temps, ce sont les actes de naissance et de renaissance du sujet individuel (Montaigne), pathétique (Eschyle) et souverain (Bodin) qu'André Glucksmann nous fait revivre. Depuis deux mille ans, il n'est d'autre moment pour penser que celui des crises. 8393

Daniel Halévy

Nietzsche

« L'homme a beau s'étendre, autant qu'il le peut, par sa connaissance, a écrit Nietzsche, il a beau s'apparaître aussi objectivement qu'il le veut ; il n'en retire cependant pour finir que sa propre biographie. »

S'il appartient au biographe d'éclairer, voir d' « expliquer » l'œuvre par l'homme, peu d'écrivains ou de philosophes justifient autant que Nietzsche cette ambition et cette méthode ; car il en est peu, comme le montre Daniel Halévy, chez qui l'œuvre adhère aussi étroitement à la biographie intérieure.

Nouvelle édition présentée et annotée par Georges-Arthur Goldschmidt et Georges Liébert. 8307

Péguy

Alors que les études et les recherches consacrées à Péguy se renouvellent et se multiplient, voici réédité un témoignage irremplaçable sur ce contempteur du « monde moderne » en qui W. Benjamin voyait « une immense mélancolie maîtrisée ».

Nouvelle édition présentée et annotée par Eric Cahm ; préface de Robert Debré. 8337

Henri Heine

De l'Allemagne

Comment l'Allemagne des légendes romantiques et des philosophes s'apprête à vivre « un drame auprès duquel la Révolution française prendra l'apparence d'une innocente idylle ».

Un grand classique présenté et annoté par Pierre Grappin. 8360

IMPRIMÉ EN FRANCE PAR BRODARD ET TAUPIN
58, rue Jean Bleuzen - Vanves - Usine de La Flèche.
HACHETTE/PLURIEL - 79, bd Saint-Germain - Paris.
ISBN : 2 - 01 - 010662 - 8

27.8443.7